AF613925

ICONOGRAPHIE

ET

HISTOIRE NATURELLE

DES COLÉOPTÈRES D'EUROPE;

PAR M. LE COMTE DEJEAN,

PAIR DE FRANCE, LIEUTENANT-GÉNÉRAL DES ARMÉES DU ROI, COMMANDEUR DE L'ORDRE ROYAL DE LA LÉGION-D'HONNEUR, CHEVALIER DE L'ORDRE ROYAL ET MILITAIRE DE SAINT-LOUIS, MEMBRE DE LA SOCIÉTÉ PHILOMATIQUE ET DE PLUSIEURS AUTRES SOCIÉTÉS SAVANTES NATIONALES ET ÉTRANGÈRES;

ET M. LE DOCTEUR J.-A. BOISDUVAL,

MEMBRE DE PLUSIEURS SOCIÉTÉS SAVANTES NATIONALES ET ÉTRANGÈRES.

TOME TROISIÈME

1re. Livraison

A PARIS,

CHEZ MÉQUIGNON-MARVIS, LIBRAIRE-ÉDITEUR,

RUE DU JARDINET, N° 13;

A BRUXELLES,

AU DÉPÔT GÉNÉRAL DE LA LIBRAIRIE MÉDICALE FRANÇAISE.

1832.

IMPRIMERIE DE PLASSAN ET COMP.

ICONOGRAPHIE

ET

HISTOIRE NATURELLE

DES COLÉOPTERES D'EUROPE.

TYPOGRAPHIE DE MARCELLIN-LEGRAND, PLASSAN ET Cie,

IMPRIMERIE DE PLASSAN ET COMP., RUE DE VAUGIRARD, N° 15.

ICONOGRAPHIE

ET

HISTOIRE NATURELLE
DES COLÉOPTÈRES D'EUROPE ;

PAR M. LE COMTE DEJEAN,

PAIR DE FRANCE, LIEUTENANT GENERAL DES ARMEES DU ROI, COMMANDEUR DE L'ORDRE ROYAL DE LA LEGION D'HONNEUR, CHEVALIER DE L'ORDRE ROYAL ET MILITAIRE DE SAINT LOUIS, MEMBRE DE LA SOCIETE PHILOMATIQUE ET DE PLUSIEURS AUTRES SOCIETES SAVANTES NATIONALES ET ÉTRANGÈRES;

ET M. LE DOCTEUR J.-A. BOISDUVAL,

MEMBRE DE PLUSIEURS SOCIETES SAVANTES NATIONALES ET ÉTRANGÈRES

TOME TROISIÈME.

A PARIS,
CHEZ MÉQUIGNON-MARVIS, LIBRAIRE-ÉDITEUR,
RUE DU JARDINET, N° 13;

A BRUXELLES,
AU DÉPÔT GÉNÉRAL DE LA LIBRAIRIE MÉDICALE FRANÇAISE.

1832.

ICONOGRAPHIE

ET

HISTOIRE NATURELLE

DES COLÉOPTÈRES D'EUROPE.

XXVI. FERONIA. *Latreille.*

PLATYSMA. PTEROSTICHUS. ABAX. MOLOPS. *Bonelli. Sturm.* POECILUS. MELANIUS. PERCUS. *Bonelli.* OMASEUS. NOMALUS. COPHOSUS. *Ziegler.* ARGUTOR. STEROPUS. *Megerle.* HARPALUS. *Gyllenhal.* CARABUS. *Fabricius.*

Les trois premiers articles des tarses antérieurs dilatés dans les mâles, moins longs que larges et fortement triangulaires ou cordiformes. Dernier article des palpes plus ou moins allongé, cylindrique ou légèrement sécuriforme. Antennes filiformes plus ou moins allongées. Lèvre supérieure en carré moins long que large, quelquefois presque transversale, coupée carrément antérieurement ou légèrement échancrée. Mandibules plus ou moins avancées, plus ou moins arquées et plus ou moins aiguës. Une dent bifide au milieu de l'échancrure du menton. Corselet plus ou moins cordiforme, arrondi, carré ou trapézoïde, jamais transversal. Élytres plus ou moins allongées, ovales ou parallèles. Jambes intermédiaires toujours droites.

Bonelli, dans la table synoptique jointe à la première partie de ses Observations entomologiques publiées en 1809, donne les caractères génériques qu'il assigne à ses genres *Platysma, Pœcilus, Abax, Molops, Percus, Melanius* et *Pterostichus.* Depuis MM. Megerle et Ziegler établirent les genres *Argutor, Steropus, Cophosus* et *Omaseus ;* ce dernier correspond au *Melanius* de Bonelli.

Tel que M. Dejean le conçoit maintenant, le genre *Feronia* paraît assez distinct de tous les autres de cette tribu, et quoiqu'il renferme des espèces très-différentes les unes des autres par leur taille et leur *farcies,* on les reconnaîtra facilement aux caractères suivans :

La lèvre supérieure est plane ou très-légèrement convexe, en carré moins long que large, quelquefois presque transversale, coupée carrément antérieurement et quelquefois légèrement échancrée. Les mandibules sont plus ou moins avancées, mais jamais très-saillantes, plus ou moins arquées et plus ou moins aiguës ; elles ont quelquefois une ou plusieurs dents à leur base, mais peu distinctes et toujours cachées par la lèvre supérieure. Le menton est assez grand, plus ou moins concave, fortement échancré, et il a au milieu de son échancrure une forte dent distinctement bifide. Les palpes sont plus ou moins allongés, quelquefois assez minces, quelquefois assez forts ; leur dernier article est toujours presque cylindrique ou légèrement sécuriforme. Les antennes sont filiformes, quelquefois assez allongées, quelquefois assez courtes et quelquefois presque moniliformes; leurs articles sont tantôt assez allongés, presque cylindriques ou obconiques, ou légèrement comprimés, et tantôt assez courts et grenus; le premier article est toujours un peu plus gros que les autres; le second est le plus court de tous, et le troisième un peu plus long que les suivans. La tête est ordinairement ovale, plus ou moins allongée et peu ou point rétrécie postérieurement. Les yeux sont peu saillans. Le corselet est plus ou moins cordiforme, arrondi, carré ou trapézoïde, mais jamais transversal. Les élytres sont quelquefois très-courtes, quelquefois très-allongées et plus ou moins ovales ou parallèles, plus ou moins planes ou convexes. Les pattes sont plus ou moins fortes ou allongées. Les jambes antérieures sont assez profondément échancrées; les intermédiaires sont toujours droites ou très-légèrement arquées. Les articles des tarses sont plus ou moins allongés, presque cylindriques ou légèrement triangulaires et bifides à l'extrémité; les trois premiers des tarses antérieurs sont fortement dilatés dans les mâles : le premier est triangulaire et plus grand que les suivans, qui sont moins longs que larges et fortement cordiformes. Les crochets des tarses ne sont pas dentelés en dessous.

Ce genre étant très-nombreux en espèces, il devient indispensable de le subdiviser; mais cela est presque aussi difficile que d'établir des genres.

Voici les divisions que M. Dejean a cru devoir établir dans le troisième volume de son *Species*.

1re Division. *Pœcilus*. Bonelli.

Insectes de taille moyenne, ordinairement ailés, quelquefois aptères, de couleur verte ou métallique, quelquefois noire, très-agiles et courant rapidement en plein jour; corps assez allongé, corselet cordiforme ou presque carré; articles des antennes comprimés; palpes assez minces, dernier article cylindrique.

2e Division. *Argutor*. Megerle.

Insectes presque toujours au-dessous de la taille moyenne, ordinairement ailés, quelquefois aptères, de couleur noire ou brune, très-rarement métallique, assez agiles, mais moins que les *Pœcilus*, et se trouvant ordinairement sous les pierres, aux bords des eaux et dans les montagnes; corps assez allongé, quelquefois large et déprimé; corselet presque carré ou cordiforme; antennes filiformes et très-légèrement comprimées; palpes assez minces, dernier article cylindrique.

3e Division. *Omaseus*. Ziegler. *Melanius*. Bonelli.

Insectes au-dessus de la taille moyenne, ordinairement aptères, quelquefois ailés, de couleur noire et luisante, peu agiles, se trouvant ordinairement sous les pierres; corps assez allongé; corselet presque carré, tronqué postérieurement; élytres légèrement ovales et presque parallèles; pattes assez fortes et assez allongées; antennes assez fortes et filiformes; dernier article des palpes presque cylindrique ou légèrement sécuriforme.

4e Division. *Steropus*. Megerle.

Insectes au-dessus de la taille moyenne, toujours aptères, de couleur noire et luisante, rarement brune ou métallique, ressemblant beaucoup à ceux de la division précédente, mais ayant le corselet arrondi postérieurement et les élytres plus ovales et plus convexes.

5e Division. *Platysma.* Sturm.

Insectes de différentes grandeurs, aptères ou ailés, ordinairement de couleur métallique ou noire et quelquefois brune, ressemblant à ceux des deux divisions précédentes, mais ayant le corselet cordiforme ou rétréci postérieurement.

Cette division renferme quelques-uns des *Platysma* de Sturm et plusieurs espèces exotiques. Elle pourrait peut-être être subdivisée.

6e Division. *Cophosus.* Ziegler.

Insectes au-dessus de la taille moyenne, toujours aptères, de couleur noire et luisante, ressemblant aux *Omaseus* de Ziegler; ayant le corps plus allongé et cylindrique, les antennes un peu plus courtes et les palpes un peu plus forts.

7e Division. *Pterostichus.* Bonelli.

Insectes au-dessus de la taille moyenne, presque toujours aptères, très-rarement ailés, de couleur métallique ou noire, peu agiles et se trouvant ordinairement sous les pierres, dans les montagnes; corps ordinairement allongé et déprimé, rarement raccourci; pattes assez fortes et assez allongées; corselet ordinairement cordiforme, quelquefois presque carré; antennes assez fortes, filiformes et non comprimées; dernier article des palpes légèrement sécuriforme. Les mâles ayant toujours une crête longitudinale sur le dernier anneau de l'abdomen; ce qui ne se voit que très-rarement dans les autres divisions.

8e Division. *Abax.* Bonelli.

Insectes au-dessus de la taille moyenne, toujours aptères, de couleur noire et luisante, peu agiles et se trouvant ordinairement sous les pierres; corps ordinairement large et court; pattes assez fortes et assez allongées; corselet presque carré ou trapézoïde, aussi large que les élytres à la base; élytres presque parallèles, peu allongées; antennes assez fortes et filiformes; dernier article des palpes légèrement sécuriforme.

9e Division. *Percus*. Bonelli.

Insectes au-dessus de la taille moyenne, quelquefois assez grands, toujours aptères, de couleur noire et luisante, peu agiles, se trouvant sous les pierres, dans les parties les plus méridionales de l'Europe. Ressemblant quelquefois aux *Abax* par la forme, mais étant toujours plus allongés, et quelquefois aux *Steropus*; mais n'ayant jamais de rebords à la base des élytres, tandis qu'il y en a toujours dans toutes les autres divisions de ce genre; antennes assez fortes, filiformes, ordinairement peu allongées; palpes assez forts, dernier article légèrement sécuriforme.

10e Division. *Molops*. Bonelli.

Insectes au-dessus de la taille moyenne, toujours aptères, de couleur noire et luisante, quelquefois tirant sur le brun; très-peu agiles et se trouvant sous les pierres; corps court et assez épais; pattes fortes et assez courtes; corselet cordiforme ou presque carré; antennes courtes et presque moniliformes; palpes assez minces, dernier article cylindrique.

FERONIA

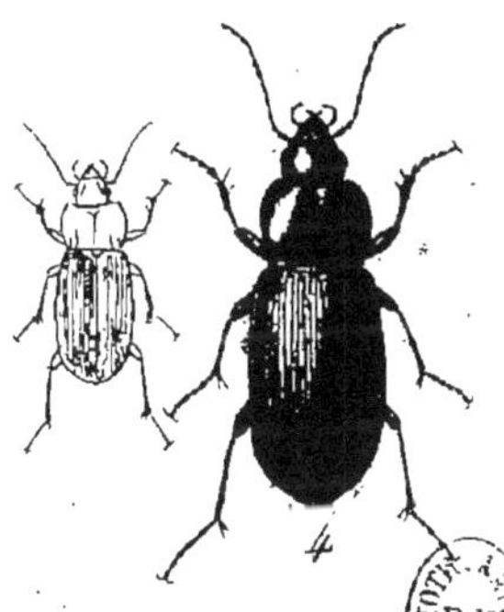

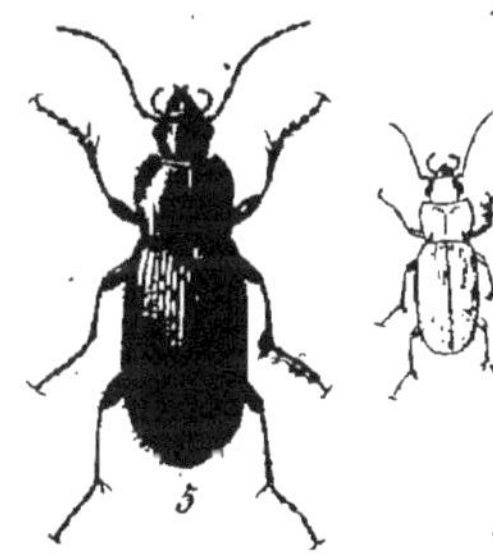

1. F. Punctulata.
2. F. Cuprea.
3. F. Cursoria.
4. F. Dimidiata.
5. F. Crenulata.

P. Dumenil Pinxit et Direxit.

PREMIÈRE DIVISION.

Pœcilus. *Bonelli.*

1. F. Punctulata.

Pl. 126. fig. 1.

Alata, nigra; thorace breviore, subquadrato, postice utrinque obsoletissime bistriato; elytris oblongo-ovatis, subparallelis, subtiliter striato-punctatis, punctisque tribus impressis.

Dej. *Spec.* III. p. 206. n° 1.
Carabus Punctulatus. Fabr. *Sys. El.* 1. p. 191. n° 115.
Sch. *Syn. Ins.* I. p. 197. n° 165.
Duftschmid. II. p. 72. n° 76.
Harpalus Punctulatus. Gyllenhal. III. p. 695. n° 34-35. et IV. p. 441. n° 34-35.
Sturm. IV. p. 83. n° 48.
Pœcilus Punctulatus. Dej. *Cat.* p. 11.

Long. 5 $\frac{1}{2}$, 6 lignes. Larg. 2 $\frac{1}{4}$, 2 $\frac{1}{2}$ lignes.

Un peu plus grande que la *Cuprea*, et entièrement en dessus d'un noir mat et peu brillant.

Tête un peu plus grande, plus lisse et plus fortement ponctuée.

Corselet plus court, plus large antérieurement, plus arrondi sur les côtés et un peu plus convexe, avec quelques stries longitudinales le long du bord antérieur, et les rides transversales ondulées un peu plus distinctes; le bord antérieur assez échancré et légèrement sinué; les côtés moins déprimés vers les angles postérieurs; ceux-ci coupés moins carrément et la base légèrement échancrée dans son milieu.

Élytres avec les stries très-peu marquées, formées par une ligne de petits points enfoncés; trois points enfoncés distincts sur le troisième intervalle, près de la troisième strie. Dessous du corps et pattes noirs.

Elle se trouve en France, en Allemagne, en Autriche, en Russie et en Sibérie.

2. F. Cuprea.

Pl. 126. fig. 2.

Alata, supra plerumque viridi vel cupreo-ænea; thorace subquadrato, postice utrinque bistriato; elytris oblongo-ovatis, subparallelis, striato-punctatis, punctisque tribus postice impressis; antennarum articulis duobus primis rufis.

Dej. *Spec.* III. p. 207. n° 2.

Carabus Cupreus. Fabr. *Sys. El.* I. p. 195. n° 134.

Oliv. III. 35. p. 73. n° 95. t. 3. fig. 25.

Sch. *Syn. Ins.* I. p. 200. n° 185.

Duftschmid. II. p. 74. n° 78.

Harpalus Cupreus. Gyllenhal. II. p. 114. n° 30. et IV. p. 431. n° 30.

Sahlberg. *Dissert. entom. Ins. Fennica.* p. 234. n° 30.

Platysma Cuprea. STURM. v. p. 94. n° 34.

Pœcilus Cupreus. DEJ. *Cat.* p. 11.

Le Bupreste Perroquet. GEOFF. 1. p. 161. n° 40.

VAR. A. *Carabus Cœrulescens.* FABR. *Sys. El.* 1. p. 194. n° 130.

OLIV. III. 35. p. 68. n° 86. T. 12. fig. 132. a. b.

VAR. B. *Pœcilus Medius.* MEGERLE. DAHL. *Coleoptera und Lepidoptera.* p. 8.

VAR. C. *Platysma Affinis.* STURM. v. p. 98. n° 36. T. 120. fig. a. A.

Pœcilus Nemorensis. MEGERLE. DAHL. *Coleoptera und Lepidoptera.* p. 8.

Pœcilus Erythropus. STÉVEN.

Long. 4, 6 lignes. Larg. 1 $\frac{1}{2}$, 2 $\frac{1}{2}$ lignes.

Varie pour la grandeur, la couleur et même quelquefois un peu pour la forme. Ordinairement en dessus d'un vert-bronzé plus ou moins clair, plus ou moins obscur et plus ou moins cuivreux, quelquefois d'un rouge cuivreux assez brillant, quelquefois d'un bleu verdâtre ou violet, quelquefois même tout-à-fait noire.

Tête assez avancée, ovale, très-légèrement rétrécie postérieurement et couverte de petits points enfoncés, peu marqués et assez serrés, et de rides irrégulières très-peu apparentes, qui se confondent ensemble.

Corselet à peu près le double plus large que la tête, moins long que large, assez plane, presque carré et un peu rétréci antérieurement, couvert de rides transversales ondulées et irrégulières, plus ou moins marquées, jamais très-apparentes, et postérieurement de petits points enfoncés, assez serrés et peu marqués ; le bord antérieur assez échancré; les côtés rebordés et un peu déprimés vers les angles postérieurs; ceux-ci coupés presque carrément.

Élytres plus larges que le corselet, assez allongées, très-légèrement ovales, presque parallèles, peu convexes et un peu sinuées près de l'extrémité, ayant chacune neuf stries et le commencement d'une dixième à la base; les troisième et quatrième, cinquième et sixième se réunissant deux à deux et n'allant pas tout-à-fait jusqu'à l'extrémité; ces stries assez marquées, plus ou moins fortement ponctuées; les intervalles tantôt planes, tantôt un peu relevés; trois points enfoncés distincts sur le troisième intervalle près de la seconde strie; des ailes sous les élytres.

Dessous du corps, variant d'après la couleur du dessus, du vert bronzé au noir plus ou moins obscur, avec les cuisses d'un noir ordinairement verdâtre ou bleuâtre et les jambes d'un brun noirâtre.

Elle se trouve très-communément sous les pierres et courant dans les champs, dans presque toute l'Europe et dans la Sibérie. M. Dejean possède deux individus provenant de la collection de feu Palisot de Beauvois, où ils étaient notés comme de l'Amérique septentrionale.

La variété A, *Carabus Cœrulescens* de Fabricius, est ordinairement plus petite, un peu plus étroite, d'un bleu-violet plus ou moins clair et brillant, et son corselet est moins ponctué postérieurement.

La variété B, *Pœcilus Medius* de Megerle, est de la même forme, de la même grandeur, et sa couleur est d'un vert-bronzé plus ou moins cuivreux.

La variété C, *Platysma Affinis* de Sturm, *Pœcilus Ne-*

morensis de Megerle, est au contraire ordinairement un plus grande et toujours un peu plus large; sa couleur est ordinairement d'un bleu verdâtre et quelquefois tout-à-fait noire; le corselet est un peu plus ponctué postérieurement; quelquefois les cuisses sont d'un rouge ferrugineux; c'est à cette dernière variété qu'il faut rapporter le *Pœcilus Erythropus* de Stéven.

Toutes ces variétés ne sont pas constantes. on trouve tous les passages intermédiaires entre elles, et il est impossible d'en former des espèces particulières.

3. F. Cursoria.

Pl. 126. fig. 3.

Alata, supra obscure cyanea; thorace subquadrato, postice atrinque bistriato; elytris oblongo-ovatis, subparallelis, striato-punctatis, punctisque duobus postice impressis; antennarum articulis duobus primis rufis.

Dej. *Spec.* III. p. 210. n° 3.
Pœcilus Punctatostriatus. Dahl.

Long. 4 $\frac{3}{4}$, 5 $\frac{1}{4}$ lignes. Larg. 2, 2 $\frac{1}{4}$ lignes.

Très-voisine de la *Cuprea.* D'un bleu-violet, un peu plus clair sur la tête et le corselet, et un peu plus foncé sur les élytres.

Tête un peu plus fortement et plus distinctement ponctuée.

Corselet un peu plus lisse, un peu plus arrondi sur les

côtés, très-légèrement rétréci postérieurement; ses côtés nullement déprimés vers les angles postérieurs.

Élytres ayant à peu près la même forme; les stries un peu plus marquées, un peu plus distinctement ponctuées; deux points enfoncés seulement sur le troisième intervalle.

Dessous du corps d'un noir un peu bleuâtre, avec les pattes d'un noir un peu brunâtre.

Elle se trouve assez communément, dans le midi de la France, en Dalmatie et en Toscane.

4. F. Dimidiata.

Pl. 126. fig. 4.

Alata; capite thoraceque subquadrato, postice utrinque bistriato, cupreis; elytris viridi-æneis, oblongo-ovatis, subparallelis, striato-punctatis, punctisque quatuor impressis.

Dej. *Spec.* iii. p. 213. n° 7.
Carabus Dimidiatus. Fabr. *Sys. El.* i. p. 194. n° 129.
Oliv. iii. 35. p. 72. n° 94. t. ii. fig. 121.
Sch. *Syn. Ins.* i. p. 199. n° 179.
Duftschmid. ii. p. 72. n° 75.
Platysma Dimidiata. Sturm. v. p. 90. n° 32.
Pœcilus Dimidiatus. Dej. *Cat.* p. 11.
Carabus Tricolor. Fabr. *Sys. El.* i. 195. n° 135.
Sch. *Syn. Ins.* i. p. 199. n° 180.
Carabus Kugellanni. Illiger. *Kæfer Preus.* i. p. 166. n° 30.
Var. *Pœcilus Æneus.* Dej. *Cat.* p. 11.

Long. 5 $\frac{1}{2}$, 7 lignes. Larg. 2, 2 $\frac{3}{4}$ lignes.

Plus grande que la *Cuprea* et proportionnellement un peu plus allongée.

Tête et corselet d'un beau rouge cuivreux plus ou moins brillant, rarement d'un vert bronzé ou d'un bronzé obscur.

Tête un peu plus grande, d'une ponctuation moins serrée, avec les antennes un peu plus courtes.

Corselet un peu plus long, plus large, plus lisse, un peu plus arrondi sur les côtés et point rétréci antérieurement, avec des rides transversales ondulées moins rapprochées, un peu plus distinctes; le bord antérieur légèrement échancré et un peu sinué; les côtés rebordés, nullement déprimés; les angles postérieurs coupés moins carrément; la base très-légèrement échancrée et presque coupée en arc de cercle.

Élytres ordinairement d'un beau vert, plus brillant dans les mâles, rarement d'un bronzé obscur ou cuivreux, plus allongées et plus parallèles, moins ovales et moins convexes que celles de la *Cuprea;* les stries assez fortement marquées et toujours assez fortement ponctuées; les intervalles peu relevés; quatre points enfoncés peu distincts sur le troisième intervalle près de la troisième strie; quelquefois il n'y a que trois points et d'autres fois il y en a cinq. Des ailes sous les élytres.

Dessous du corps et pattes noirs, avec la poitrine et le dessous du corselet d'un vert-bronzé obscur.

Elle se trouve communément en France, surtout dans

les départemens méridionaux et en Espagne; elle est plus rare en Allemagne et en Autriche.

Le *Pœcilus Æneus* du Catalogue est une variété qui est entièrement en dessus d'un bronzé obscur ou cuivreux.

5. F. Crenulata.

Pl. 126. fig. 5.

Alata, angustata, supra ænea vel nigro-cyanea; thorace subquadrato, postice utrinque bistriato; elytris oblongo-ovatis, subparallelis, striato-punctatis, punctisque tribus impressis.

Dej. *Spec.* III. p. 215. n° 8.
Pœcilus Crenulatus Dej. *Cat.* p. 11.

Long. 4 $\frac{3}{4}$, 5 $\frac{1}{4}$ lignes. Larg. 1 $\frac{3}{4}$, 2 lignes.

Plus petite que la *Dimidiata*, proportionnellement plus étroite, et tantôt en dessus d'un bonzé-obscur un peu verdâtre, tantôt d'un bleu-violet plus ou moins obscur et quelquefois presque tout-à-fait noire.

Tête un peu plus étroite, assez fortement ponctuée entre les yeux.

Corselet plus étroit, avec la base coupée presque carrément.

Élytres plus étroites, striées à peu près de la même manière; trois points enfoncés distincts sur le troisième intervalle.

Dessous du corps et pattes noirs.

Elle se trouve en Espagne.

FERONIA

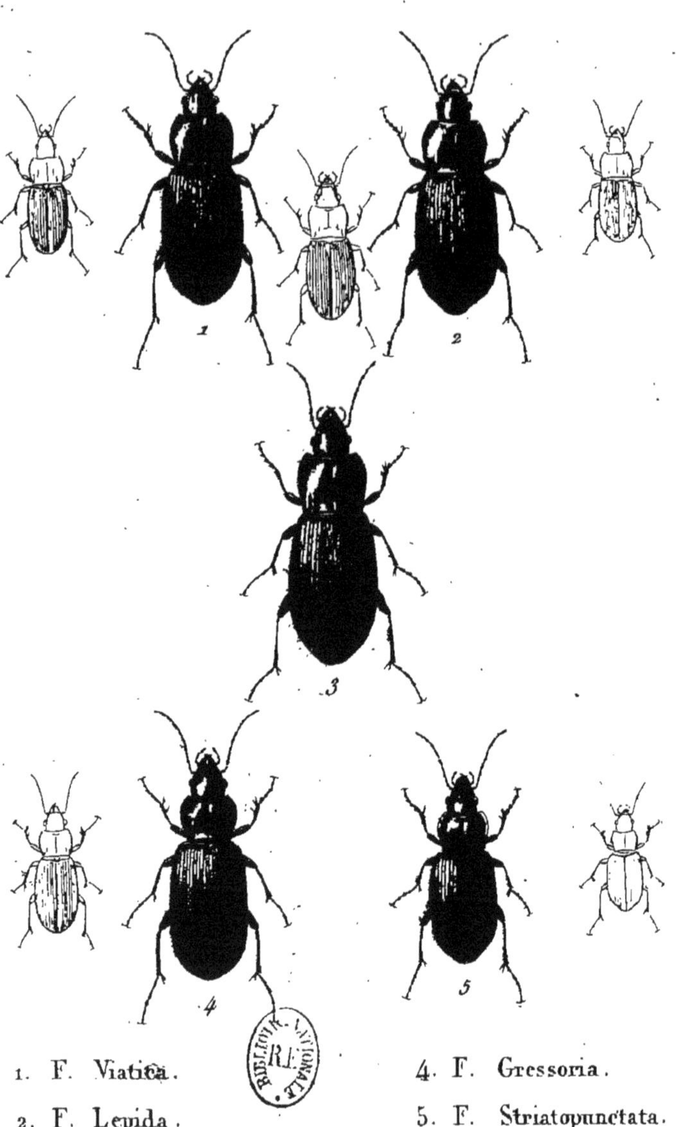

1. F. Viatica.
2. F. Lepida.
3. F. Gebleri.
4. F. Gressoria.
5. F. Striatopunctata.

P. Duménil Pinxit et Direxit.

6. F. Viatica. *Bonelli.*

Pl. 127. fig. 1.

Aptera, supra plerumque violacea; thorace latiore, subquadrato, postice utrinque bistriato; elytris oblongo-ovatis, subparallelis, striatis, striis plerumque punctatis, subcrenatis, punctisque tribus impressis.

Dej. *Spec.* iii. p. 216. n° 6.
Pœcilus Viaticus. Dej. p. 11.
Pœcilus Koyi. Dahl. *Coleoptera und Lepidoptera.* p. 8.
Germar. *Coleop. Sp. Nov.* p. 16. n° 26.
Var. *Pœcilus Marginalis.* Megerle. Dahl. *idem.*
Pœcilus Cyanescens. Besser.
Pœcilus Lepidus. var. d.? Fischer. *Entomogr. de la Russie.* ii. p. 138. n° 5. t. 19. fig. 9.

Long. 5, 7 lignes. Larg. 1 $\frac{3}{4}$, 2 $\frac{3}{4}$ lignes.

Assez distincte, mais se rapprochant quelquefois beaucoup par ses variétés de la *Lepida.*

Ordinairement en dessus d'un bleu-violet plus ou moins obscur, avec les bords des élytres un peu plus clairs, quelquefois presque tout-à-fait noire et quelquefois d'un vert métallique plus ou moins clair ou plus ou moins obscur.

Tête ordinairement assez fortement ponctuée entre les yeux et quelquefois presque lisse.

Corselet ordinairement un peu plus large que dans la

Lepida, et toujours un peu moins convexe antérieurement, jamais rétréci postérieurement; ses côtés un peu plus arrondis, conservant la même courbure et ne se redressant nullement pour tomber carrément sur la base, comme dans la *Lepida*.

Élytres avec les stries ordinairement plus fortement marquées, fortement ponctuées, presque crénelées, les intervalles un peu relevés; pas d'ailes sous les élytres.

Dessous du corps ordinairement noir ou un peu verdâtre, avec les pattes toujours noires.

Elle se trouve très-communément en Italie, en Illyrie et en Dalmatie.

Les individus que l'on prend dans le midi de la France sont souvent d'un vert métallique, les stries des élytres sont très-légèrement ponctuées, et les deux premiers articles des antennes tout-à-fait noirs.

Ceux que l'on trouve en Hongrie sont ordinairement tout-à-fait noirs, un peu plus petits et plus étroits. Les stries des élytres sont aussi fortement ponctuées, et les deux premiers articles des antennes sont également d'un brun ferrugineux.

Le *Pœcilus Marginalis* de Megerle, *Cyanescens* de Besser, que l'on trouve en Hongrie, en Volhynie et dans le midi de la Russie est un peu plus petit; les stries des élytres sont tout-à-fait lisses; les deux premiers articles des antennes sont noirs, et il se rapproche beaucoup de la *Lepida*; mais la forme du corselet est toujours différente. M. Dejean pense qu'il faut rapporter à cette variété, et non à la *Lepida*, la variété *d* du *Pœcilus Lepidus* de Fischer.

7. F. Lepida.

Pl. 127. fig. 2.

Aptera, supra plerumque viridi vel cupreo-ænea; thorace subquadrato, postice utrinque bistriato; elytris oblongo-ovatis, subparallelis, striatis, puntisque tribus impressis.

Dej. *Spec.* iii. p. 218. n° 10.
Carabus Lepidus. Fabr. *Sys. El.* i. p. 189. n° 107.
Oliv. iii. 35. p. 69. n° 88. t. 11. fig. 118. a. b.
Sch. *Syn. Ins.* 1. p. 194. n° 151.
Duftschmid. ii. p. 71. n° 74.
Harpalus Lepidus. Gyllenhal. ii. p. 94. n° 14. et iv. p. 427. n° 14.
Sahlberg. *Dissert. entom. Ins. Fennica.* p. 224. n° 14.
Platysma Lepida. Sturm. v. p. 92. n° 33.
Pœcilus Lepidus. Dej. *Cat.* p. 11.
Fischer. *Entomographie de la Russie.* ii. p. 138. n° 5.

Long. 5 $\frac{1}{4}$, 6 $\frac{1}{4}$ lignes. Larg. 1 $\frac{3}{4}$, 2 $\frac{1}{4}$ lignes.

Plus grande et plus allongée que la *Cuprea*, et tantôt d'un vert-bronzé plus ou moins clair, plus ou moins obscur, tantôt d'un rouge-cuivreux plus ou moins brillant, quelquefois d'un bleu-violet plus ou moins obscur, quelquefois même tout-à-fait noire.

Tête plus lisse, avec les antennes proportionnellement un peu plus courtes.

Corselet plus long, plus lisse, un peu plus convexe, moins rétréci antérieurement, plus arrondi sur les côtés et très-légèrement rétréci postérieurement, avec les rides transversales ondulées, un peu moins rapprochées; les côtés légèrement rebordés, nullement déprimés; la base légèrement échancrée et presque coupée en arc de cercle.

Élytres plus brillantes dans les mâles, plus allongées que celles de la *Cuprea* et proportionnellement plus étroites; les stries paraissant lisses à la vue simple; les intervalles planes ou très-faiblement relevés; trois points enfoncés distincts sur le troisième intervalle, point d'ailes sous les élytres.

Dessous du corps variant du noir un peu verdâtre au vert bronzé; pattes noires, avec les cuisses légèrement verdâtres ou bronzées.

Elle se trouve fréquemment dans les parties septentrionales et tempérées de l'Europe et dans la Sibérie.

8. F. Gebleri.

Pl. 127. fig. 3.

Aptera, nigra; thorace longiore, subquadrato, postice utrinque bistriato; elytris oblongo-ovatis, subparallelis, striatis, punctisque tribus impressis.

Dej. *Spec.* III. p. 220. n° 11.
Pœcilus Gebleri. Eschscholtz.

Long. 7 lignes. Larg. 2 $\frac{1}{2}$ lignes.

Très-voisine de la *Lepida*, dont elle n'est peut-être qu'une variété un peu plus grande.

Tête et corselet d'un noir assez brillant, avec les élytres d'un noir plus terne.

Corselet proportionnellement plus allongé, moins convexe antérieurement, un peu moins arrondi sur ses côtés, moins rétréci postérieurement, avec une impression transversale plus marquée près de la base.

Élytres striées et ponctuées de la même manière.

Dessous du corps et pattes noirs.

Elle se trouve en Daourie, dans la Sibérie orientale.

9. F. Gressoria.

Pl. 127. fig. 4.

Alata, supra cyanea; thorace longiore, subcordato, postice utrinque bistriato; elytris oblongis, subparallelis, striatis, striis obsolete punctatis, punctisque tribus impressis.

Dej. *Spec.* III. p. 220. n° 12.

Long. 5 $\frac{3}{4}$, 6 $\frac{1}{4}$ lignes. Larg. 2, 2 $\frac{1}{4}$ lignes.

Plus grande et plus allongée que la *Lepida*, et ordinairement en dessus d'un bleu-violet plus ou moins brillant, quelquefois un peu verdâtre sur les élytres.

Corselet un peu allongé, plus plane, un peu rétréci postérieurement et presque cordiforme.

Élytres plus allongées, un peu déprimées, plus brillantes dans les mâles; les stries légèrement ponctuées, les intervalles planes; trois points enfoncés distincts sur le troisième. Des ailes sous les élytres.

Dessous du corps d'un noir un peu bleuâtre, avec les pattes noires.

Elle se trouve dans le département des Basses-Alpes.

10. F. Striatopunctata.

Pl. 127. fig. 5.

Alata, supra cyanea vel viridi-ænea; thorace subcordato, postice utrinque bistriato; elytris oblongo-ovatis, striato-punctatis, punctisque duobus postice impressis.

Dej. *Spec.* iii. p. 223. n° 15.

Carabus Striatopunctatus. Duftschmid. ii. p. 160. n° 210.

Platysma Striatopunctata. Sturm. v. p. 101. n° 38. t. 119. fig. b. B.

Pœcilus Striatopunctatus. Dej. *Cat.* p. 11.

Long. 4 $\frac{1}{2}$, 5 $\frac{1}{4}$ lignes. Larg. 1 $\frac{3}{4}$, 2 $\frac{1}{3}$ lignes.

Voisine de la *Cuprea* par sa forme, ordinairement plus petite et d'un bleu-métallique quelquefois plus ou moins verdâtre en dessus.

Tête presque lisse, avec quelques rides irrégulières et quelques points peu marqués.

Corselet moins large, un peu rétréci postérieurement, presque cordiforme et plus lisse, avec quelques rides transversales ondulées à peine marquées; le bord antérieur un

FERONIA

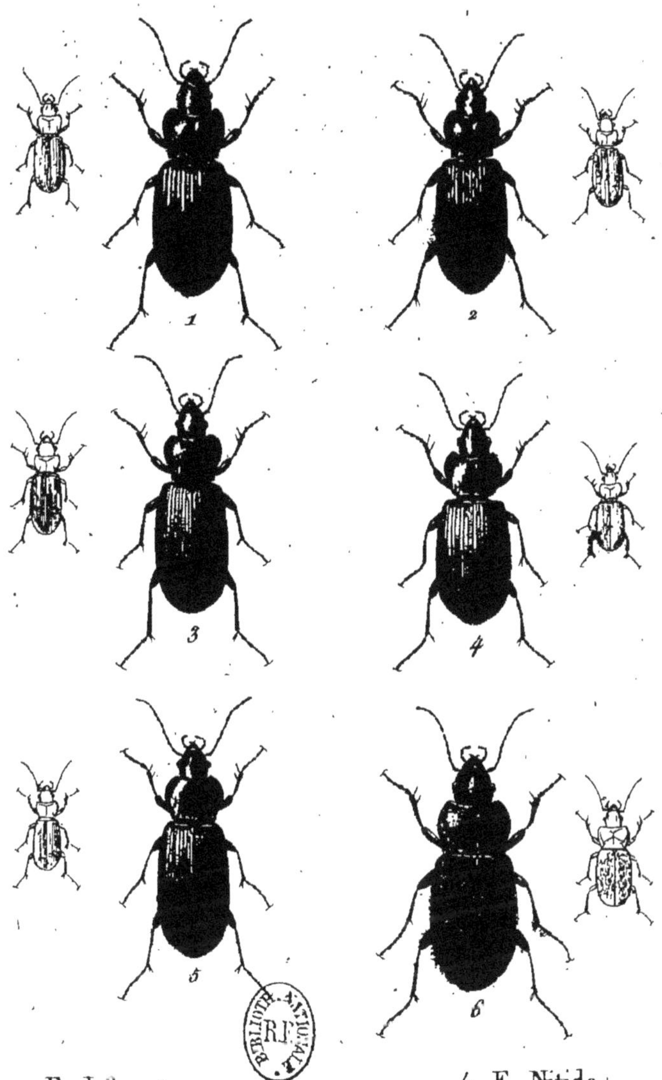

1. F. Infuscata.
2. F. Crenata.
3. F. Lugubris.
4. F. Nitida.
5. F. Puncticollis.
6. F. Rugosa.

P. Duménil Pinxit et Direxit.

peu échancré ; les côtés légèrement rebordés et nullement déprimés ; les angles postérieurs coupés très-carrément.

Élytres un peu plus ovales et un peu moins parallèles ; leurs stries assez fortement ponctuées vers la base et plus légèrement vers l'extrémité ; les intervalles très-légèrement relevés ; deux points enfoncés distincts sur le troisième près de la seconde strie. Des ailes sous les élytres. Dessous du corps et cuisses d'un noir un peu verdâtre ou bleuâtre, avec les jambes et les tarses d'un brun noirâtre.

Elle est assez commune en Autriche, elle se trouve aussi aux environs de Lyon et en Sibérie.

11. F. Infuscata. *Hoffmansegg.*

Pl. 128. fig. 1.

Alata, supra viridi vel nigro-ænea ; thorace lævi, subcordato, postice utrinque striato ; elytris subparallelis, striatis, striis obsolete punctatis, punctisque duobus postice impressis.

Dej. *Spec.* III. p. 225. n° 17.
Pœcilus Infuscatus. Dej. *Cat.* p. 11.

Long. 4 $\frac{1}{4}$, 5 $\frac{1}{4}$ lignes. Larg. 1 $\frac{1}{2}$, 2 lignes.

Plus petite que la *Lepida*, proportionnellement plus étroite, plus plane et d'un vert-bronzé plus ou moins obscur, quelquefois presque tout-à-fait noire.

Tête un peu plus étroite, presque lisse.

Corselet le double plus large que la tête, presque aussi long que large, lisse, assez plane, rétréci postérieurement, légèrement cordiforme; les côtés très-légèrement rebordées, nullement déprimés, arrondis antérieurement; les angles postérieurs coupés presque carrément; la base légèrement sinuée, un peu échancrée dans son milieu et coupée presque obliquement sur les côtés.

Élytres plus allongées, plus étroites, moins ovales, presque parallèles, presque planes; les stries assez fortement marquées, très-légèrement ponctuées; les intervalles presque planes; deux points enfoncés distincts sur le troisième, près de la seconde strie. Des ailes sous les élytres.

Dessous du corps d'un noir obscur très-finement ponctué, avec les pattes d'un brun noirâtre.

Elle se trouve en Portugal, en Espagne et dans la France méridionale.

12. F. Crenata.

Pl. 128. fig. 2.

Alata, nigra; thorace cordato, postice coarctato, utrinque striato; elytris subparallelis, crenato-striatis.

Dej. *Spec.* III. p. 226. n° 18.
Carabus Crenatus. Hoffmansegg.

Long. 5 lignes. Larg. 1 ¾ lignes.

A peu près de la taille de l'*Infuscata* et d'un noir assez brillant en dessus.

Tête légèrement ponctuée vers sa partie postérieure.

Corselet fortement cordiforme, plus arrondi antérieurement, très-rétréci postérieurement, avec les angles postérieurs coupés plus carrément.

Élytres à peu près de la même forme; les stries plus fortement marquées, fortement ponctuées et distinctement crénelées; les intervalles un peu relevés; pas de points enfoncés sur le troisième.

Dessous du corps d'un noir obscur, avec les pattes d'un brun noirâtre.

Elle se trouve en Portugal.

13. F. Lugubris.

Pl. 128. fig. 3.

Alata, nigra; thorace cordato, postice utrinque bistriato; elytris subparallelis, striato-punctatis, punctatis, postice impresso; antennis pedibusque piceis.

Dej. *Spec.* III. p. 227. n° 19.
Pœcilus Lugubris. Stéven.
Carabus Advena? Sch. *Syn. Ins.* I. p. 186. n° 95.

Long. 5 $\frac{1}{2}$ lignes. Larg. 2 lignes.

Un peu plus grande que la *Crerata* et d'un noir assez brillant en dessus.

Tête presque entièrement ponctuée, avec les antennes d'un brun roussâtre.

Corselet un peu moins plane et moins rétréci postérieurement; le bord antérieur un peu moins échancré et les angles antérieurs presque arrondis.

Élytres un peu moins planes; leurs stries moins marquées, moins fortement ponctuées, surtout les cinq extérieures; les intervalles un peu plus planes; un point enfoncé distinct sur le troisième, près de la seconde strie.

Dessous du corps d'un noir un peu brunâtre, avec les pattes d'un brun roussâtre.

Elle se trouve dans les environs de Kislar, près de la mer Caspienne.

14. F. Nitida.

Pl. 128. fig. 4.

Alata ; capite thoraceque subrotundato, postice utrinque impresso, rubro-cupreis, nitidis; elytris viridi-æneis, nitidis, subparallelis, striato-punctatis, punctisque duobus postice impressis.

Dej. *Spec.* III. p. 227. n° 20.
Pœcilus Nitidus. Dej. *Cat.* p. 11.

Long. 4, 5 lignes. Larg. 1 $\frac{1}{2}$, 2 lignes.

A peu près de la grandeur de l'*Infuscata*.

Tête et corselet d'un rouge-cuivreux très-brillant, quelquefois d'un vert-bronzé un peu cuivreux.

Tête un peu plus large, moins allongée, presque lisse, avec quelques rides irrégulières.

Corselet plus large, presque arrondi et un peu rétréci

postérieurement, couvert de rides transversales ondulées, peu rapprochées; le bord antérieur assez échancré; les côtés très-arrondis antérieurement, tombant obliquement sur la base; celle-ci très-légèrement sinuée et un peu échancrée dans son milieu.

Élytres d'un beau vert-métallique plus ou moins brillant, plus planes, plus larges et un peu moins allongées; leurs stries un peu moins marquées, fortement ponctuées vers la base et plus légèrement vers l'extrémité; les intervalles plus planes; deux points enfoncés sur le troisième.

Dessous du corps et pattes noirs.

Elle a été découverte en Espagne par M. le comte Dejean.

15. F. Puncticollis.

Pl. 128. fig. 5.

Alata, supra obscure viridi-ænea vel nigro-cyanea; thorace subrotundato, in medio punctato, postice utrinque striato; elytris subparallelis, striato-punctatis, punctisque duobus postice impressis.

Dej. *Spec.* III. p. 229. n° 21.
Pœcilus Puncticollis. Dej. *Cat.* p. 11.
Pœcilus Crenatostrictus. Stéven.
Ancholeus Chalybeipennis. Ziegler.

Long. 4 $\frac{1}{2}$, 5 lignes. Larg. 1 $\frac{1}{2}$, 1 $\frac{3}{4}$ ligne.

A peu près de la grandeur de l'*Infuscata* et d'un bronzé-obscur un peu verdâtre, ou d'un noir un peu bleuâtre, en dessus.

Tête assez fortement ponctuée.

Corselet arrondi, un peu rétréci postérieurement; les côtés presque lisses et le milieu fortement ponctué depuis le bord antérieur jusqu'à la base; couvert de rides transversales ondulées, peu rapprochées; le bord antérieur un peu moins échancré; les côtés plus arrondis antérieurement, paraissant tomber obliquement sur la base, mais se redressant très-près de l'angle postérieur pour former avec elle un angle droit.

Élytres un peu plus étroites, plus parallèles et un peu moins planes; les stries fortement ponctuées vers la base et plus légèrement vers l'extrémité; les intervalles un peu moins planes, moins lisses; deux points enfoncés sur le troisième. Des ailes sous les élytres.

Dessous du corps et cuisses noirs, avec les jambes et les tarses d'un brun noirâtre.

Elle se trouve assez communément dans le midi de la France, en Italie, en Dalmatie, en Hongrie et dans les provinces méridionales de la Russie.

16. F. Rugosa.

Pl. 128. fig. 6.

Aptera, nigra; thorace quadrato, rugoso; elytris oblongo-ovatis, subparallelis, rugosis, rugis faveolisque intricatis.

Dej. *Spec.* III. p. 336. n° 28.

Pœcilus Rugosus. Gebler. *Mémoires de la Société imp. des Naturalistes de Moscou.* vi. p. 127. n° 1.

Fischer. *Entomographie de la Russie.* ii. p. 135. n° 3. t. 19. f. 8.

Long. 6 lignes. Larg. 2 $\frac{1}{3}$ lignes.

Tête ovale, assez allongée, un peu rétrécie derrière les yeux.

Corselet le double plus large que la tête, moins long que large, très-légèrement arrondi sur les côtés et presque carré, couvert de points enfoncés irréguliers se confondant entre eux; le bord antérieur assez échancré; les côtés assez largement déprimés, un peu relevés et point rebordés; les angles postérieurs presque obtus et un peu arrondis; la base très-légèrement échancrée.

Élytres plus larges que le corselet, peu allongées, très-légèrement ovales, presque parallèles, assez planes et très-légèrement sinuées à l'extrémité, couvertes de rides très-courtes et d'enfoncemens irréguliers très-marqués qui se confondent ensemble et qui les font paraître très-fortement rugueuses; le bord extérieur un peu relevé et presque en carène. Point d'ailes sous les élytres.

Dessous du corps d'un noir plus brillant que le dessus, avec les pattes noires et assez fortes.

MM. Gebler et Fischer disent qu'elle se trouve en Daourie, dans la Sibérie orientale, près du fleuve Argun.

SECONDE DIVISION.

Argutor. *Megerle.*

17. F. Vernalis.

Pl. 129. fig. 1.

Alata, nigra; thorace subquadrato, postice utrinque punctato-striato; elytris oblongo-ovatis, suparallelis, striatis, striis obsolete punctatis, punctisque tribus impressis; antennis pedibusque piceis.

Dej. *Spec.* III. p. 24. n° 30.
Carabus Vernalis. Fabr. *Sys. El.* p. 207. n° 202.
Sch. *Syn. Ins.* I. p. 217. n° 274.
Harpalus Vernalis. Gyll. II. p. 90. n° 10. et IV. p. 427. n° 10.
Sahlberg. *Dissert. entom. Ins. Fennica.* p. 222. n° 9.
Platysma Vernalis. Sturm. V. p. 69. n° 18.
Argutor Vernalis. Dej. *Cat.* p. 11.
Carabus Crenatus. Duftschmid. II. p. 92. n° 104.
Omaseus Clancularius. Eschscholtz.
Var. A. *Argutor Sedulus.* Dej. *Cat.* p. 11.
Var. B. *Argutor Cursor.* Dej. *Cat.* p. 11.

Long. 2 $\frac{1}{4}$, 3 $\frac{3}{4}$ lignes. Larg. 1 $\frac{1}{4}$, 1 $\frac{2}{3}$ ligne.

Entièrement en dessus d'un noir assez brillant. Tête presque triangulaire, très-légèrement rétrécie pos-

FERONIA

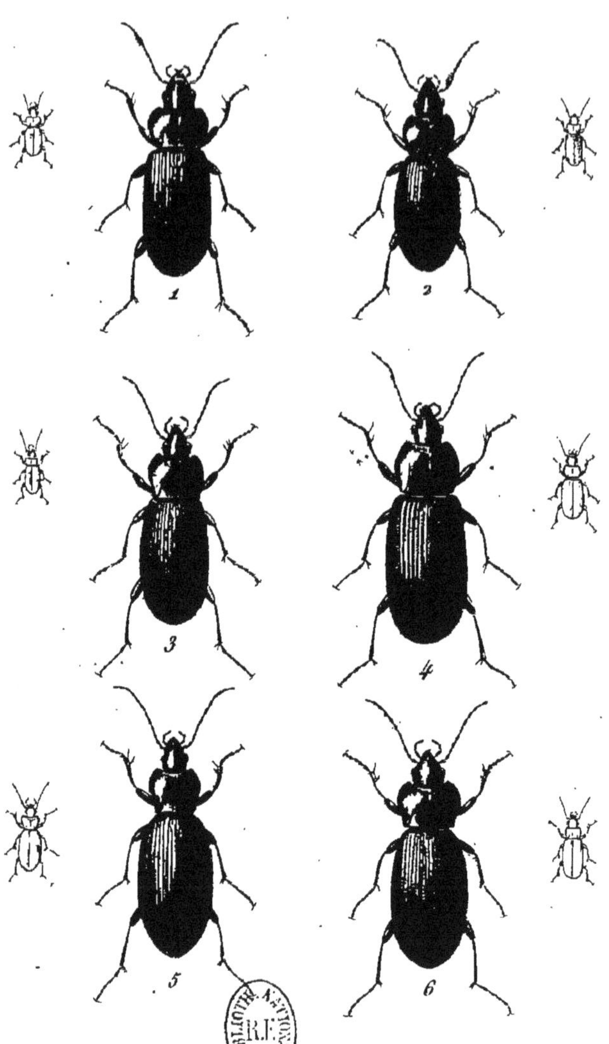

1. F. Virnalis.
2. F. Rubripes.
3. F. Negligens.
4. F. Inquieta.
5. F. Sturmii.
6. F. Erudita.

P. Duménil Pinxit et Direxit.

térieurement, avec les antennes d'un brun plus ou moins obscur.

Corselet à peu près le double plus large que la tête, aussi long que large, légèrement arrondi sur les côtés, presque carré et très-légèrement convexe; la base assez fortement ponctuée sur ses côtés et très-légèrement rugueuse dans son milieu; le bord antérieur assez fortement échancré; les côtés légèrement rebordés; les angles postérieurs et la base coupés presque carrément.

Élytres un peu plus larges que le corselet, très-légèrement ovales, presque parallèles, peu convexes et légèrement sinuées près de l'extrémité, marquées chacune de neuf stries assez prononcées, ordinairement presque lisses, et quelquefois légèrement ponctuées; les troisième et quatrième, cinquième et sixième se réunissant deux à deux et n'allant pas tout-à-fait jusqu'à l'extrémité; les intervalles presque planes; trois points enfoncés distincts sur le troisième. Des ailes sous les élytres.

Dessous du corps d'un noir obscur, quelquefois un peu brunâtre; les côtés du corselet légèrement ponctués, avec les pattes d'un brun obscur, quelquefois un peu roussâtres ou ferrugineuses.

Elle se trouve très-communément dans les lieux humides, sous les pierres, dans presque toute l'Europe et en Sibérie.

La variété A, *Argutor Sedulus* du Catalogue, n'en diffère que par sa couleur d'un brun roussâtre, plus obscure sur la tête; elle n'est probablement qu'un individu récemment transformé.

La variété B, *Argutor Cursor* du même ouvrage, est

plus grande; les élytres ont un reflet brillant et un peu bleuâtre, les stries sont plus distinctement ponctuées, et les intervalles sont un peu relevés. Elle se trouve dans les provinces méridionales de la France, particulièrement dans les environs de Bordeaux, en Italie et en Dalmatie.

18. F. Rubripes. *Hoffmansegg.*

Pl. 129. fig. 2.

Alata, supra cyanea; thorace cordato, postice punctato, utrinque striato; elytris oblongo-ovatis, striatis, punctoque impresso; antennisque pedibus rufis.

Dej. *Spec.* III. p. 248. n° 39.
Argutor Rubripes. Dej. *Cat.* p. 11.

Long. 2 $\frac{1}{4}$, 3 lignes. Larg. 1, 1 $\frac{1}{2}$ ligne.

Plus petite que la *Vernalis* et d'un bleu assez brillant, quelquefois un peu verdâtre en dessus.

Tête moins large, avec les palpes et les antennes d'un rouge ferrugineux.

Corselet un peu plus étroit, arrondi antérieurement, cordiforme et assez fortement rétréci postérieurement; le milieu de la base entre les impressions assez fortement ponctué; la partie extérieure tout-à-fait lisse; les côtés un peu plus fortement rebordés et les angles postérieurs coupés plus carrément.

Élytres un peu plus ovales et un peu plus convexes;

leurs stries tout-à-fait lisses, un peu plus marquées; un seul point enfoncé sur le troisième intervalle. Des ailes sous les élytres.

Dessous du corps d'un noir obscur, avec les pattes d'un rouge ferrugineux.

Elle est très-commune dans le midi de la France, sur les bords des rivières et des ruisseaux; elle se trouve aussi en Portugal, et M. Goudot l'a rapportée des environs de Tanger.

19. F. Negligens. *Megerle.*

Pl. 129. fig. 3.

Aptera, nigro-picea; thorace subquadrato, postice punctato, utrinque striato; elytris oblongo-ovatis, striato-punctatis, punctoque postice impresso; antennis pedibusque rufis.

Dej. *Spec.* III. p. 249. n° 40.
Argutor Negligens. Dej. *Cat.* p. 11.
Carabus Longicollis? Duftschmid. II. p. 180. n° 243.
Platysma Longicollis. Sturm. v. p. 80. n° 25. T. 116. fig. d. D.

Long. 2 $\frac{1}{2}$, 2 $\frac{3}{4}$ lignes. Larg. 1, 1 $\frac{1}{4}$ ligne.

Plus petite que la *Vernalis*, plus déprimée et ordinairement en dessus d'un brun noirâtre, quelquefois un peu roussâtre et quelquefois même d'un rouge ferrugineux.

Tête un peu plus petite, avec les palpes et les antennes d'un rouge ferrugineux.

Corselet un peu plus plane, un peu sinué près de la base et un peu rétréci postérieurement; toute la base assez fortement ponctuée, et les angles postérieurs coupés plus carrément.

Élytres plus planes; leurs stries assez fortement ponctuées, presque crénelées; un seul point enfoncé sur le troisième intervalle.

Dessous du corps d'un brun noirâtre, quelquefois un peu roussâtre et entièrement couvert de points enfoncés, assez serrés et assez marqués. Les pattes d'un rouge ferrugineux.

Elle se trouve, mais assez rarement, en France, en Allemagne et en Autriche.

20. F. Inquieta.

Pl. 129. fig. 4.

Aptera, nigra; thorace subquadrato, postice utrinque striato; elytris oblongo-ovatis, striato-punctatis, punctoque postice impresso; antennis pedibusque rufis.

Dej. *Spec.* v. *Suppl.* p. 757. n° 200.

Argutor Inquietus. Megerle.

Platysma Inquinata. Sturm. v. p. 79. n° 24. T. 116. fig. c. C.

Long. 3 $\frac{3}{4}$ lignes. Larg. 1 $\frac{1}{2}$ ligne.

Très-voisine de la *Negligens*, mais plus grande, proportionnellement plus allongée et d'un noir assez brillant en dessus.

Tête et antennes comme dans la *Negligens*.

Corselet à peu près comme dans cette espèce, mais plus plane, avec la base nullement ponctuée.

Élytres un peu plus allongées et un peu plus parallèles, striées et ponctuées à peu près de la même manière, avec les intervalles un peu plus planes. Dessous du corps et pattes comme dans la *Negligens*.

Elle se trouve en Hongrie.

Le nom d'*Inquinata*, donné par Sturm, est probablement une faute d'impression.

21. F. Sturmii. *Dejean.*

Pl. 129. fig. 5.

Aptera, nigra; thorace cordato, postice utrinque striato; elytris elongato-oblongis, striatis, striis obsolete punctatis, punctisque tribus impressis; antennis pedibusque rufo-piceis.

Dej. *Spec.* v. *Suppl.* p. 758. n° 201.

Platysma Negligens. Sturm. v. p. 60. n° 13. t. 113. fig. b. B.

Long. 3 $\frac{3}{4}$ lignes. Larg. 1 $\frac{1}{3}$ ligne.

Plus grande que la *Vernalis*, proportionnellement beaucoup plus allongée et d'un noir assez brillant en dessus.

Tête presque triangulaire, un peu rétrécie postérieurement, avec les palpes et les antennes d'un brun rougeâtre.

Corselet plus large que la tête, aussi long que large, arrondi sur les côtés antérieurement, rétréci postérieurement, plus fortement cordiforme et peu convexe; de chaque côté de la base, près de l'angle postérieur, une impression longitudinale un peu oblique, assez large; le bord antérieur légèrement échancré; les angles antérieurs arrondis; les côtés rebordés; les angles postérieurs et la base coupés carrément.

Élytres plus larges que le corselet, en ovale très-allongé, assez étroites antérieurement, avec l'angle de la base très-arrondi et à peine marqué; les cinq premières stries un peu plus marquées que les trois suivantes; toutes très-légèrement ponctuées; les intervalles presque planes; trois points enfoncés sur le troisième.

Dessous du corps noir, avec les pattes d'un brun rougeâtre.

Elle se trouve en Saxe.

22. F. Erudita. *Megerle.*

Pl. 129. fig. 6.

Aptera, nigra; thorace subcordato, postice punctato, utrinque bistriato; elytris oblongo-ovatis, striato-punctatis, punctisque tribus impressis, antennis pedibusque rufis.

Dej. *Spec.* III. p. 252. n° 43.

Argutor Eruditus. Dej. *Cat.* p. 11.

Platysma Interstincta. Sturm. V. p. 77. n° 23. T. 116. fig. b. B.

FERONIA

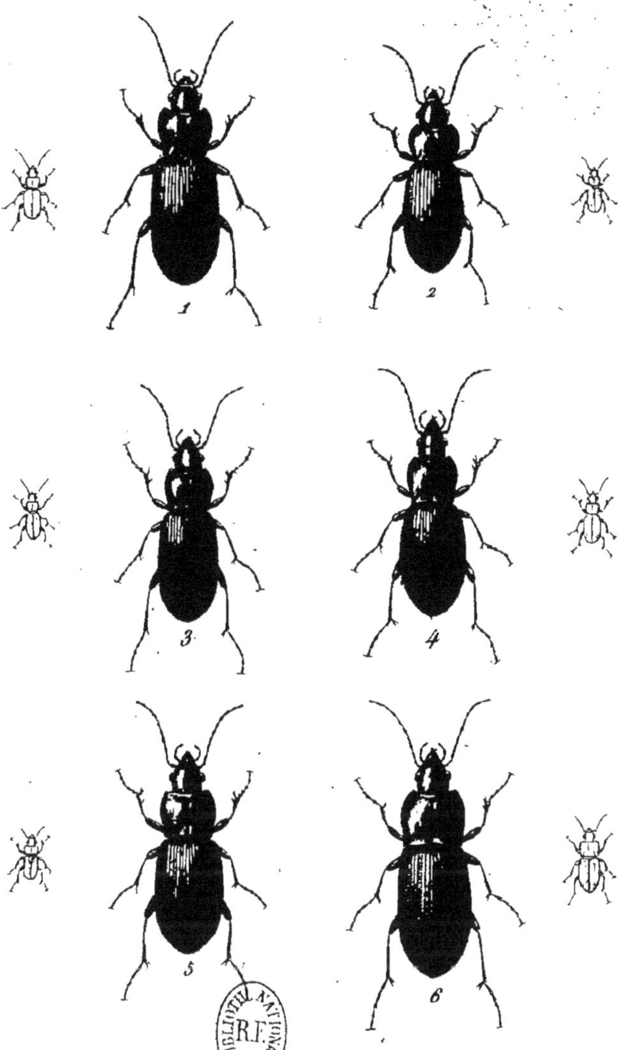

1. F. Strenna.
2. F. Pulla.
3. F. Pusilla.
4. F. Amœna.
5. F. Pumilio.
6. F. Lusitanica.

P. Dumenil Pinxit et Direxit.

Long. 2 $\frac{3}{4}$, 3 $\frac{1}{4}$ lignes. Larg. 1 $\frac{1}{4}$, 1 $\frac{1}{2}$ ligne.

Très-voisine de la *Strenua*, mais plus grande.

Corselet offrant près de l'angle postérieur une seconde impression longitudinale très-courte, quelquefois peu marquée, mais toujours apparente.

Le reste comme dans la *Strenua*.

Elle se trouve en France, en Suisse, en Allemagne et en Autriche.

23. F. Strenua.

Pl. 130. fig. 1

Aptera, nigra; thorace subcordato, postice punctato, utrinque striato; eytris oblongo-ovatis, striato-punctatis, punctisque tribus impressis; antennis pedibusque rufis.

Dej. *Spec.* iii. p. 252. n° 44.

Carabus Strenuus. Panzer. *Fauna Germ.* 38. n° 6.

Sch. *Syn. Ins.* i. p. 179. n° 60.

Duftschmid. ii. p. 179. n° 240.

Harpalus Strenuus. Gyllenhal. ii. p. 98. n° 17. et iv. p. 428. n° 17.

Sahlberg. *Dissert. entom. Ins. Fennica.* p. 227. n° 17.

Platysma Strenua. Sturm. v. p. 71. n° 19.

Argutor Strenuus. Dej. *Cat.* p. 11.

Carabus Gagates? Megerle. Duftschmid. ii. p. 180. n° 242.

Argutor Diligens. Dej. *Cat.* p. 11.

Argutor Intermedius. Dej. *Cat.* p. 11.

Long. 2 $\frac{1}{2}$, 2 $\frac{3}{4}$ lignes. Larg. 1 $\frac{1}{4}$, 1 $\frac{1}{3}$ ligne.

Plus petite et proportionnellement plus étroite que la *Vernalis*.

Tête un peu plus étroite, avec les antennes et les palples d'un rouge ferrugineux.

Corselet plus étroit, plus arrondi antérieurement, un peu rétréci postérieurement et presque cordiforme; sa base entièrement ponctuée; l'impression longitudinale plus marquée; les angles postérieurs coupés plus carrément.

Élytres plus étroites, un peu plus convexes; leurs stries distinctement ponctuées; les cinquième, sixième et septième moins fortement marquées que les autres; point d'ailes sous les élytres le plus ordinairement.

Dessous du corps d'un noir obscur, avec les côtés du corselet assez fortement ponctués et les pattes d'un rouge ferrugineux.

Elle se trouve assez communément sous les pierres, dans les endroits humides, en Suède, en Angleterre, en France, en Allemagne, en Autriche, en Pologne et en Russie.

L'*Argutor Diligens* du Catalogue paraît être une variété de cette espèce, dont les élytres sont un peu plus larges et un peu moins allongées, et dont la base du corselet est un peu moins fortement ponctuée dans son milieu.

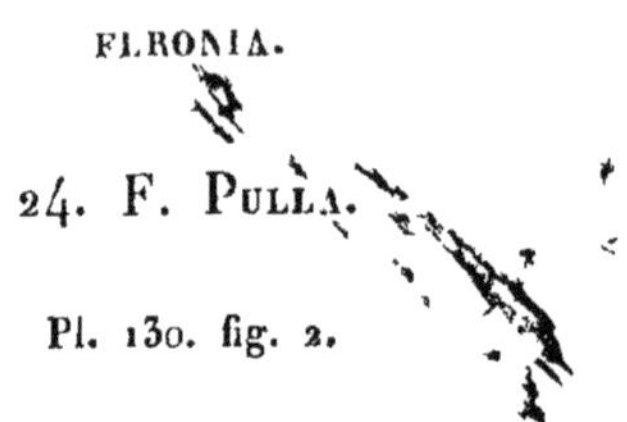

24. F. Pulla.

Pl. 130. fig. 2.

Aptera, nigra; thorace subcordato, postice obsolete punctato, utrinque striato; elytris oblongis, striato-punctatis, punctisque tribus impressis; antennis pedibusque rufo-piceis.

Dej. *Spec.* iii. p. 254. n° 44.
Harpalus Pullus. Gyllenhal. iv. p. 429. n° 17-18.
Sahlberg. *Dissert. entom. Ins. Fennica.* p. 227. n° 18.
Carabus Rotundicollis? Duftschmid. ii. p. 93. n° 105.
Platysma Rotundicollis? Sturm. ii. p. 87. n° 30. t. 118. fig. a. A.

Long. 2 $\frac{1}{2}$ lignes. Larg. 1 $\frac{1}{4}$ ligne.

Très-voisine de la *Strenua*, mais ordinairement un peu plus petite et un peu plus étroite.

Tête de la même forme, avec les antennes d'un brun plus ou moins obscur.

Corselet un peu moins large et un peu moins arrondi antérieurement; un peu moins rétréci postérieurement; les angles postérieurs coupés un peu moins carrément.

Élytres un peu plus étroites, un peu moins ovales et un peu plus parallèles; les cinquième, sixième et septième stries presque aussi marquées que les autres.

Dessous du corps avec les côtés du corselet sans ponctuation sensible; cuisses d'un brun noirâtre, quelquefois un peu roussâtres, avec les jambes et les tarses d'un brun ferrugineux.

Elle se trouve en Suède, en France et en Allemagne.

25. F. Pusilla.

Pl. 130. fig. 3.

Aptera, nigra; thorace subcordato, planiusculo, postice obsolete punctato, utrinque striato; elytris oblongo-ovatis, striatis, striis obsolete punctatis, punctisque tribus obsoletis impressis; antennis pedibusque rufis.

Dej. *Spec.* iii. p. 255. n° 46.
Argutor Pusillus. Dej. *Cat.* p. 11.

Long. 2 $\frac{1}{4}$, 2 $\frac{1}{2}$ lignes. Larg. $\frac{3}{4}$, 1 ligne.

Ordinairement plus petite que la *Pulla*.

Tête de la même forme, avec les palpes d'un rouge ferrugineux et une grande tache d'un brun obscur à la base des deux derniers articles; antennes d'un rouge ferrugineux.

Corselet moins convexe, plus plane, plus cordiforme, moins large et moins arrondi antérieurement; la base moins fortement ponctuée, surtout dans son milieu, avec les angles postérieurs coupés plus carrément.

Élytres un peu moins allongées, un peu plus ovales et moins parallèles; les stries très-légèrement ponctuées, avec les trois points enfoncés du troisième intervalle peu distincts. Pas d'ailes sous les élytres.

Dessous du corps avec les côtés du corselet très-légèrement ponctués et les pattes d'un rouge ferrugineux.

Elle a été découverte dans les Hautes-Pyrénées par M. de la Frenaye.

26. F. Amoena. *Dejean.*

Pl. 130. fig. 4.

Aptera, nigro-picea; thorace longiore, subcordato, planiusculo, postice transverse impresso, utrinque punctato, striato; elytris oblongis, striatis, striis obsolete punctatis, punctisque tribus obsoletis impressis; antennis pedibusque rufis.

Dej. *Spec.* III. p. 255. n° 47.

Long. 2 $\frac{2}{3}$ lignes. Larg. 1 ligne.

Plus grande que la *Pusilla* et d'un brun noirâtre en dessus, un peu roussâtre sur le corselet.

Tête un peu plus allongée, avec les palpes et les antennes entièrement d'un rouge ferrugineux.

Corselet plus plane et un peu plus allongé; la base plus fortement ponctuée sur les côtés, un peu ridée dans son milieu, avec les impressions longitudinales plus fortement marquées; les angles postérieurs coupés plus carrément; la base un peu échancrée dans son milieu.

Élytres un peu plus planes, un peu plus ovales, striées et ponctuées à peu près de la même manière.

Dessous du corps d'un brun obscur, avec l'extrémité de l'abdomen un peu roussâtre et les pattes d'un rouge ferrugineux.

Elle a été découverte dans les Hautes Pyrénées par M. de la Frenaye.

27. F. Pumilio. *Dejean.*

Pl. 130. fig. 5.

Aptera, nigro-picea; thorace subquadrato, postice obsolete punctato, utrinque striato; elytris oblongo-ovatis, striato-punctatis, punctisque duobus impressis; antennis pedibusque rufis.

Dej. *Spec.* III. p. 256.

Long. 2 lignes. Larg. $\frac{3}{4}$ ligne.

Plus petite que la *Pusilla*, un peu moins allongée et d'un brun noirâtre en dessus.

Tête un peu plus large, moins rétrécie postérieurement, avec les palpes et les antennes entièrement d'un rouge ferrugineux.

Corselet plus large, à peine rétréci postérieurement, presque carré; la base très-légèrement ponctuée; l'impression longitudinale plus fortement marquée; les angles postérieurs coupés plus carrément et la base très-légèrement échancrée dans son milieu.

Élytres un peu moins allongées et un peu plus ovales; leurs stries un peu plus marquées et un peu plus fortement ponctuées; les intervalles un peu moins planes; deux points enfoncés distincts sur le troisième.

Dessous du corps d'un brun obscur, avec l'extrémité

de l'abdomen un peu roussâtre et les pattes d'un rouge ferrugineux.

Elle a été découverte dans les Pyrénées orientales par M. le comte Dejaen.

28. F. Lusitanica.

Pl. 130. fig. 6.

Aptera, nigro-picea; thorace elongato quadrato, postice utrinque striato; elytris oblongo-ovatis, planiusculis, crenato-striatis, punctisque tribus impressis; antennis pedibusque rufis.

Dej. *Spec.* III. p. 257. n° 49.
Calathus Crenatus. Dej. *Cat.* p. 11.

Long. 3, 3 $\frac{1}{2}$ lignes. Larg. 1 $\frac{1}{4}$, 1 $\frac{1}{3}$ ligne.

Très-voisine de la *Depressa*, mais un peu plus allongée.

Tête un peu plus étroite.

Corselet un peu moins rougeâtre, plus étroit et plus allongé.

Élytres un peu plus noirâtres, plus étroites, plus parallèles et moins ovales; leurs stries plus fortement marquées, très-fortement ponctuées et presque crénelées; les intervalles un peu moins planes et les trois points enfoncés du troisième se confondant souvent avec ceux des stries.

Elle se trouve en Portugal.

29. F. Depressa.

Pl. 131. fig. 1.

Aptera, nigro-picea; thorace rufescente, oblongo-quadrato, postice utrinque striato; elytris oblongo-ovatis, planiusculis, striatis, punctisque tribus impressis; antennis pedibusque rufis.

Dej. *Spec.* III. p. 258. n° 50.
Calathus Depressus. Dej. *Cat.* p. 10.

Long. 3 $\frac{1}{4}$, 3 $\frac{3}{4}$ lignes. Larg. 1 $\frac{1}{4}$, 1 $\frac{1}{2}$ ligne.

Plus grande que la *Vernalis*, et entièrement en dessus d'un brun noirâtre, quelquefois un peu roussâtre, avec le corselet d'un rouge-ferrugineux obscur.

Tête ovale assez allongée, un peu rétrécie postérieurement, presque lisse, avec les palpes et les antennes d'un rouge-ferrugineux un peu jaunâtre.

Corselet presque le double aussi large que la tête, à peu près aussi long que large, presque carré, plane et assez lisse; les impressions longitudinales très-marquées; le bord antérieur assez échancré et un peu sinué; les côtés rebordés presque droits et très-légèrement arrondis antérieurement; les angles postérieurs coupés carrément et un peu arrondis; la base légèrement échancrée dans son milieu.

Élytres un peu plus larges que le corselet, en ovale très-allongé, presque ponctuées, planes et presque arrondies

FERONIA

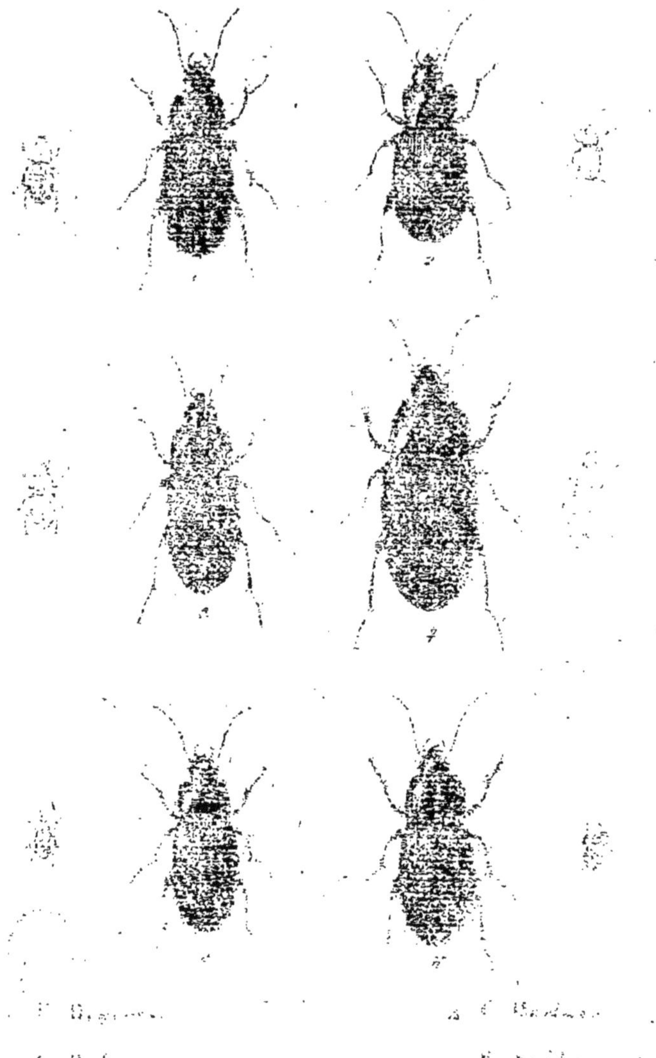

[illegible]

[illegible]

5. F. Hispanica [illegible]

[illegible]

[illegible]

[illegible]

29. F. Depressa.

Pl. 151. fig. 1.

Aptera, nigro-picea, thorace rufescente, oblongo-quadrato, postice utrinque striato; elytris oblongo-ovatis, planiusculis, striatis, punctisque tribus impressis; antennis pedibusque rufis.

Dej. Spec. III. p. 258. n° 50.
Calathus Depressus. Dej. *Cat.* p. 10.

Long. 3 $\frac{1}{4}$, 3 $\frac{3}{4}$ lignes. Larg. 1 $\frac{1}{4}$, 1 $\frac{1}{2}$ ligne.

Plus grande que la *Vernalis*, et entièrement en dessus d'un brun noirâtre, quelquefois un peu roussâtre, avec le corselet d'un rouge-ferrugineux obscur.

Tête ovale assez allongée, un peu rétrécie postérieurement, presque lisse, avec les palpes et les antennes d'un rouge-ferrugineux un peu jaunâtre.

Corselet presque le double aussi large que la tête, à peu près aussi long que large, presque carré, plane et assez lisse; les impressions longitudinales très-marquées; le bord antérieur assez échancré et un peu sinué; les côtés rebordés presque droits et très-légèrement arrondis antérieurement; les angles postérieurs coupés carrément et un peu arrondis; la base légèrement échancrée dans son milieu.

Élytres un peu plus larges que le corselet, en ovale très-allongé, presque ponctuées, planes et presque arrondies

FERONIA

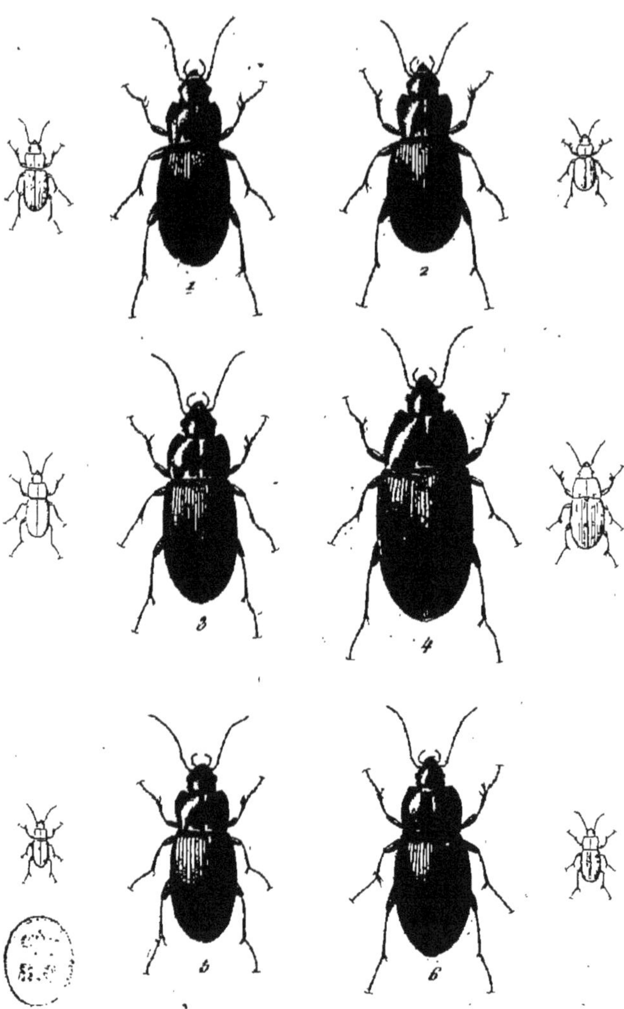

1. F. Depressa
2. F. Rufa
3. F. Hispanica
4. F. Barbara
5. F. Spadicea
6. F. Subsinuata

P. Duménil Pinxit et Direxit

à l'extrémité, ayant chacune neuf stries et le commencement d'une dixième à la base; les stries peu enfoncées, paraissant lisses à la vue simple; les intervalles planes; trois points enfoncés distincts sur le troisième. Pas d'ailes sous les élytres.

Dessous de la tête et du corselet d'un rouge-ferrugineux obscur, avec la poitrine et l'abdomen d'un brun plus ou moins roussâtre et les pattes d'un rouge ferrugineux.

Elle se trouve en France, dans les provinces méridionales, dans les bois, sous les pierres, les mousses et les feuilles sèches. Elle habite aussi le Portugal.

30. F. Rufa. *Megerle.*

Pl. 131. fig. 2.

Aptera, obscure rufa; thorace subquadrato, postice utrinque striato; elytris brevioribus, oblongo-ovatis, striatis, punctisque tribus impressis; antennis pedibusque rufis.

Dej. *Spec.* III. p. 268. n° 52.

Carabus Rufus. Duftschmid. II. p. 105. n° 124.

Platysma Rufa. Sturm. V. p. 76. n° 22. T. 116, fig. a. A.

Calathus Rufus. Dej. *Cat.* p. 11.

Long. 2 $\frac{3}{4}$, 3 $\frac{1}{4}$ lignes. Larg. 1, 1 $\frac{1}{4}$ ligne.

Plus petite que la *Depressa*, moins allongée et d'un rouge-ferrugineux obscur en dessus, un peu plus foncé sur les élytres.

Tête un peu moins allongée.

Corselet à peu près de la même forme, avec la base un peu échancrée dans son milieu.

Élytres moins planes, proportionnellement plus courtes; les stries lisses; les intervalles un peu moins planes; trois points enfoncés sur le troisième.

Dessous du corps d'un rouge-ferrugineux obscur, avec les pattes et les antennes comme dans la *Depressa*.

Elle se trouve assez communément en Autriche.

31. F. Hispanica.

Pl. 131. fig. 3.

Aptera, nigro-picea; thorace subquadrato, antice subangustato, postice utrinque bistriato; elytris subparallelis, striatis, punctisque duobus impressis; antennis pedibusque rufis.

Dej. *Spec.* III. p. 261. n° 53.
Argutor Hispanicus. Dej. *Cat.* p. 11.

Long. 3 $\frac{1}{2}$, 4 lignes. Larg. 1 $\frac{1}{2}$, 1 $\frac{3}{4}$ ligne.

Très-voisine de la *Barbara*, mais plus petite, un peu moins allongée et un peu plus brune et moins brillante.

Corselet un peu plus plane, moins rétréci antérieurement, ayant de chaque côté de la base deux impressions longitudinales, dont l'extérieure moins longue.

Élytres un peu moins allongées, moins parallèles et moins convexes; les stries lisses; deux points enfoncés sur le troisième intervalle.

Elle se trouve en Espagne et aux environs de Tanger.

32. F. BARBARA.

Pl. 131. fig. 4.

Aptera, nigro-picea; thorace subquadrato, antice angustato, postice utrinque striato; elytris parallelis, striatis, punctisque duobus impressis; antennis pedibusque rufis.

DEJ. *Spec.* III. p. 261. n° 54.
Argutor Barbarus. DEJ. *Cat.* p. 11.
Argutor Elongatus. KLUG.

Long. 4, 4 $\frac{1}{2}$ lignes. Larg. 1 $\frac{1}{2}$, 1 $\frac{3}{4}$ ligne.

Plus grande que la *Vernalis* et entièrement d'un brun noirâtre plus ou moins foncé et assez brillant.

Tête à peu près comme dans la *Vernalis*, avec les palpos et les antennes d'un rouge ferrugineux, quelquefois un peu obscur.

Corselet le double plus large que la tête, presque aussi long que large, presque carré, rétréci antérieurement, très-légèrement arrondi sur les côtés, presque lisse, légèrement convexe; les impressions longitudinales assez marquées; le bord antérieur assez échancré; les côtés légèrement rebordés; les angles postérieurs coupés carrément et la base très-légèrement échancrée et presque en arc de cercle.

Élytres à peine plus larges que le corselet, allongées,

parallèles, très-légèrement convexes et sinuées près de l'extrémité, ayant chacune neuf stries assez marquées, quelquefois légèrement ponctuées; les intervalles presque planes; deux points enfoncés sur le troisième. Pas d'ailes sous les élytres.

Dessous du corps d'un brun obscur, quelquefois un peu roussâtre, avec les pattes d'un rouge ferrugineux un peu obscur.

Elle se trouve assez communément dans le midi de la France et de l'Espagne, en Sicile et sur la côte de Barbarie.

33. F. Spadicea.

Pl. 131. fig. 5.

Aptera, nigro-picea; thorace subquadrato, postice subangustato, obsolete punctato, utrinque striato; elytris brevioribus, oblongo-ovatis, striatis, striis subtiliter punctatis, punctisque duobus impressis; antennis pedibusque rufis.

Dej. *Spec.* III. p. 253. n° 56.
Argutor Planus. Jenisson.

Long. 2 $\frac{1}{2}$ lignes. Larg. 1 ligne.

Plus petite que l'*Unctulata*, et proportionnellement un peu plus étroite.

Tête un peu moins large.

Corselet un peu plus étroit, un peu sinué sur les côtés

près de la base, presque rétréci postérieurement, et un peu plus convexe antérieurement; l'impression transversale postérieure un peu plus marquée; la base légèrement ponctuée sur ses côtés et presque lisse dans son milieu; l'impression longitudinale de chaque côté un peu plus fortement marquée; les angles postérieurs coupés un peu plus carrément et presque un peu saillans.

Élytres plus étroites, un peu plus ovales, moins rétrécies postérieurement, striées à peu près de la même manière; deux points placés de la même manière sur le troisième intervalle.

Dessous du corps d'un brun noirâtre, avec l'extrémité de l'abdomen quelquefois un peu roussâtre. Pattes et antennes d'un rouge ferrugineux.

Elle se trouve dans les parties orientales de la France; elle est commune aux environs de Lyon.

34. F. Subsinuata.

Pl. 131. fig. 6.

Aptera, nigro-picea; thorace subquadrato, postice utrinque punctato, bistriato; elytris brevioribus, oblongo-ovatis, striatis, striis obsolete punctatis, punctisque duobus impressis; antennis pedibusque rufis.

Dej. *Spec.* III. p. 264. n° 57.
Argutor Subsinuatus. Dej. *Cat.* p. 11.

Long. 2 $\frac{2}{3}$, 3 lignes. Larg. 1, 1 $\frac{1}{4}$ ligne.

A peu près de la longueur de l'*Unctulata*, mais un peu plus étroite.

Corselet un peu moins large, un peu plus plane, ses côtés presque sinués près de la base; l'impression transversale postérieure un peu plus marquée; une seconde impression longitudinale, assez courte, mais distincte, près des angles postérieurs; ceux-ci coupés un peu plus carrément.

Élytres un peu plus étroites, un peu plus ovales et un peu moins rétrécies postérieurement; la ponctuation des stries un peu moins distincte; deux points enfoncés, placés à peu près de la même manière sur le troisième intervalle.

Dessous du corps d'un brun très-obscur, souvent plus ou moins roussâtre. Antennes et pattes d'un rouge ferrugineux.

Elle se trouve en Styrie.

35. F. UNCTULATA. *Creutzer.*

Pl. 132. fig. 1.

Aptera, nigro-picea; thorace subquadrato, postice utrinque punctato, striato; elytris brevioribus, subparallelis, postice angustatis, striatis, striis subtiliter punctatis, punctisque duobus obsoletis impressis; antennis pedibusque rufis.

DEJ. *Spec.* III. p. 265. n° 58.
Carabus Unctulatus. DUFTSCHMID. II. p. 104. n° 123.

FERONIA

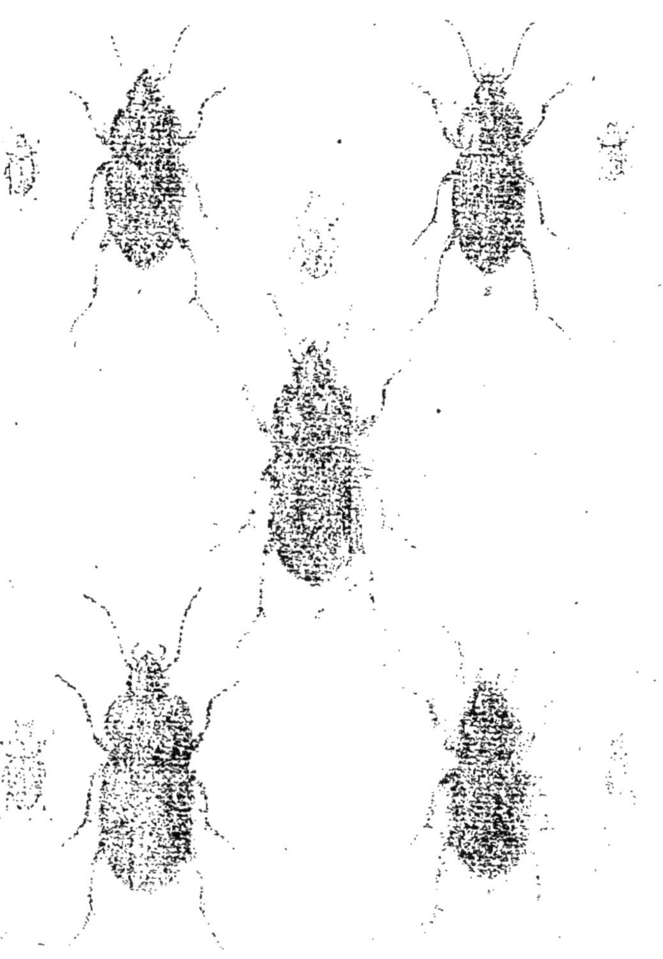

1. [illegible]
2. F. [illegible]
3. F. [illegible]
4. [illegible]
5. [illegible]

Long. 2 ⅔, 3 lignes. Larg. [illegible] lignes.

A peu près de la longueur de l'*Unctulata*, mais un peu plus étroite.

Corselet un peu moins large, un peu plus plane, ses côtés presque sinués près de la base; l'impression transversale postérieure un peu plus marquée; une seconde impression longitudinale, assez courte, mais distincte, près des angles postérieurs; ceux-ci coupés un peu plus carrément.

Élytres un peu plus étroites, un peu plus ovales et un peu moins rétrécies postérieurement; la ponctuation des stries un peu moins distincte; deux points enfoncés, placés à peu près de la même manière sur le troisième intervalle.

Dessous du corps d'un brun très-obscur, souvent plus ou moins roussâtre. Antennes et pattes d'un rouge ferrugineux.

Elle se trouve en Styrie.

35. F. Unctulata. Creutzer.

Pl. 132, fig. 1.

Aptera, nigro-picea; thorace subquadrato, postice utrinque punctato, striato; elytris brevioribus, subparallelis, postice angustatis, striatis, striis subtiliter punctatis, punctisque duobus obsoletis impressis; antennis pedibusque rufis.

Dej. *Spec.* III. p. [illegible] n° [illegible].

Carabus Unctulatus. Duftschmid. II. p. 104. n° 123.

FERONIA

1. F. Unctulata
2. F. Apennina
3. F. Amaroides
4. F. Abaxoides.
5. F. Striaticollis

P. Duménil Pinxit et Direxit.

Amara Unctulata. STURM. VI. p. 22. n° 8. T. 140. fig. d. D.

Argutor Unctulatus. DEJ. *Cat.* p. 11.

Argutor Brevis. DEJ. *Cat.* p. 11.

Long. 2 $\frac{3}{4}$, 3 $\frac{1}{4}$ lignes. Larg. 1 $\frac{1}{4}$, 1 $\frac{1}{2}$ ligne.

A peu près de la taille de la *Vernalis*, mais proportionnellement plus large, et d'un brun noirâtre en dessus, quelquefois presque ferrugineux et quelquefois presque noir.

Tête un peu plus grande, avec les impressions entre les antennes un peu plus marquées et les antennes d'un rouge ferrugineux.

Corselet plus grand, plus large, presque carré, un peu rétréci antérieurement et presque plane; la base assez fortement ponctuée sur ses côtés, presque lisse dans son milieu; une impression longitudinale de chaque côté, à peu près au milieu, assez longue et assez marquée; le bord antérieur assez échancré; les côtés rebordés et tombant carrément sur la base, avec laquelle ils forment un angle droit; la base très-légèrement échancrée en arc de cercle.

Élytres assez courtes, de la largeur du corselet à leur base, presque parallèles et plus étroites vers l'extrémité; neuf stries sur chacune, et le commencement d'une dixième à la base, entre la première et la seconde; les intervalles presque planes; deux points enfoncés peu marqués sur le troisième; point d'ailes sous les élytres.

Dessous du corps d'un brun plus ou moins roussâtre, avec les pattes d'un rouge ferrugineux.

Elle se trouve dans les montagnes de l'Autriche et en Styrie.

36. F. Apennina.

Pl. 132. fig. 2.

Aptera, nigro-picea; thorace subquadrato, postice utrinque punctato, bistriato; elytris subparallelis, postice angustatis, striatis, striis subtiliter punctatis, punctisque duobus impressis; antennis pedibusque rufis.

Dej. *Spec.* v. *Suppl.* p. 760. n° 204.

Long. 3 lignes. Larg. 1 $\frac{1}{4}$ ligne.

Très-voisine de l'*Unctulata*, mais un peu plus étroite.

Corselet un peu plus étroit, paraissant un peu plus allongé, un peu sinué près de la base, ayant une seconde impression longitudinale près des angles postérieurs, comme dans la *Subsinuata*; ceux-ci un peu plus aigus et plus saillans.

Élytres un peu plus étroites et un peu plus allongées, striées et ponctuées de la même manière; les deux points enfoncés du troisième intervalle plus marqués.

Dessous du corps et pattes à peu près comme dans l'*Unctulata*.

Elle se trouve dans les Apennins.

37. F. Amaroides.

Pl. 132. fig. 3.

Aptera, nigro-picea; thorace subquadrato, postice bistriato;

elytris subparallelis, postice angustatis, striatis, striis subtiliter punctatis, punctisque duobus postice impressis; antennis pedibusque rufis.

Dej. *Spec.* III. p. 266. n° 59.
Amara Attenuata. Sturm. *Catal.* p. 90.

Long. 3 $\frac{1}{2}$, 4 lignes. Larg. 1 $\frac{1}{2}$, 1 $\frac{3}{4}$ ligne.

Plus grande que l'*Unctulata.*

Tête un peu plus large, moins rétrécie postérieurement.

Corselet un peu plus long, un peu moins rétréci antérieurement et moins plane; la base peu sensiblement ponctuée; de chaque côté deux impressions longitudinales assez marquées, dont l'extérieure un peu plus longue que l'intérieure.

Élytres un peu plus allongées, un peu plus convexes; les stries un peu moins marquées, très-finement ponctuées; les intervalles un peu plus planes; deux points enfoncés distincts sur le troisième intervalle près de la seconde strie.

Dessous du corps d'un brun noirâtre, avec les pattes d'un rouge ferrugineux.

Elle se trouve communément dans les Pyrénées-Orientales.

38. F. Abaxoides.

Pl. 132. fig. 4.

Aptera, nigro-picea; thorace latiore, subquadrato, postice bistriato; elytris latioribus, ovatis, postice angustatis, striatis, striis subtiliter punctatis, punctisque duobus postice impressis; antennis pedibusque rufo-piceis.

DEJ. *Spec.* III. p. 267. n° 60.
Argutor Abaxoides. DEJ. *Cat.* p. 11.

Long. 4 $\frac{1}{4}$, 4 $\frac{3}{4}$ lignes. Larg. 1 $\frac{3}{4}$, 2 lignes.

Plus grande que l'*Amaroides*, et proportionnellement plus large.

Tête moins lisse, avec quelques rides irrégulières ondulées.

Corselet plus large, un peu plus plane; les deux impressions longitudinales de chaque côté de la base un peu moins marquées, plus larges et légèrement ponctuées; le bord antérieur plus fortement échancré; les côtés un peu déprimés, surtout vers les angles postérieurs; ceux-ci un peu relevés.

Élytres plus larges, plus planes, striées et ponctuées à peu près de la même manière.

Les pattes et les antennes d'un rouge ferrugineux plus obscur et presque brunâtre.

Elle se trouve dans les Hautes-Pyrénées.

39. F. STRIATOCOLLIS.

Pl. 132. fig. 5.

Aptera, nigro-picea; thorace lævi, subquadrato, postice subangustato, utrinque profunde striato; elytris brevio-

ribus, oblongo-ovatis, striato-punctatis, punctoque postice impresso; antennis pedibusque rufis.

DEJ. *Spec.* III. p. 268. n° 61.
Argutor Striatocollis. DEJ. *Cat.* p. 11.
Argutor Picipes. STURM. *Catal.* p. 97.

Long. 3 $\frac{1}{4}$, 3 $\frac{1}{2}$ lignes. Larg. 1 $\frac{1}{3}$, 1 $\frac{1}{2}$ ligne.

Ordinairement un peu plus grande que l'*Unctulata*, proportionnellement un peu plus étroite, et, comme elle, d'un brun noirâtre, quelquefois un peu ferrugineux en dessus.

Tête plus grosse, non rétrécie postérieurement, avec les antennes un peu plus fortes et plus courtes.

Corselet plus lisse, plus étroit, presque carré, très-légèrement sinué près de la base et un peu rétréci postérieurement; les impressions transversales un peu plus marquées; la base tout-à-fait lisse; de chaque côté une impression transversale assez longue et très-fortement marquée; le bord antérieur un peu moins échancré; les angles postérieurs coupés carrément, presque un peu plus relevés; la base légèrement échancrée dans son milieu.

Élytres plus étroites; plus rétrécies à leur base et moins vers l'extrémité; les stries un peu plus distinctement ponctuées; un seul point enfoncé sur le troisième intervalle; pas d'ailes sous les élytres.

Dessous du corps d'un brun obscur, quelquefois un peu roussâtre, avec les pattes d'un rouge ferrugineux.

Elle a été découverte dans la Croatie militaire, par

M. le comte Dejean. M. Dahl l'a retrouvée depuis dans le Bannat, en Hongrie.

TROISIÈME DIVISION.

OMASEUS. *Ziegler.*

40. F. COPHOSIOIDES. *Ziegler.*

Pl. 133. fig. 1.

Aptera, nigra; thorace subquadrato, postice subangustato, utrinque foveolato; elytris elongatis, subparallelis, profunde striatis, punctisque duobus impressis.

DEJ. *Spec.* III. p. 269. n° 62.
Nomalus Cophosioides, DAHL. *Coleopt. und Lepidoptera.* p. 9.
Cophosus Cyclops. KOLLAR. STURM. *Catal.* p. 125.
VAR. *Cophosus Bannaticus.* STURM. *idem.*

Long. 8, 9 $\frac{3}{4}$ lignes. Larg. 2 $\frac{3}{4}$, 3 $\frac{1}{3}$ lignes.

Plus grande et plus allongée que la *Melanaria*, proportionnellement plus étroite et d'un noir assez brillant.

Tête un peu plus allongée.

Corselet un peu plus large, moins rétréci postérieurement, moins arrondi sur les côtés, un peu plus convexe; de chaque côté de la base, une impression assez grande,

M. le comte Dejean. M. Dahl l'a retrouvée depuis dans le Bannat, en Hongrie.

TROISIÈME DIVISION.

OMASEUS. *Ziegler.*

40. F. COPHOSIOIDES. *Ziegler.*

Pl. 133. fig. 1.

Aptera, nigra; thorace subquadrato, postice subangustato, utrinque foveolato; elytris elongatis, subparallelis, profunde striatis, punctisque duobus impressis.

DEJ. *Spec.* III. p. 269. n° 62.
Nomalus Cophosioides. DAHL. *Coleopt. und Lepidoptera.* p. 9.
Cophosus Cyclops. KOLLAR. STURM. *Catal.* p. 125.
VAR. *Cophosus Bannaticus.* STURM. *idem.*

Long. 8, 9 $\frac{3}{4}$ lignes. Larg. 2 $\frac{3}{4}$, 3 $\frac{1}{3}$ lignes.

Plus grande et plus allongée que la *Melanaria*, proportionnellement plus étroite et d'un noir assez brillant.

Tête un peu plus allongée.

Corselet un peu plus large, moins rétréci postérieurement, moins arrondi sur les côtés, un peu plus convexe; de chaque côté de la base, une impression assez grande,

FERONIA.

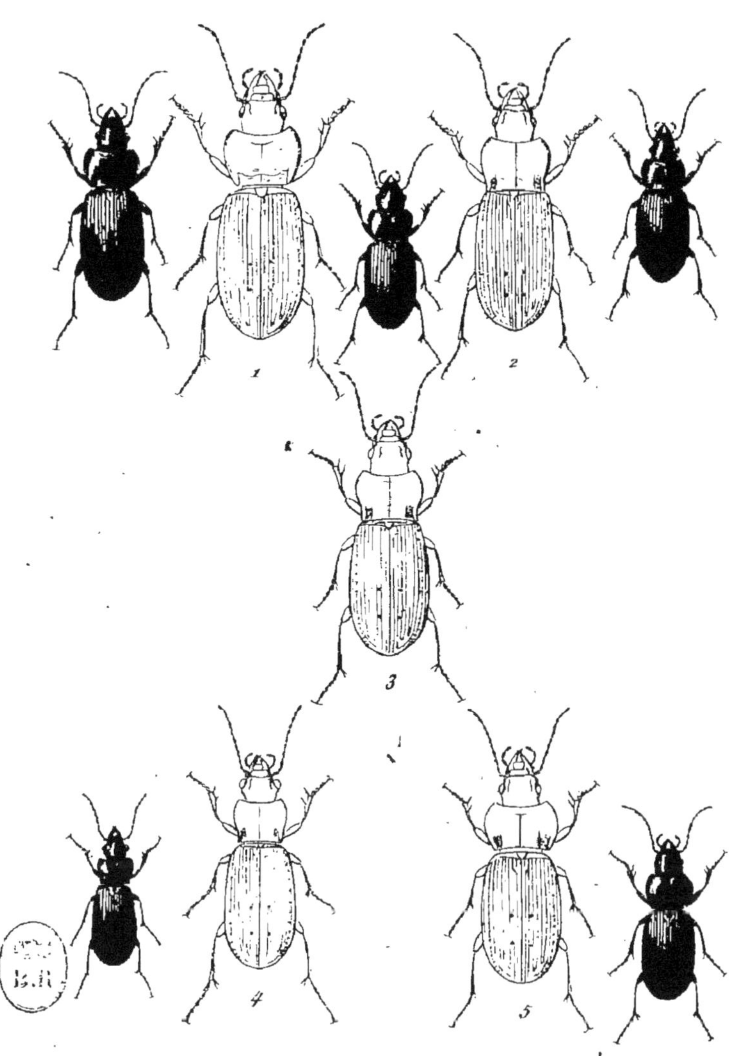

1. F. Cophosioides
2. F. Pennata
3. F. Melanaria
4. F. Eschscholtzii
5. F. Melas

P. Duménil Pinxit et Direxit.

plus profondément marquée, terminée brusquement vers le bord extérieur, un peu rugueuse dans le fond; le bord antérieur moins échancré; les côtés moins fortement rebordés, nullement relevés, ne formant aucune dent saillante à l'angle postérieur; celui-ci presque arrondi, sa base légèrement échancrée dans son milieu.

Élytres un peu plus étroites et plus allongées; les stries lisses; deux points enfoncés sur le troisième intervalle, très-rarement un troisième point enfoncé.

Dessous du corps et pattes noirs.

Une impression assez large, peu marquée et presque arrondie, dans les mâles, à l'extrémité du dernier anneau.

Elle se trouve dans le Bannat, en Hongrie.

41. F. Pennata.

Pl. 133. fig. 2.

Alata, nigra; thorace subquadrato, postice subangustato, utrinque punctato, foveolato, bistriato; elytris oblongis, subparallelis, profunde striatis, punctisque duobus impressis.

Dej. *Spec.* III. p. 270. n° 63.
Omaseus Pennatus. Dej. *Cat.* p. 12.

Long. 7, 8 lignes. Larg. 2 $\frac{2}{3}$, 3 lignes.

Ressemble beaucoup à la *Melanaria*, dont elle n'est peut-être qu'une variété.

Corselet ayant la petite dent de l'angle postérieur un peu moins marquée et moins saillante.

Élytres un peu plus allongées, plus parallèles et un peu moins ovales; des ailes complètes et propres au vol.

Elle se trouve en Styrie, en Autriche et aux environs de Paris.

42. F. Melanaria.

Pl. 133. fig. 3.

Aptera, nigra; thorace subquadrato, postice subangustato, utrinque punctato, foveolato, bistriato; elytris oblongis, subparallelis, profunde striatis, punctisque duobus impressis.

Dej. *Spec.* III. p. 271. n° 64.

Carabus Melanarius. Illig. *Kæffer Preus.* I. p. 163. n° 28.

Duftschmid. II. p. 70. n° 72.

Omaseus Melanarius. Dej. *Cat.* p. 12.

Harpalus Melanaris. Gyllenhal. II. p. 92. n° 12. et IV. p. 427. n° 12.

Sahlberg. *Dissert. entom. Ins. Fennica.* p. 224. n° 13.

Carabus Leucophtalmus. Fabr. *Sys. El.* I. p. 177. n° 41.

Oliv. III. 35. p. 48. n° 51. T. I. fig. 4.

Sch. *Syn. Ins.* I. p. 178. n° 52.

Platysma Leucophtalma. Sturm. V. p. 39. n° 1. T. 119.

Le Bupreste tout noir. Geoff. I. p. 146. n° 7.

Var. *Platysma Nigerrima.* Sturm. V. p. 41. n° 2. T. 120. fig. a.

Harpalus Furvus? SAHLBERG. *Dissert. entom. Ins. Fennica.* p. 223. n° 11.

Harpalus Ater? SAHLBERG. *idem.* n° 12.

Long. 5 $\frac{2}{3}$, 8 $\frac{1}{4}$ lignes. Larg. 2, 3 lignes.

Variable pour la grandeur et un peu pour la forme, et, entièrement en dessus d'un noir assez brillant.

Tête assez grande, presque ovale, peu ou point rétrécie postérieurement, avec les antennes d'un brun obscur.

Corselet à peu près le double plus large que la tête, un peu moins long que large, presque carré, un peu rétréci postérieurement, légèrement arrondi sur les côtés, peu convexe, presque plane; les deux impressions transversales peu apparentes; une impression assez grande et assez prononcée de chaque côté de la base, marquée de deux impressions longitudinales; le bord antérieur échancré assez fortement; les côtés rebordés, un peu relevés, formant, à leur jonction avec la base, une petite dent plus ou moins saillante, quelquefois presque aiguë, et quelquefois à peine sensible; la base coupée presque carrément.

Élytres plus ou moins larges, plus ou moins allongées, très-légèrement ovales, presque parallèles, un peu sinuées près de l'extrémité, très-légèrement convexes ou presque planes, ayant chacune neuf stries et le commencement d'une dixième à la base; les troisième et quatrième, cinquième et sixième se réunissant deux à deux, et n'allant pas tout-à-fait jusqu'à l'extrémité; ces stries assez fortement marquées, quelquefois lisses, quelquefois légèrement ponctuées; les intervalles plus ou moins relevés, quelquefois presque arrondis, rarement presque planes, deux points enfoncés distincts sur le troisième, près de la seconde strie; point d'ailes sous les élytres.

Dessous du corps d'un noir assez brillant, avec les pattes d'un noir un peu brunâtre. Le dernier anneau de l'abdomen tout-à-fait lisse dans les deux sexes.

Elle se trouve très-communément sous les pierres, dans presque toute l'Europe et dans la Sibérie.

La *Platysma Nigerrima* de Sturm, qui a été envoyée par cet auteur à M. Dejean, ne paraît être qu'une très-légère variété de cette espèce; elle est un peu plus large; le corselet est un peu plus rétréci postérieurement; les intervalles des élytres sont un peu plus relevés, et les stries sont très-légèrement ponctuées; mais ces différences ne sont pas constantes, et il possède beaucoup d'individus intermédiaires.

Il présume que les *Harpalus Furvus* et *Ater* de Sahlberg ne sont aussi que des variétés de cette espèce.

43. F. Eschscholtzii. *Gebler.*

Pl. 133. fig. 4.

Alata, nigra; thorace subquadrato, postice utrinque bistriato; elytris piceis, oblongis, subparallelis, profunde striatis, punctisque tribus impressis.

Dej. *Spec.* v. *Suppl.* p. 761. n° 205.

Platysma Eschscholtzii. Germar. *Coleop. Sp. nov.* p. 19. n° 30.

F. Nigra. var. Species. iii. p. 337. n° 128.

Long. 7 lignes. Larg. 2 $\frac{2}{3}$ lignes.

Très-voisine de la *Nigra*, mais plus petite.

Élytres toujours d'un brun un peu roussâtre; les stries un peu moins profondes, les intervalles un peu moins relevés.

Dernier anneau de l'abdomen des mâles sans aucune trace de ligne longitudinale élevée.

Elle se trouve en Sibérie.

44. F. Melas.

Pl. 133. fig. 5.

Aptera, nigra; thorace subquadrato, lateribus rotundatis, postice utrinque bistriato; elytris oblongo-ovatis, striatis, striis interdum punctulatis, punctisque duobus impressis.

Dej. *Spec.* III. p. 273. n° 65.

Carabus Melas. Creutzer. *Entom. Versuche.* I. p. 114. n° 6. T. 2. fig. 18.

Duftschmid. II. p. 59. n° 55.

Omaseus Melas. Dej. *Cat.* p. 12.

Carabus Maurus? Fabr. *Sys. El.* 1. p. 178. n° 45.

Sch. *Syn. Ins.* I. p. 179. n° 57.

Molops Maurus. Sturm. IV. p. 169. n° 4. T. 103. fig. b.

Var. A. *Omaseus Depressus.* Ziegler.

Var. B. *Omaseus Italicus.* Bonelli. Dej. *Cat.* p. 12.

Long. 6 $\frac{1}{3}$, 8 lignes. Larg. 2 $\frac{1}{3}$, 3 $\frac{1}{4}$ lignes.

Variable pour la grandeur et un peu pour la forme, et, comme la *Melanaria*, entièrement en dessus d'un noir assez brillant.

Corselet plus convexe, plus arrondi sur les côtés, nullement rétréci postérieurement; l'impression transversale postérieure plus ponctuée; deux impressions longitudinales fortement marquées, dont l'intérieure plus longue et dont le fond est légèrement rugueux, de chaque côté de la base; les côtés légèrement rebordés, à peine relevés, formant près de la base une dent beaucoup plus petite, et quelquefois à peine sensible; la base un peu échancrée dans son milieu.

Élytres un peu moins parallèles, un peu plus ovales et ordinairement un peu plus convexes; les stries moins fortement marquées, quelquefois lisses, et quelquefois assez fortement ponctuées; les intervalles un peu moins relevés; deux points enfoncés, distincts, sur le troisième; point d'ailes sous les élytres.

Dessous du corps et pattes noirs. Dernier anneau de l'abdomen des mâles offrant une impression longitudinale oblongue, assez grande et assez marquée.

Elle se trouve communément dans les différentes provinces de l'Autriche, en Dalmatie, en Italie et dans le midi de la France.

Les individus que l'on trouve en Autriche sont ordinairement plus petits, plus étroits, et les stries des élytres sont presque toujours lisses. Ceux que l'on trouve en

FERONIA

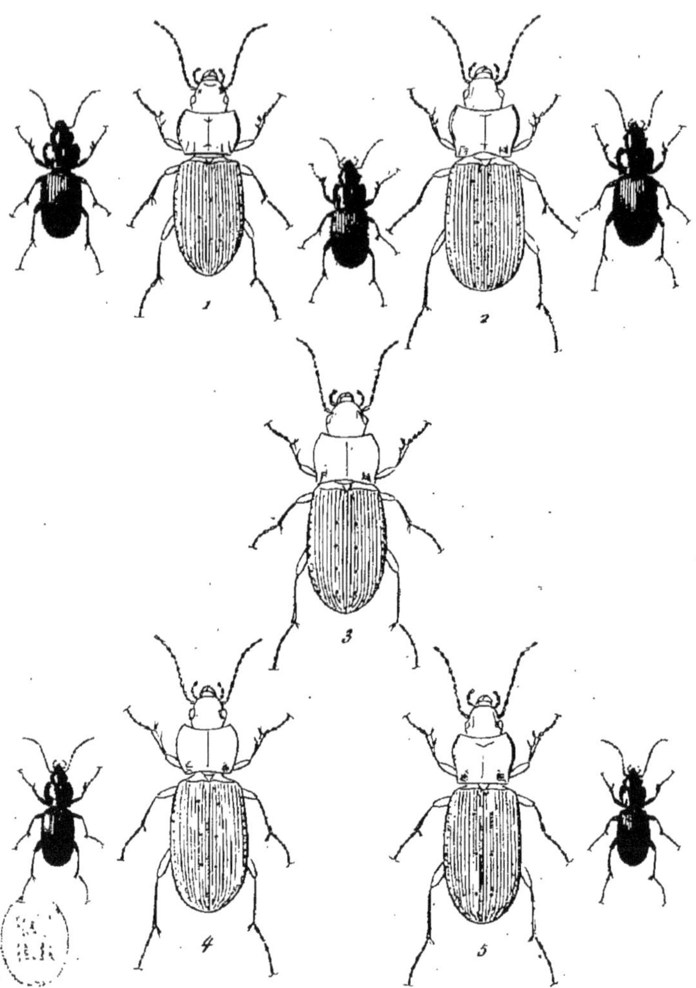

1. F. Hungarica
2. F. Altaica
3. F. Magus
4. F. Nigrita
5. F. Anthracina

P. Duménil Pinxit et Direxit

Dalmatie sont plus grands, beaucoup plus larges, et les stries des élytres sont ou lisses ou légèrement ponctuées; c'est à ceux-ci qu'il faut rapporter l'*Omaseus Depressus* de Ziegler. Enfin, ceux que l'on trouve en Italie et dans le midi de la France, et auxquels il faut rapporter l'*Omaseus Italicus* de Bonelli, sont plus grands, plus larges, mais moins cependant que ceux de la Dalmatie, et les stries des élytres sont presque toujours distinctement ponctuées. Ces variétés ne sont pas constantes, et il est impossible d'en former des espèces particulières.

45. F. Hongarica.

Pl. 134. fig. 1.

Aptera, nigra; thorace subquadrato, lateribus rotundatis, postice utrinque bistriato; elytris subparallelis, striatis, punctisque duobus impressis.

[illegible] Sect. III. p. 274. n° [illegible]

[illegible] *and Lepidoptera*. p. [illegible]

[illegible] p. [illegible]

[illegible]

[illegible]

[illegible], un peu [illegible] moins rétréci [illegible]

1 Pinacu ...

Dalmatie sont plus grands, beaucoup plus larges, et les stries des élytres sont ou lisses ou légèrement ponctuées; c'est à ceux-ci qu'il faut rapporter l'*Omaseus Depressus* de Ziegler. Enfin, ceux que l'on trouve en Italie et dans le midi de la France, et auxquels il faut rapporter l'*Omaseus Italicus* de Bonelli, sont plus grands, plus larges, mais moins cependant que ceux de la Dalmatie, et les stries des élytres sont presque toujours distinctement ponctuées. Ces variétés ne sont pas constantes, et il est impossible d'en former des espèces particulières.

45. F. Hungarica.

Pl. 134. fig. 1.

Aptera, nigra; thorace subquadrato, lateribus rotundatis, postice utrinque bistriato; elytris subparallelis, striatis, punctisque duobus impressis.

Dej. *Spec.* III. p. 274. n° 66.

Omaseus Italicus. Dahl. *Coleoptera und Lepidoptera.* p. 8.

Cophosus Italicus. Sturm. *Catal.* p. 125.

Long. 6 ½, 8 lignes. Larg. 2 ½, 3 ¼ lignes.

Très-voisine de la *Melas*.

Corselet un peu plus large, un peu moins arrondi sur les côtés, et un peu moins rétréci antérieurement et postérieurement.

Élytres un peu plus courtes, moins rétrécies à leur base, moins ovales et un peu plus parallèles.

Elle se trouve en Hongrie, et particulièrement dans le Bannat.

46. F. Altaica. *Gebler.*

Pl. 134. fig. 2.

Aptera, nigra; thorace subcordato, postice utrinque bistriato; elytris brevioribus, oblongo ovatis, subparallelis, striatis, punctisque quinque impressis.

Dej. *Spec.* III. p. 275. n° 67.

Pœcilus Altaicus. Germar. *Coleop. Sp. Nov.* p. 18. n° 29.

Long. 5 $\frac{1}{4}$, 7 lignes. Larg. 2, 2 $\frac{3}{4}$ lignes.

Ordinairement plus petite que la *Melanaria*, proportionnellement plus courte et d'un noir assez brillant.

Tête un peu plus grosse, presque renflée postérieurement, avec les antennes plus courtes.

Corselet un peu moins arrondi sur les côtés, un peu rétréci postérieurement et presque cordiforme; l'impression de chaque côté de la base un peu moins marquée; le fond presque entièrement rugueux et les deux impressions longitudinales comme dans la *Melanaria*; le bord antérieur un peu plus fortement échancré; les côtés moins largement rebordés, nullement relevés, tombant carrément sur la base et formant avec elle un angle droit; point de dent à l'angle postérieur; la base très-légèrement sinuée et presque échancrée dans son milieu.

Élytres proportionnellement plus courtes et un peu plus larges; leurs stries lisses et moins fortement marquées; les intervalles plus planes; cinq points enfoncés distincts sur le troisième; point d'ailes sous les élytres. Dernier anneau de l'abdomen lisse dans les deux sexes.

Elle se trouve en Sibérie.

47. F. Magus. *Eschscholtz.*

Pl. 134. fig. 3.

Aptera, nigra; thorace subquadrato, lateribus rotundatis, postice utrinque bistriato; elytris brevioribus, oblongo-ovatis, subparallelis, striatis, punctisque quatuor impressis.

Dej. *Spec.* III. p. 276. n° 68.

Omaseus Magus. Hummel. *Essais entomologiques.* 4. p. 23. n° 6.

Long. 5 ½, 6 lignes. Larg. 2, 2 ½ lignes.

Ordinairement plus petite que l'*Altaica.*

Corselet plus court, plus convexe, plus arrondi sur les côtés, nullement rétréci postérieurement; les côtés de la base un peu plus rugueux ou légèrement ponctués; les deux impressions longitudinales un peu moins marquées; le bord antérieur un peu moins échancré; les côtés plus arrondis, plus légèrement et moins largement rebordés, tombant un peu obliquement sur la base et formant à l'angle postérieur une dent beaucoup plus petite et moins saillante que dans la *Melanaria ;* la base un peu échancrée et presque coupée en arc de cercle.

Élytres à peu près de la même forme, striées de la même manière; quatre points enfoncés sur le troisième intervalle.

Elle se trouve en Sibérie.

48. F. Nigrita.

Pl. 134. fig. 4.

Alata, nigra ; thorace subquadrato, postice subangustato, utrinque punctato, foveolato, obsolete bistriato ; elytris oblongis, subparallelis, striatis, striis obsolete punctatis, punctisque tribus impressis ; maris ano puncto obsoleto elevato.

Dej. *Spec.* iii. p. 284. n° 78.
Carabus Nigrita. Fabr. *Sys. El.* i. p. 200. n° 164.
Sch. *Syn. Ins.* i. p. 208. n° 223.
Duftschmid. ii. p. 92. n° 103.
Harpalus Nigrita. Gyllenhal. ii. p. 88. n° 8. et iv. p. 425. n° 8.
Sahlberg. *Dissert. entom. Ins. Fennica.* p. 121. n° 7.
Platysma Nigrita. Sturm. v. p. 64. n° 15.
Omaseus Nigrita. Dej. *Cat.* p. 12.

Long. 4 ½, 5 ½ lignes. Larg. 1 ½, 2 lignes.

Plus petite que la *Melanaria*, proportionnellement plus étroite et d'un noir assez brillant.

Corselet un peu plus étroit, plus lisse, un peu moins plane ; l'impression de chaque côté de la base un peu plus profonde, plus arrondie et plus fortement ponctuée ; les deux impressions longitudinales presque entièrement effacées ; les côtés un peu moins largement rebordés et nullement relevés ; la base très-légèrement échancrée dans son milieu et coupée un peu obliquement sur les côtés.

Élytres plus étroites ; leurs stries un peu moins marquées, quelquefois lisses, et quelquefois légèrement ponctuées ; les intervalles plus planes ; trois points enfoncés sur le troisième ; des ailes sous les élytres.

Dessous du corps et pattes d'un noir assez brillant. Un très-petit point élevé, à peine marqué, sur le dernier anneau de l'abdomen du mâle, et seulement visible à la loupe.

Elle se trouve très-communément sous les pierres, principalement dans les endroits humides, dans presque toute l'Europe et dans la Sibérie.

49. F. Anthracina.

Pl. 134. fig. 5.

Alata, nigra ; thorace subcordato, utrinque punctato, foveolato, obsolete bistriato ; elytris oblongis, subparallelis, striatis, striis obsolete punctatis, punctisque tribus impressis ; maris ano foveolato.

DEJ. *Spec.* III. p. 286. n° 79.

Carabus Anthracinus. ILLIGER. *Kæfer Preus.* 1. p. 181. n° 55.

SCH. *Syn. Ins.* I. p. 207. n° 218.

DUFTSCHMID. II. p. 162. n° 214.

Harpalus Anthracinus. GYLLENHAL. IV. p. 425. n° 8-9.

Platysma Anthracina. STURM. V. p. 65. n° 16.

Omaseus Anthracinus. DEJ. *Cat.* p. 12.

Long. 4 $\frac{1}{2}$, 5 $\frac{1}{2}$ lignes. Larg. 1 $\frac{1}{2}$, 2 lignes.

Très-voisine de la *Nigrita*, et souvent confondue avec elle; à peu près de la même forme, et de même d'un noir assez brillant.

Corselet un peu plus long, un peu sinué sur les côtés près de la base, un peu rétréci postérieurement et presque cordiforme; les deux impressions longitudinales de chaque côté un peu plus distinctes; les côtés tombant plus carrément sur la base; aucune dent sensible à l'angle postérieur.

Élytres avec les stries un peu plus distinctement ponctuées; trois points enfoncés sur le troisième intervalle.

Les jambes et les tarses un peu moins noirs. Une fossette oblongue, visible à la vue simple, sur le dernier anneau de l'abdomen des mâles.

Elle se trouve avec la *Nigrita* dans presque toute l'Europe; mais elle est plus rare dans le Nord, et plus commune dans les parties méridionales.

FERONIA.

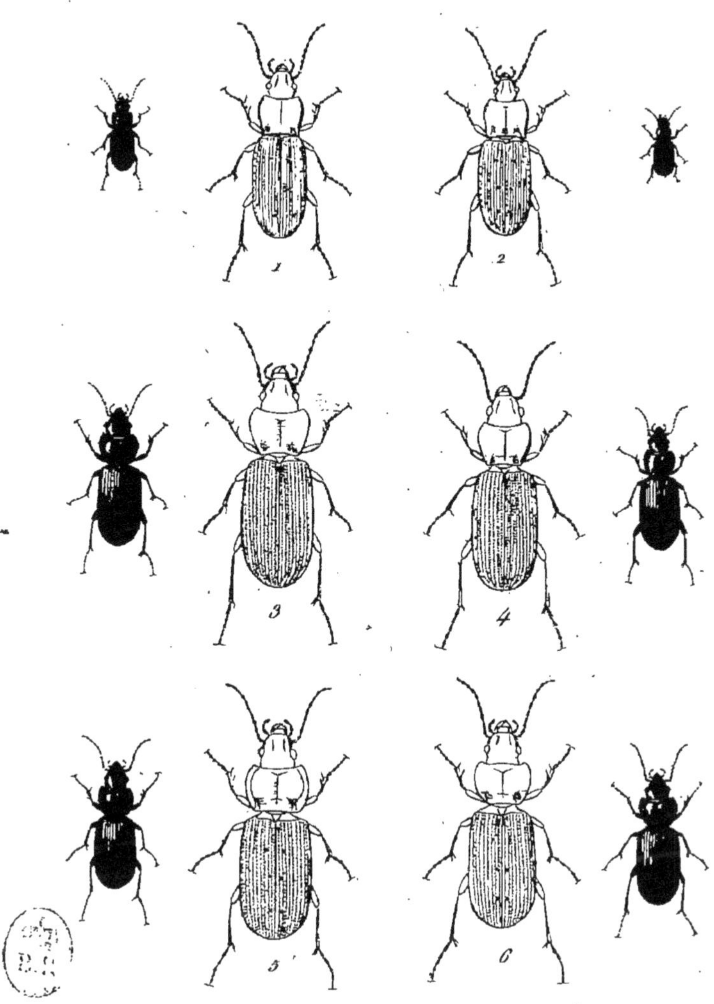

1. F. Gracilis.
2. F. Minor.
3. F. Elongata
4. F. Meridionalis.
5. F. Aterrima.
6 F. Nigerrima

P. Duménil Pinxit et Direxit

50. F. Gracilis.

Pl. 135. fig. 1.

Alata, nigra; thorace subcordato, utrinque punctato, subfoveolato, bistriato; elytris oblongis, subparallelis, striatis, striis obsolete punctatis, punctisque tribus impressis; antennis pedibusque piceis; ano in utroque sexu lævigato.

Dej. *Spec.* III. p. 287. n° 80.
Platysma Gracilis. Sturm. *Catal.* p. 185.

Long. 3 ½, 4 lignes. Larg. 1 ⅓, 1 ½ ligne.

Très-voisine de la *Minor*, dont elle n'est peut-être qu'une variété plus grande.

Élytres avec les stries plus distinctement ponctuées.

Dernier anneau de l'abdomen des mâles paraissant lisse à la vue simple, mais offrant, avec une très-forte loupe, les vestiges d'une ligne longitudinale élevée, presque complétement effacée.

Elle est assez rare; elle habite la France, l'Allemagne et la Hongrie.

51. F. Minor.

Pl. 135. fig. 2.

Alata, nigra; thorace subcordato; utrinque punctato, subfoveolato, bistriato; elytris oblongis, subparallelis, striatis, striis obsolete punctatis, punctisque tribus impressis; antennis pedibusque piceis; maris ano linea obsoleta elevata.

DEJ. *Spec.* III. p. 287. n° 81.
Omaseus Minor. DEJ. *Cat.* p. 12.
Harpalus Minor. SAHLBERG. *Dissert. Entom. Ins. Fennica.* p. 221. n° 8.
Harpalus Anthracinus. GYLLENHAL. II. p. 89. n° 9. et IV. p. 426. n° 9.

Long. 3, 3 $\frac{1}{2}$ lignes. Larg. 1 $\frac{1}{4}$, 1 $\frac{1}{3}$ ligne.

Très-voisine de l'*Anthracina*, mais beaucoup plus petite.

Corselet à peu près de la même forme; l'impression de chaque côté de la base moins marquée; les points enfoncés plus rares et plus distincts; les deux impressions longitudinales plus fortement marquées et toujours distinctes.

Élytres avec les stries presque lisses, très-légèrement ponctuées; trois points enfoncés sur le troisième intervalle.

Dessous du corps d'un noir obscur, avec les pattes d'un brun un peu roussâtre. Une petite ligne longitudinale élevée sur le dernier anneau de l'abdomen des mâles.

Elle se trouve assez communément en Suède et dans le nord de la Russie; on la trouve aussi, mais rarement en France, en Allemagne et dans les provinces méridionales de la Russie.

Cette espèce est très-voisine des *Argutor* de Megerle, et fait évidemment le passage de cette division à la seconde.

52. F. Elongata. *Megerle.*

Pl. 135. fig. 3.

Alata, nigra; thorace subcordato, postice utrinque foveolato, angulis posticis subrotundatis; elytris elongatis, subparallelis, striatis, striis obsolete punctatis, punctisque tribus impressis.

Dej. *Spec.* iii. p. 288. n° 82.
Carabus Elongatus. Duftschmid. ii. p. 128. n° 163.
Platysma Elongata. Sturm. v. p. 43. n° 3. t. 110. fig. b. B.
Omaseus Elongatus. Dej. *Cat.* p. 12.

Long. 6 $\frac{1}{2}$, 7 lignes. Larg. 2, 2 $\frac{1}{4}$ lignes.

Un peu plus allongée, plus étroite, et d'un noir moins brillant que l'*Aterrima.*

Corselet un peu plus long, assez fortement rétréci postérieurement et presque cordiforme; l'impression de chaque côté de la base un peu plus arrondie; le fond un peu rugueux; les bords latéraux un peu moins déprimés, et les angles postérieurs un peu moins arrondis.

Élytres un peu plus longues, plus étroites et plus parallèles; leurs stries plus marquées et très-légèrement ponctuées; les intervalles, surtout ceux près de la suture, un peu moins planes; les trois points enfoncés du troisième intervalle un peu moins grands et moins marqués; quelquefois un quatrième point enfoncé ; des ailes sous les élytres.

Pattes un peu plus courtes. Dernier anneau de l'abdomen lisse dans les deux sexes.

Elle se trouve en Hongrie, au Caucase et sur la côte de Barbarie.

53. F. Meridionalis.

Pl. 135. fig. 4.

Alata, nigra ; thorace cordato, breviore, postice utrinque foveolato, angulis posticis subrotundatis ; elytris elongatis, subparallelis, striatis, striis obsolete punctatis, punctisque tribus impressis.

Long. 6 lignes. Larg. 2 lignes.

Voisine de l'*Elongata.*

Tête moins avancée, un peu plus large et un peu plus plane.

Corselet un peu plus court, plus large antérieurement, plus cordiforme et un peu plus plane.

Élytres un peu plus larges, un peu plus courtes et un peu plus planes ; trois points enfoncés sur le troisième intervalle.

Elle se trouve, mais très-rarement, dans le midi de la France.

54. F. Aterrima.

Pl. 135. fig. 5.

Alata, nigra, nitida; thorace quadrato, postice utrinque foveolato, angulis posticis subrotundatis, elytris oblongis, subparallelis, subtiliter striato-punctatis, foveolisque tribus impressis.

Dej. *Spec.* iii. p. 290. n° 84.
Carabus Aterrimus. Fabr. *Sys. El.* i. p. 198. n° 155.
Oliv. iii. 35. p. 58. n° 69. t. 12. fig. 141.
Sch. *Syn. Ins.* i. p. 206. n° 211.
Duftschmid. ii. p. 128. n° 162.
Harpalus Aterrimus. Gyllenhal. ii. p. 153. n° 60. et iv. p. 449. n° 60.
Sahlberg. *Dissert. Entom. Ins. Fennica.* p. 254. n° 65.
Pterostichus Aterrimus. Sturm. v. p. 29. n° 14. t. 108. fig. b. B.
Omaseus Aterrimus. Dej. *Cat.* p. 12.

Long. 5 $\frac{1}{2}$, 6 lignes. Larg. 2, 2 $\frac{1}{3}$ lignes.

Ordinairement plus petite que la *Melanaria*, proportionnellement moins large, et d'un noir plus brillant et presque vernissé.

Corselet plus court, plus carré, point rétréci postérieurement, un peu moins arrondi sur les côtés et plus lisse; les stries transversales ondulées, à peine distinctes; l'impression transversale postérieure plus distincte, et celle près du bord antérieur en arc de cercle et très-fortement marquée; de chaque côté de la base, un enfoncement assez marqué et presque arrondi, dont le fond est légèrement rugueux; les côtés assez largement rebordés, presque déprimés, mais nullement relevés; les angles postérieurs assez arrondis et la base coupée presque carrément.

Élytres un peu plus étroites et un peu plus parallèles; les stries, surtout les extérieures, très-légèrement marquées et finement ponctuées; les intervalles planes; trois gros points enfoncés sur le troisième, assez fortement marqués; des ailes sous les élytres.

Dessous du corps et pattes d'un noir moins brillant que le dessus. Le dernier anneau de l'abdomen lisse dans les deux sexes.

Elle se trouve en Suède, dans le nord de la France, en Autriche et en Volhynie.

55. F. Nigerrima.

Pl. 135. fig. 6.

Alata, nigra, nitida; thorace subcordato, postice utrinque foveolato, angulis posticis subrotundatis; elytris oblongis, subparallelis, subtiliter striato-punctatis, foveolisque tribus impressis.

Dej. *Spec.* III. p. 291. n° 85.
Omaseus Nigerrimus. Dej. *Cat.* p. 12.
Pterostichus Simplicipunctatus. Kollar.

FERONIA

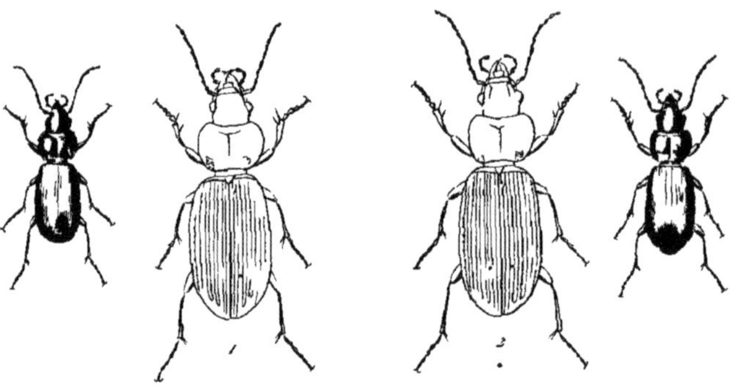

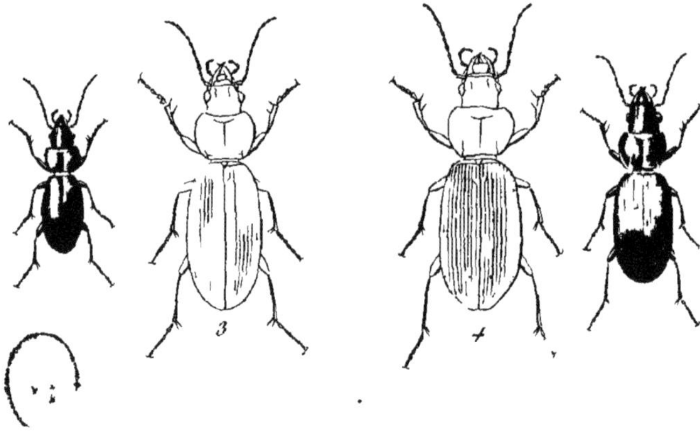

1 F Concinna
2 F. Madida
3 F Hoffmanseggii
4 F Gagatina

P Dumenil Pinxit et Direxit

Long. 6, 6 $\frac{1}{2}$ lignes. Larg. 2 $\frac{1}{4}$, 2 $\frac{1}{2}$ lignes.

Très-voisine de l'*Aterrima.*

Corselet un peu rétréci postérieurement, un peu plus arrondi sur les côtés, et presque cordiforme.

Élytres avec les stries un peu plus marquées, surtout celles qui sont près de la suture; les points enfoncés du troisième intervalle un peu moins grands.

Elle se trouve communément en Espagne et dans les Pyrénées; elle habite aussi la côte de Barbarie et l'île de Madère.

QUATRIÈME DIVISION.

STEROPUS. *Megerle.*

56. F. CONCINNA.

Pl. 136. fig. 1.

Aptera, nigra; thorace subrotundato, postice utrinque foveolato; elytris ovatis, subconvexis, striatis, punctoque postice impresso.

DEJ. *Spec.* III. p. 293. n° 87.

Molops Concinnus. STURM. IV. p. 175. n° 7. T. 104. fig. c.

Steropus Concinnus. DEJ. *Cat.* p. 13.

VAR. *F. Valida.* DEJEAN.

Long. $6 \frac{1}{2}$, 8 lignes. Larg. $2 \frac{3}{4}$, 3 lignes.

De la taille de la *Melanaria*, et comme elle d'un noir assez brillant.

Tête un peu plus allongée, avec les palpes d'un brun un peu roussâtre.

Corselet plus convexe, plus rétréci antérieurement, plus arrondi sur les côtés ; la ligne longitudinale du milieu un peu plus marquée ; les deux impressions transversales peu distinctes ; une impression arrondie assez marquée, dont le fond est presque lisse ou légèrement rugueux, de chaque côté de la base ; les côtés très-légèrement rebordés ; les angles postérieurs arrondis, avec la base un peu échancrée dans son milieu.

Élytres plus rétrécies antérieurement, plus ovales et plus convexes ; leurs stries plus marquées, lisses, ou très-légèrement ponctuées ; les intervalles presque planes ; un seul point enfoncé sur le troisième, à peu près aux deux tiers, près de la seconde strie ; point d'ailes sous les élytres.

Dessous du corps et pattes noirs. Dernier anneau de l'abdomen des mâles offrant une impression presque arrondie, assez grande et assez profonde, dont le bord antérieur est relevé et forme une arête transversale assez saillante.

Elle se trouve assez communément en France, en Belgique et en Suisse, principalement dans les bois et les montagnes ; elle est rare en Allemagne.

Les individus que l'on trouve dans le sud-est de la

France, particulièrement dans le département de l'Aveyron, sont un peu plus grands et plus forts. M. Dejean en avait d'abord formé une espèce sous le nom de *Valida;* mais depuis, il a reconnu qu'ils ne pouvaient pas être séparés.

57. F. Madida.

Pl. 136. fig. 2.

Aptera, nigra; thorace subrotundato, postice utrinque foveolato; elytris ovatis, subconvexis, striatis, punctoque postice impresso; femoribus rufis.

Dej. *Spec.* iii. p. 294. n° 88.
Carabus Madidus. Fabr. *Sys. El.* i. p. 181. n° 59.
Sch. *Syn. Ins.* i. p. 178. n° 55.
Molops Madidus. Ahrens. *Fauna Ins. Europ.* v. t. 2.
Steropus Madidus. Dej. *Cat.* p. 13.
Molops Humidus. Sturm. *Catal.* p. 170.

Long. 6 $\frac{1}{2}$, 8 lignes. Larg. 2 $\frac{1}{4}$, 3 lignes.

Très-voisine de la *Concinna*, dont elle n'est peut-être qu'une variété. Elle en diffère par les cuisses, qui sont d'un rouge ferrugineux; quelquefois les jambes et les tarses sont d'un brun un peu roussâtre.

Elle se trouve dans presque toute la France.

58. F. Hoffmanseggii.

Pl. 136. fig. 3.

Aptera, nigra; thorace ovato, postice utrinque striato; elytris ovatis, convexis, subtilissime striatis, punctoque postice impresso.

Dej. *Spec.* iii. p. 295. n° 89.
Carabus Gagatinus. Hoffmansegg.
Carabus Ebenus. Sch. *Syn. Ins.* i. p. 191. n° 126.

Long. 6 $\frac{3}{4}$ lignes. Larg. 2 $\frac{1}{2}$ lignes.

Très-voisine de la *Gagatina*, mais plus petite et d'un noir un peu plus brillant.

Tête un peu plus étroite et un peu rétrécie postérieurement.

Corselet plus étroit, plus allongé et plus lisse; les rides transversales moins marquées; la ligne longitudinale plus marquée; le bord antérieur un peu plus échancré.

Les élytres un peu plus étroites; leurs stries paraissant lisses et un peu moins marquées; le point enfoncé du troisième intervalle placé de la même manière. Dernier anneau de l'abdomen également lisse dans les deux sexes.

Elle se trouve en Portugal.

59. F. Gagatina.

Pl. 136. fig. 4.

Aptera, nigra; thorace subgloboso, postice utrinque striato; elytris ovatis, convexis, subtilissime striatis, punctoque postice impresso.

Dej. *Spec.* III. p. 296. n° 90.
Molops Gagatinus. Germar. *Coleopt. Sp. Nov.* p. 20. n° 32.
Steropus Gagatinus. Dej. *Cat.* p. 13.
Carabus Arrogans? Duftschmid. II. p. 60. n° 58.
Molops Arrogans? Sturm. IV. p. 173. n° 6. T. 104. fig. d.

Long. 8, 9 lignes. Larg. 2 $\frac{2}{3}$, 3 $\frac{1}{4}$ lignes.

Un peu plus grande que la *Concinna*, et proportionnellement un peu plus allongée.

Tête un peu plus grande, nullement rétrécie postérieurement.

Corselet plus court, plus convexe, plus arrondi sur les côtés, plus large antérieurement, un peu rétréci postérieurement; les rides transversales ondulées un peu plus distinctes; la ligne longitudinale du milieu un peu moins marquée; l'impression transversale postérieure plus marquée; une impression longitudinale assez courte et assez marquée de chaque côté de la base; le bord antérieur moins échancré; les côtés légèrement rebordés; les angles postérieurs très-arrondis et la base coupée presque carrément.

Élytres plus allongées et plus convexes ; les stries fines, très-peu marquées, lisses ou très-légèrement ponctuées ; les intervalles plus planes ; le point enfoncé du troisième intervalle placé plus bas. Point d'ailes sous les élytres. Dernier anneau de l'abdomen tout-à-fait lisse dans les deux sexes.

Elle se trouve communément en Espagne.

60. F. Globosa.

Pl. 137. fig. 1.

Aptera, nigra ; thorace subgloboso, postice utrinque striato ; elytris oblongo-ovatis, convexiusculis, striatis, punctoque postice impresso.

Dej. *Spec.* iii. p. 297. n° 91.
Carabus Globosus. Fabr. *Sys. El.* 1. p. 190. n° 111.
Sch. *Syn. Ins.* 1. p. 194. n° 155.
Steropus Globosus. Dej. *Cat.* p. 13.

Long. 7 $\frac{1}{2}$, 8 $\frac{1}{2}$ lignes. Larg. 2 $\frac{2}{3}$, 3 lignes.

Très-voisine de la *Gagatina*, dont elle n'est peut-être qu'une variété.

Élytres un peu moins larges, un peu moins ovales et un peu moins convexes; les stries plus fortement mar-

FERONIA

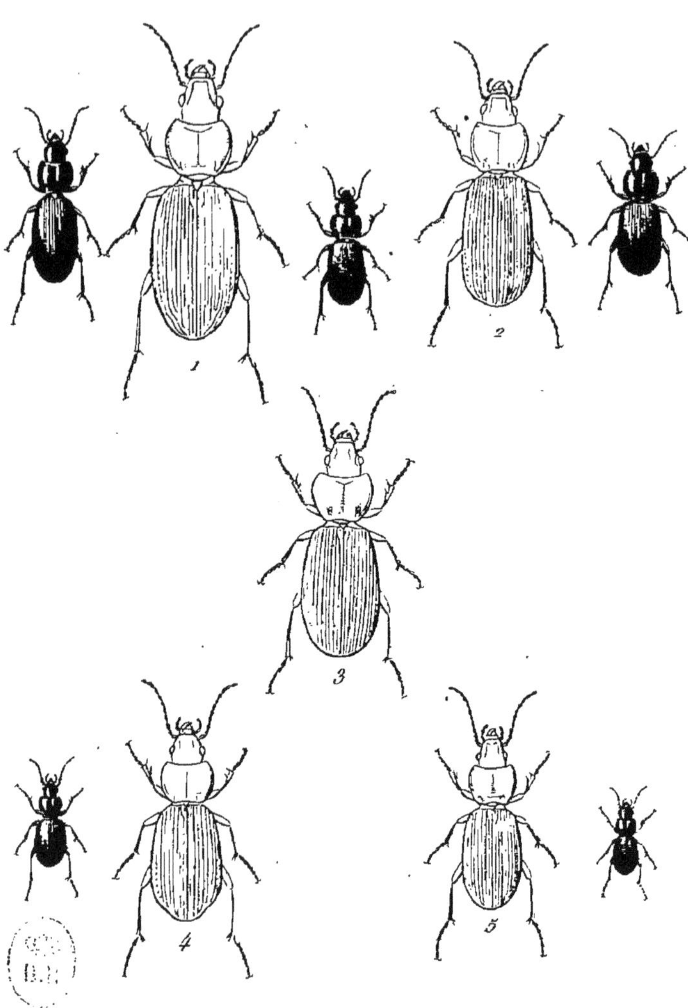

1. F. Globosa.
2. † F. Mannerheimii.
3. F. Æthiops.
4. F. Rufitarsis.
5. F. Illigeri

P. Duménil Pinxit et Direxit.

puées, tout-à-fait lisses dans les mâles; moins marquées dans les femelles, quoique toujours plus fortement que dans la *Gagatina*.

Elle se trouve en Portugal et sur la côte de Barbarie.

61. F. MANNERHEIMII.

Pl. 137. fig. 2.

[illegible]; thorace nigro-aeneo, subrotundato, postice utrinque foveolato; elytris cupreo-aeneis, ovatis, subconvexis, striatis, punctisque tribus impressis; capite, antennis pedibusque nigris.

DEJ. *Spec.* v. *Suppl.* p. 761. nº 206.

Long. 6 $\frac{1}{4}$ lignes. Larg. 2 $\frac{1}{3}$ lignes.

Très-voisine de l'*Æthiops*, mais un peu plus grande, un peu plus allongée et d'un noir brillant sur la tête, d'un bronzé obscur sur le corselet, et d'un bronzé un peu cuivreux sur les élytres.

Tête moins allongée.

Corselet presque noirâtre antérieurement, presque cuivreux postérieurement, ne paraissant pas rétréci en arrière.

Élytres un peu plus allongées, striées et ponctuées comme dans l'*Æthiops*.

Dessous du corselet et de la poitrine d'un bronzé obscur; dessous de l'abdomen noir. Point de [illegible] lon-

FERONIA

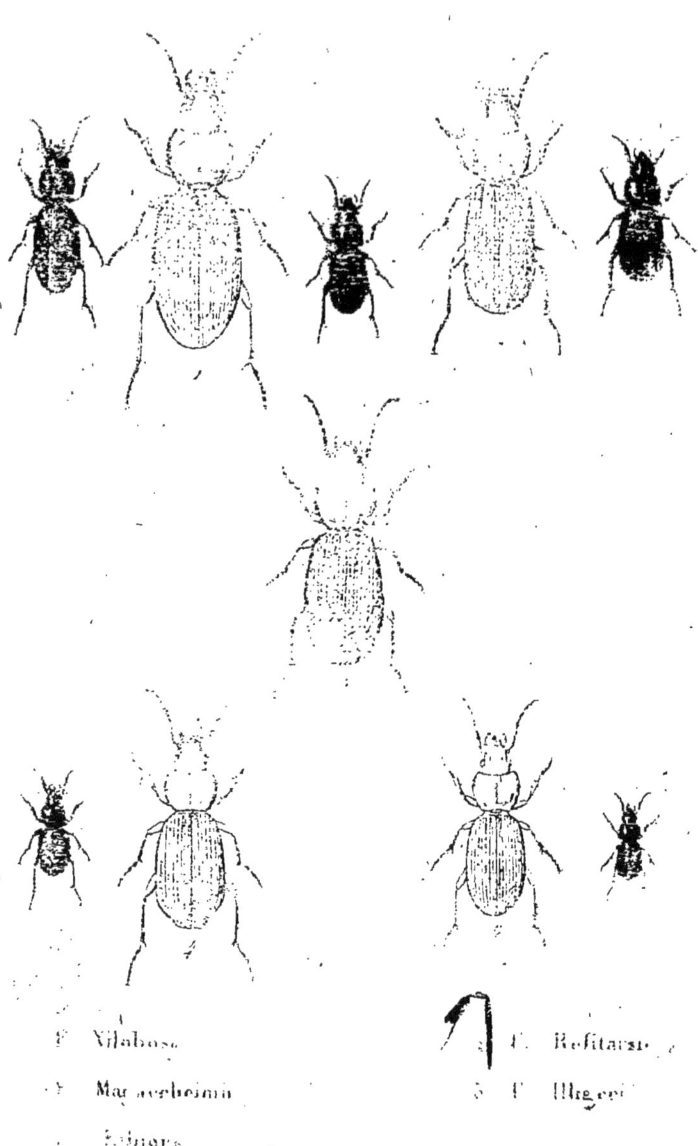

F. Vilabosa — 4. F. Refitarsis

Mag aerheimii — 5. F. Illigeri

[illegible]nops

gitudinale élevée sur les derniers anneaux de l'abdomen des mâles.

Elle se trouve dans les montagnes de l'Oural.

62. F. ÆTHIOPS.

Pl. 137. fig. 3.

Aptera, nigra; thorace subrotundato, postice utrinque foveolato; elytris ovatis, subconvexis, striatis, punctisque tribus impressis; maris penultimo segmento abdominis dentato.

DEJ. *Spec.* III. p. 298. n° 92.

Carabus Æthiops. ILLIGER. *Kæfer Preus.* 1. p. 161. n° 24.

SCH. *Syn. Ins.* I. p. 194. n° 156.

DUFTSCHMID. II. p. 126. n° 160.

Pterostichus Æthiops. STURM. V. p. 31. n° 15.

Harpalus Æthiops. SAHLBERG. *Dissert. entom. Ins. Fennica.* p. 254. n° 66.

Steropus Æthiops. DEJ. *Cat.* p. 13.

Steropus Maurusiacus. HUMMEL. *Essais entomologiques.* 4. p. 24. n° 7.

Steropus Obtusus. MANNERHEIM.

Long. 5 $\frac{1}{4}$, 6 lignes. Larg. 2, 2 $\frac{1}{3}$ lignes.

Plus petite que la *Concinna*, un peu moins allongée et d'un noir assez brillant.

Corselet plus court, un peu plus large antérieurement; les rides transversales ondulées moins distinctes; le fond de l'impression de chaque côté de la base légèrement ponctué ou un peu rugueux; les deux impressions longitudinales presque effacées; les angles postérieurs plus arrondis, et la base un peu plus échancrée dans son milieu.

Élytres un peu plus courtes, un peu plus rétrécies vers la base, un peu élargies au-delà du milieu; les stries lisses et plus fortement marquées; les intervalles plus relevés; trois points enfoncés sur le troisième. Point d'ailes sous les élytres.

Dessous du corps et pattes noirs. Une dent saillante et assez élevée sur l'avant-dernier anneau de l'abdomen des mâles; le dernier anneau ordinairement lisse, rarement avec une petite élévation à peine sensible.

Elle se trouve particulièrement dans les bois et les montagnes, en Allemagne, en Autriche, en Pologne, en Russie, en Finlande et en Sibérie.

63. F. Rufitarsis. *Parreyss.*

Pl. 137. fig. 4.

Aptera, nigra; thorace subrotundato, postice utrinque foveolato; elytris ovatis, subconvexis, striatis, punctisque tribus impressis; maris ano crista longitudinali elevata.

Dej. *Spec.* III. p. 299. n° 93.
Molops Rufitarsis. Sturm. *Catal.* p. 170.

Long. 5, 5 $\frac{1}{3}$ lignes. Larg. 1 $\frac{3}{4}$, 2 lignes.

Très-voisine de l'*Æthiops*, mais plus petite.

Corselet ayant les rides transversales ondulées et l'impression transversale postérieure un peu plus distinctes; les angles postérieurs un peu moins arrondis.

Élytres avec les stries moins marquées, paraissant très-légèrement ponctuées à l'aide d'une forte loupe; les intervalles plus planes; trois points enfoncés sur le troisième.

Tarses, et quelquefois les jambes et les cuisses, d'un jaune roussâtre. Point de dent sensible sur l'avant-dernier anneau de l'abdomen des mâles; une ligne élevée longitudinale sur le dernier.

Elle a été trouvée par M. Parreyss dans la Buchovine.

64. F. Illigeri. *Megerle.*

Pl. 137. fig. 5.

Aptera, nigro-picea; thorace subcordato, postice utrinque striato, angulis posticis rotundatis; elytris ovatis, subconvexis, striatis, punctisque duobus postice impressis; antennis pedibusque rufis.

Dej. *Spec.* III. p. 300. n° 94.
Carabus Illigeri. Sch. *Syn. Ins.* I. p. 196. n° 160.
Duftschmid. II. p. 61. n° 59.
Molops Illigeri. Sturm. IV. p. 176. n° 8.
Steropus Illigeri. Dej. *Cat.* p. 13.

Long. 3 $\frac{3}{4}$, 4 lignes. Larg. 1 $\frac{1}{2}$, 1 $\frac{2}{3}$ ligne.

Beaucoup plus petite que l'*Æthiops*, et d'un brun noirâtre en dessus, quelquefois assez foncé et quelquefois presque roussâtre.

FERONIA.

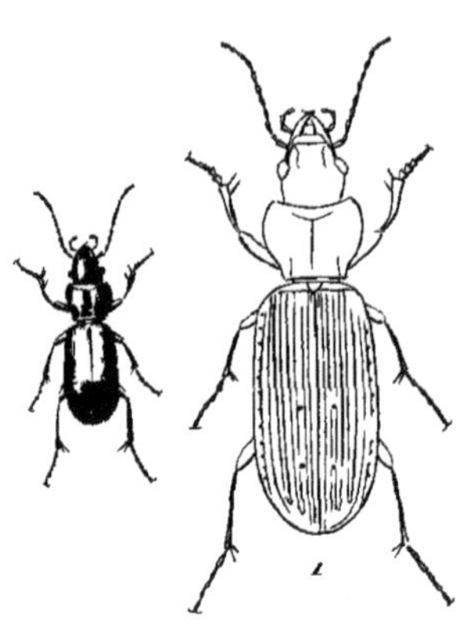

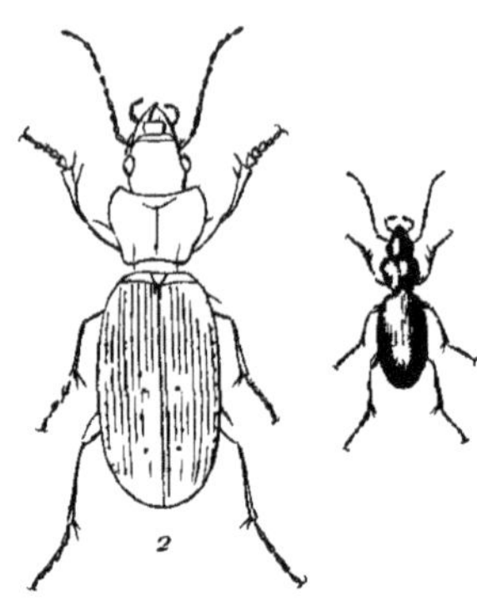

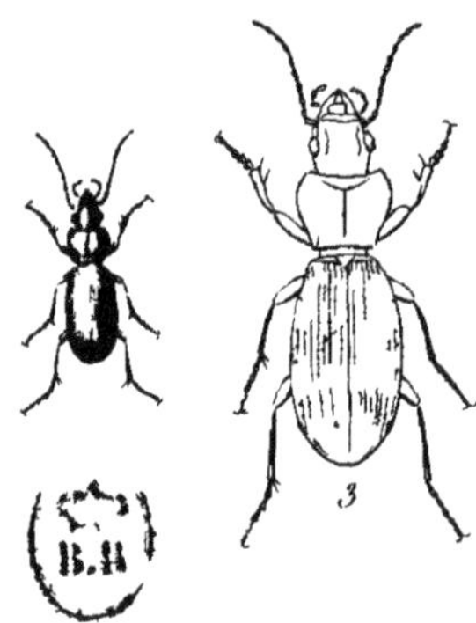

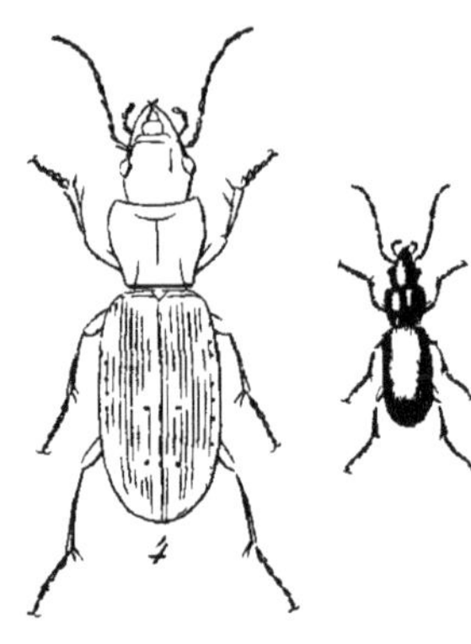

1 F. Picimana

2 F. Graja

3 F. Cognata

4 F. Extensa

P. Dumenil Pinxit et Direxit

Tête un peu moins allongée, avec les palpes et les antennes d'un rouge ferrugineux.

Corselet un peu plus allongé, un peu plus rétréci postérieurement et presque cordiforme, ayant de chaque côté de la base une impression longitudinale assez fortement marquée, dont le fond est lisse ou très-légèrement rugueux.

Élytres un peu moins rétrécies vers la base et moins larges postérieurement; les stries moins marquées, quelquefois lisses, quelquefois légèrement ponctuées; les intervalles peu planes; deux points enfoncés distincts sur le troisième.

Dessous du corps d'un brun plus ou moins roussâtre, avec les pattes d'un rouge ferrugineux; une impression oblongue ou arrondie peu marquée sur le dernier anneau de l'abdomen des mâles.

Elle se trouve dans les montagnes de l'Autriche et de la Styrie.

CINQUIÈME DIVISION.

PLATYSMA. *Sturm.*

65. F. PICIMANA. *Creutzer.*

Pl. 158. fig. 1.

Alata, nigro-picea; thorace cordato, postice truncato, utrinque striato; elytris planiusculis, oblongis, subparallelis, striatis, punctisque tribus impressis; pedibus rufis.

mana F. ...egnata

2. F. ... 4. F. Extensa

Dej. *Spec.* III. p. 310. n° 103.

Carabus Picimanus. Duftschmid. II. p. 159. n° 208.

Platysma Picimana. Sturm. v. p. 48. n° 6. T. III. fig. b. B.

Pterostichus Picimanus. Dej. *Cat.* p. 12.

Carabus Monticola. Hellwig.

Pœcilus Mœstus. Stéven.

Long. 5 $\frac{1}{2}$, 6 $\frac{1}{4}$ lignes. Larg. 1 $\frac{3}{4}$, 2 $\frac{1}{4}$ lignes.

Un peu plus grande que la *Nigrita*, un peu déprimée, d'un brun-obscur presque noir, quelquefois un peu roussâtre.

Tête assez grande, ovale, un peu rétrécie postérieurement, presque lisse.

Corselet plus large que la tête, un peu moins long que large, cordiforme, fortement rétréci postérieurement et presque plane, couvert de rides transversales ondulées peu distinctes; la ligne longitudinale du milieu assez marquée; les deux impressions transversales peu apparentes; une impression longitudinale bien marquée de chaque côté de la base; le bord antérieur légèrement échancré; les angles antérieurs presque arrondis; les côtés légèrement rebordés; les angles postérieurs coupés carrément; la base un peu échancrée dans son milieu.

Élytres assez allongées, planes, presque parallèles, à peine sinuées près de l'extrémité; les stries assez marquées, lisses ou très-légèrement ponctuées; les intervalles planes; trois points enfoncés distincts sur le troisième. Des ailes sous les élytres.

Dessous du corps d'un brun plus ou moins roussâtre, avec les pattes d'un rouge ferrugineux. Dernier anneau de l'abdomen lisse dans les deux sexes.

Elle se trouve, mais assez rarement, en France, en Allemagne, en Autriche et sur les bords de la mer Caspienne.

66. F. Graja. *Bonelli.*

Pl. 138. fig. 2.

Aptera, nigro-picea; thorace cordato, postice transverse impresso, utrinque striato; elytris planiusculis, oblongo-ovatis, obsolete striatis, punctisque duobus postice impressis; antennis pedibusque piceis.

Dej. *Spec.* III. p. 311. n° 104.
Pterostichus Grajus. Dej. *Cat.* p. 12.

Long. 5, 5 $\frac{1}{4}$ lignes. Larg. 1 $\frac{3}{4}$, 2 lignes.

Plus petite que la *Picimana*, et de même assez déprimée et d'un brun presque noirâtre.

Antennes plus courtes et d'un brun roussâtre.

Corselet plus court, plus plane, plus large antérieurement, moins rétréci postérieurement, ayant près de la base une impression transversale assez fortement marquée; l'impression longitudinale de chaque côté un peu plus courte, plus large, plus lisse; les côtés tombant obliquement sur la base et formant avec elle un angle obtus; le milieu de la base moins sensiblement échancré.

Élytres un peu plus courtes, plus ovales et moins parallèles; les stries moins marquées; ordinairement deux points enfoncés sur le troisième intervalle. Point d'ailes sous les élytres.

Dessous du corps et cuisses d'un brun noirâtre, quelquefois un peu roussâtre. Dernier anneau de l'abdomen des mâles offrant un enfoncement assez grand, assez marqué, presque arrondi, dont le bord forme une crête transversale assez saillante.

Elle se trouve dans les montagnes du Piémont.

67. F. Cognata.

Pl. 138. fig. 3.

Aptera, nigra; thorace cordato, postice utrinque striato; elytris oblongo-ovatis, striatis, striis obsolete punctatis, punctisque duobus impressis; antennis pedibusque rufo-piceis.

Dej. *Spec.* v. *Suppl.* p. 765. n° 209.

Long. 5 lignes. Larg. 1 $\frac{2}{3}$ ligne.

A peu près de la taille de la *Graja*, un peu plus étroite, plus convexe et d'un noir assez brillant.

Tête allongée, non rétrécie postérieurement, lisse, avec les antennes d'un brun roussâtre.

Corselet plus large que la tête, presque aussi long que large, arrondi antérieurement sur les côtés, rétréci postérieurement, cordiforme et légèrement convexe, la ligne longitudinale assez marquée, ne dépassant guère les deux impressions transversales; une impression longitudinale bien marquée de chaque côté de la base; le bord antérieur légèrement échancré; les angles antérieurs obtus; les côtés rebordés, tombant carrément sur la base et formant avec elle un angle droit; la base légèrement échancrée dans son milieu.

Élytres un peu plus larges que le corselet, en ovale très-allongé, légèrement convexes et sinuées obliquement à l'extrémité; les stries fines, assez marquées, très-légèrement ponctuées; les intervalles planes; deux points enfoncés assez distincts sur le troisième.

Dessous du corps d'un brun noirâtre, avec les pattes d'un brun rougeâtre.

Dernier anneau de l'abdomen du mâle déprimé postérieurement.

Elle se trouve en Hongrie.

68 F. Extensa. *Parreyss.*

Pl. 158. fig. 4.

Aptera, angustata, nigro-picea; thorace cordato, postice utrinque striato; elytris oblongis, striatis, punctisque duobus postice impressis; antennis pedibusque rufis.

Dej. *Spec.* v. *Suppl.* p. 766. n° 210.

Long. 5 $\frac{1}{4}$ lignes. Larg. 1 $\frac{3}{4}$ ligne.

A peu près de la taille de la *Graja*, mais plus allongée et d'un brun-noirâtre assez brillant.

Tête allongée, lisse, avec les palpes et les antennes d'un rouge ferrugineux.

Corselet plus large que la tête, aussi long que large, légèrement arrondi antérieurement sur les côtés, rétréci postérieurement, cordiforme, presque plane, couvert de rides transversales ondulées à peine distinctes; la ligne longitudinale du milieu assez marquée, ne dépassant guère les deux impressions transversales; une impression longitudinale assez longue et fortement marquée, de chaque côté de la base; le bord antérieur légèrement échancré; les angles antérieurs peu avancés, coupés presque carrément; les côtés rebordés, tombant carrément sur la base et formant avec elle un angle droit; la base très-légèrement échancrée dans son milieu et coupée presque carrément.

Élytres un peu plus larges que le corselet, en ovale très-allongé, presque planes, presque arrondies à l'extrémité; les stries assez marquées, paraissant lisses; les intervalles planes; deux points enfoncés assez distincts sur le troisième.

Dessous du corps d'un brun roussâtre, avec les pattes d'un rouge ferrugineux.

Elle se trouve dans les îles Ioniennes.

FERONIA

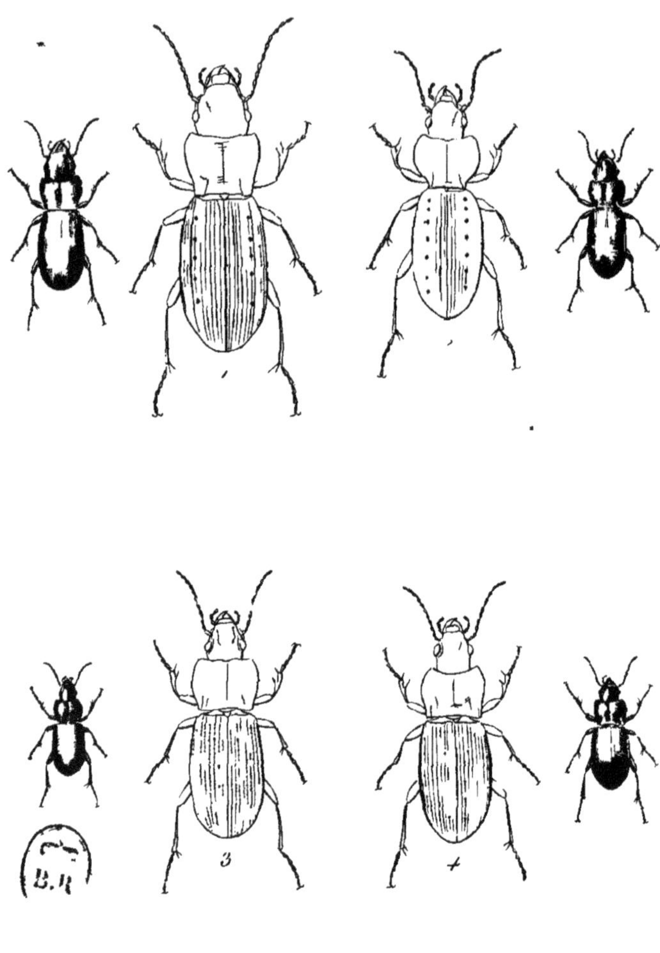

1 F Marginepunctata — 3 F Maura

2 F Edura — 4 F Tamsii

P Dumont Pinxit et Direxit

69. F. Marginepunctata.

Pl. 159. fig. 1.

Aptera, nigra, thorace cordato, postice utrinque striato; elytris planiusculis, subparallelis, [illegible] striatis, striis [illegible] punctis impressis, [illegible] subcarinatis.

Dej. Spec. v. Suppl. p. [illegible] n° [illegible].

Long. 8 lignes. Larg. 2 ¾ lignes.

Très-voisine de l'*Edura*, mais un peu plus grande.

Tête proportionnellement un peu plus grosse, moins lisse.

Corselet plus allongé, beaucoup moins arrondi sur les côtés antérieurement, plus plane, couvert de rides transversales ondulées plus marquées.

Élytres moins ovales, plus parallèles et plus planes; les [illegible], mais bien marquées; six à sept gros points [illegible] marqués sur la cinquième [illegible] huitième [illegible] plus étroite, [illegible] lignes assez [illegible].

Dessous du corps et pattes comme dans [illegible] suivante.

Elle se trouve en Italie.

FE[illegible]

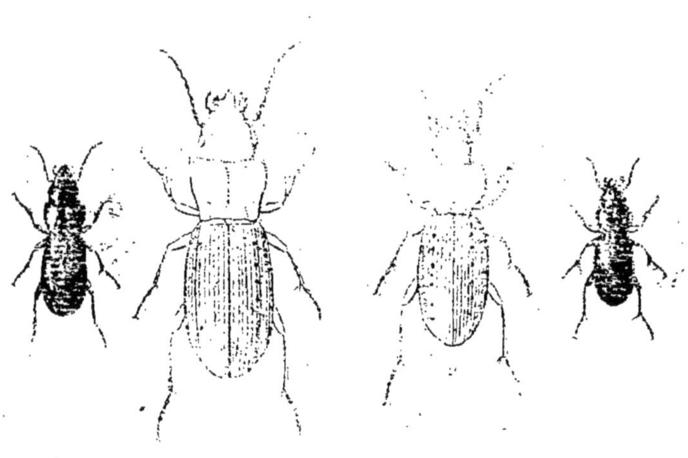

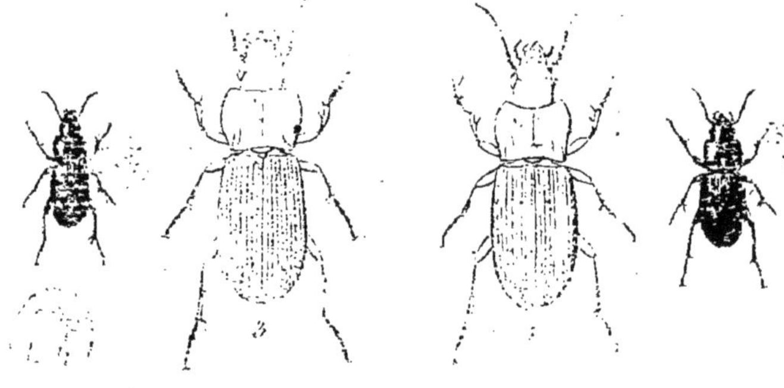

1. F. Marginepunctata
2. F. E.dura.
3. F. Maura.
4. F. Tamsii

P. Duménil Pinxit et Direxit

70. F. Edura.

Pl. 139. fig. 2.

Aptera, nigra, nitida; thorace cordato, postice coarctato, utrinque striato; elytris planiusculis, oblongo-ovatis, obsolete striatis, margineque linea punctorum impresso.

Dej. *Spec.* III. p. 312. n° 105.
Pterostichus Edurus. Dej. *Cat.* p. 12.

Long. 7 lignes. Larg. 2 $\frac{1}{3}$ lignes.

D'un noir brillant et presque vernissé en dessus.

Tête un peu plus large, moins allongée, moins rétrécie postérieurement que celle de la *Fasciatopunctata.*

Corselet plus convexe antérieurement; la ligne médiane moins marquée; l'impression transversale postérieure à peine distincte; l'impression longitudinale de chaque côté de la base, assez longue et très-fortement marquée; la base moins lisse, un peu rugueuse près des impressions; les angles antérieurs un peu moins aigus : les côtés moins arrondis antérieurement, moins largement rebordés, et nullement relevés.

Élytres un peu plus étroites; les stries très-peu marquées et à peine distinctes; les sixième, septième et huitième très-rapprochées les unes des autres; les intervalles planes; sept gros points enfoncés, assez marqués, placés sur la cinquième strie; point d'ailes sous les élytres.

Elle se trouve dans les montagnes du Piémont.

71. F. Maura.

Pl. 139. fig. 3.

Aptera, nigra; thorace subquadrato, postice subangustato, utrinque bistriato; elytris brevioribus, subparallelis, subtiliter striatis, punctisque quatuor impressis; femoribus interdum rufis.

Dej. *Spec.* iii. p. 314. n° 106.

Carabus Maurus. Duftschmid. ii. p. 160. n° 211.

Pterostichus Maurus. Dej. *Cat.* p. 12.

Platysma Conformis. Sturm. v. p. 46. n° 5. t. iii. fig. a. A.

Pterostichus Bilineatopunctatus. Dahl. *Coleoptera und Lepidoptera.* p. 8.

Pterostichus Bilineipunctatus? Peirolerl. Sturm. *Cat.* p. 188.

Pterostichus Parnassius. Bonelli.

Pterostichus Planus. Sturm. *Catal.* p. 189.

Long. $4\frac{1}{3}$, $5\frac{1}{3}$ lignes. Larg. $1\frac{2}{3}$, 2 lignes.

A peu près de la taille de l'*Oblongopunctata*, et d'un noir assez brillant en dessus.

Tête un peu plus étroite, plus allongée, plus lisse.

Corselet un peu plus plane, presque carré, très-légèrement rétréci postérieurement; l'impression transversale antérieure à peine distincte; la postérieure, au contraire, plus marquée; deux impressions longitudinales assez marquées de chaque côté de la base: le bord antérieur un peu plus fortement échancré; les angles postérieurs coupés carrément, mais un peu moins saillans; la base légèrement échancrée dans son milieu.

Élytres moins rétrécies à leur base, moins larges au delà du milieu, moins ovales, plus parallèles, plus planes, presque pas sinuées à l'extrémité; les stries très-peu marquées, lisses, ou très-légèrement ponctuées; les intervalles plus planes; quatre points enfoncés distincts sur le troisième : dans quelques individus, les points varient de un à six. Point d'ailes sous les élytres.

Dessous du corps et pattes noirs. Un enfoncement presque arrondi à l'extrémité du dernier anneau de l'abdomen des mâles.

Elle se trouve dans les hautes montagnes de l'Autriche, de la Styrie, et dans celles du Bannat, en Hongrie.

72. F. Tamsii. *Dejean.*

Pl. 139. fig. 4.

Aptera, nigra; thorace quadrato, postice utrinque bistriato; elytris brevioribus, subparallelis, subtiliter striatis, striis obsolete punctatis, punctisque quatuor impressis.

Dej. *Spec.* v. *Suppl.* p. 768. n° 212.

FERONIA

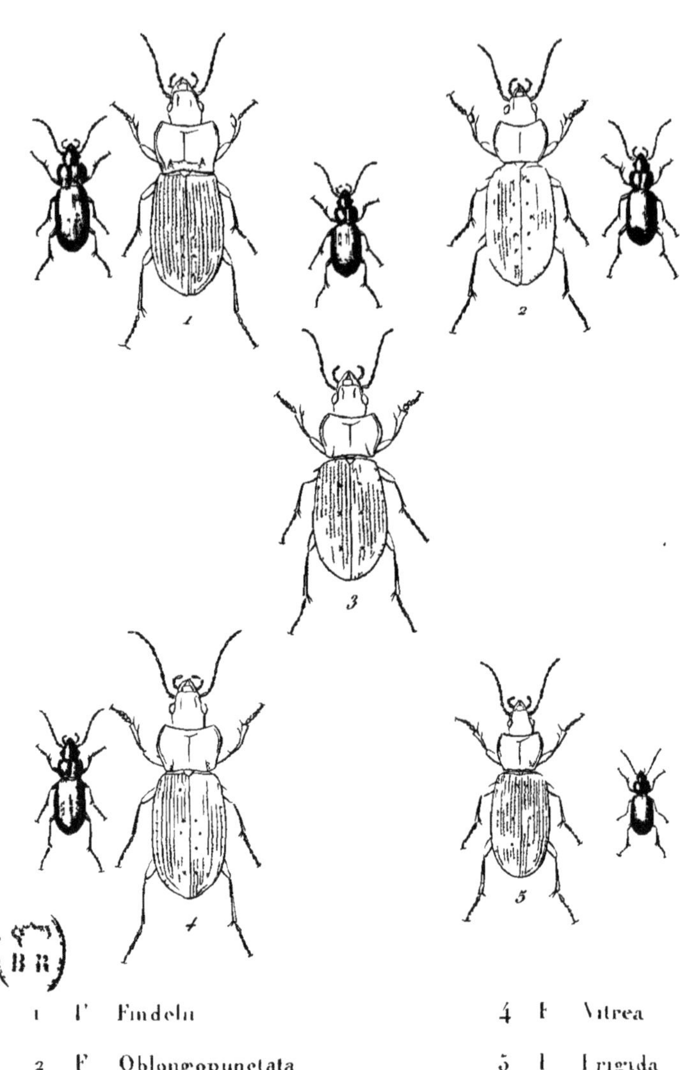

1 F. Findelii

2 F. Oblongopunctata

3 F. Angustata

4 F. Vitrea

5 F. Frigida

P. Dumenil Pinxit et Direxit

Long. 5 ½ lignes. Larg. 2 ¼ lignes.

Très-voisine de la *Maura*, mais plus grande et proportionnellement plus large.

Tête plus large, presque triangulaire et non rétrécie postérieurement.

Corselet plus plane; les deux impressions longitudinales de chaque côté de la base moins larges et moins profondément marquées.

Élytres plus larges, un peu moins parallèles; les stries un peu plus [illegible], très-légèrement ponctuées; les intervalles presque planes; quatre points enfoncés distincts sur le troisième.

Dessous du corps et pattes noirs.

Elle se trouve en Crimée.

73. F. Findelii.

Pl. [illegible] fig. [illegible]

[illegible], supra [illegible]; thorace subquadrato, postice [illegible], utrinque bistriato; elytris brevioribus, subparallelis, subtiliter striatis, striis obsolete punctatis, punctisque tribus impressis.

Dej. Spec. [illegible] p. 315. nº 107.

[illegible] Findelii. Dahl. *Coleoptera und Lepidop-* [illegible]

[illegible]

FERONIA

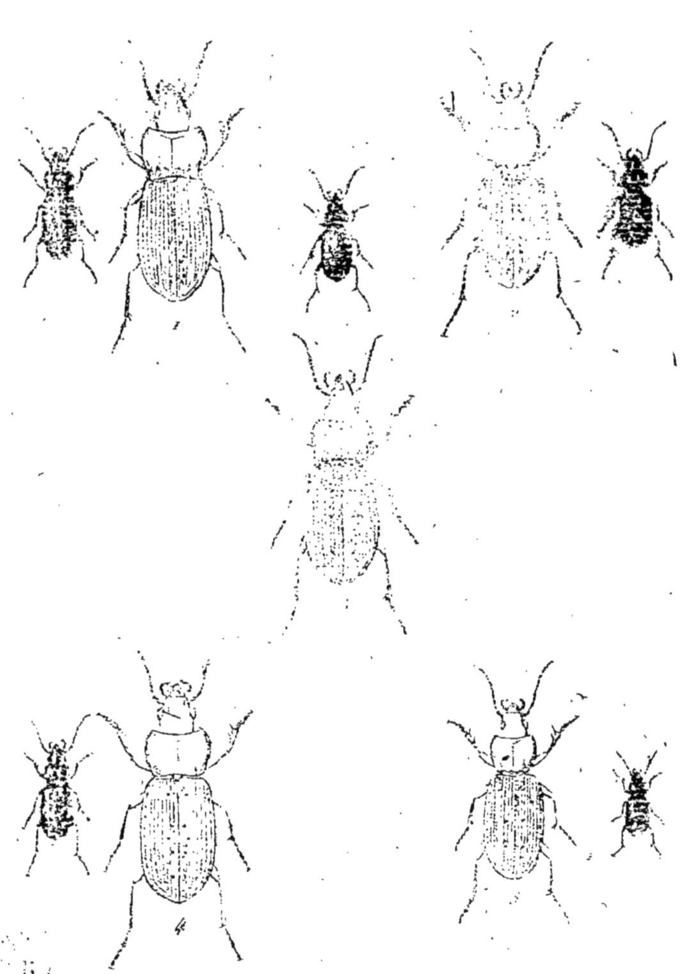

1 F. Findeln
2 F. Oblongopunctata
3 F. Angustata
5 F. Frigida

P. Dumenil Pinxit et direxit

Long. $4\frac{3}{4}$, $5\frac{3}{4}$ lignes. Larg. $1\frac{3}{4}$, $2\frac{1}{4}$ lignes.

Ordinairement un peu plus grande que l'*Oblongopunctata.*

Tête et corselet d'un bronzé obscur et presque noir.

Corselet un peu plus grand, plus large, plus carré, moins rétréci postérieurement; l'impression transversale antérieure à peine distincte; la postérieure, au contraire, plus marquée; une impression assez grande, presque arrondie, peu enfoncée de chaque côté de la base; le bord antérieur plus fortement échancré; les côtés un peu plus largement rebordés; la base un peu plus échancrée dans son milieu.

Élytres ordinairement d'une couleur bronzée verdâtre ou cuivreuse, rarement noirâtre; plus planes, moins rétrécies antérieurement, moins larges au-delà du milieu, moins ovales et plus parallèles; les stries moins marquées et légèrement ponctuées; les intervalles plus planes; trois points enfoncés distincts sur le troisième; point d'ailes sous les élytres.

Dessous du corps et cuisses noirs, avec les jambes et les tarses d'un brun un peu roussâtre. Le dernier anneau de l'abdomen lisse dans les deux sexes.

Elle se trouve dans les montagnes du Bannat, en Hongrie.

74. F. Oblongopunctata.

Pl. 140. fig. 2.

Alata, obscure ænea; thorace subcordato, postice utrinque striato; elytris brevioribus, oblongo-ovatis, striatis, foveolisque quinque impressis.

Dej. *Spec.* III. p. 316. n° 108.
Carabus Oblongopunctatus. Fabr. *Sys. El.* I. p. 183. n° 70.
Oliv. III. 35. p. 82. n° 111. t. 12. fig. 140.
Sch. *Syn. Ins.* I. p. 186. n° 92.
Duftschmid. II. p. 165. n° 218.
Harpalus Oblongopunctatus. Gyllenhal. II. p. 85. n° 6. III. p. 692. n° 6. et IV. p. 425. n° 6.
Sahlberg. *Dissert. entom. Ins. Fennica.* p. 220. n° 5.
Platysma Oblongopunctata. Sturm. V. p. 51. n° 8.
Pterostichus Oblongopunctatus. Dej. *Cat.* p. 12.
Pterostichus Cicatricosus. Besser.

Long. 4 $\frac{1}{2}$, 5 $\frac{1}{4}$ lignes. Larg. 1 $\frac{2}{3}$, 2 lignes.

De la taille de la *Nigrita*, mais plus large et d'un bronzé plus ou moins obscur, plus ou moins verdâtre, quelquefois un peu cuivreux et quelquefois presque tout-à-fait noir.

Tête assez grande, ovale, un peu rétrécie postérieurement.

Corselet plus large que la tête, moins long que large, presque plane, un peu rétréci postérieurement et légèrement cordiforme, avec quelques rides transversales ondulées, peu distinctes; la ligne médiane assez marquée; l'impression transversale antérieure en arc de cercle, assez apparente; la postérieure moins distincte; une impression longitudinale assez longue et très-marquée de chaque côté de la base; le bord antérieur assez échancré; les côtés légèrement rebordés; les angles postérieurs et la base coupés carrément.

Élytres plus larges que le corselet, en ovale peu allongé, très-légèrement convexes, sinuées près de l'extrémité, ayant chacune neuf stries et le commencement d'une dixième à la base; les stries assez marquées, lisses ou très-légèrement ponctuées; les intervalles très-peu relevés; cinq gros points enfoncés, assez fortement marqués, sur le troisième. Des ailes sous les élytres.

Dessous du corps et cuisses noirs, avec les jambes et les tarses d'un brun plus ou moins roussâtre. Dernier anneau de l'abdomen lisse dans les deux sexes.

Elle se trouve assez communément en Suède, en France, en Suisse, en Allemagne, en Autriche, en Pologne, en Russie et en Sibérie, principalement dans les bois.

75. F. ANGUSTATA. *Megerle.*

Pl. 140. fig. 3.

Alata, nigro-ænea; thorace subcordato, postice utrinque

striato; elytris brevioribus, oblongo-ovatis, striatis, striis obsolete punctatis, foveolisque tribus impressis.

DEJ. *Spec.* III. p. 318. n° 109.

Carabus Angustatus. DUFTSCHMID. II. p. 162. n° 213.

Platysma Angustata. STURM. V. p. 62. n° 14. T. 114. fig. a. A.

Pterostichus Angustatus. DEJ. *Cat.* p. 12.

Long. 4 $\frac{1}{2}$, 5 $\frac{1}{4}$ lignes. Larg. 1 $\frac{2}{3}$, 2 lignes.

Très-voisine de l'*Oblongopunctata*, mais d'une couleur moins bronzée et presque noire.

Tête un peu moins large.

Corselet un peu plus large, un peu plus arrondi sur les côtés antérieurement; l'impression transversale antérieure moins distincte; les côtés un peu plus largement rebordés et un peu relevés; la base légèrement échancrée dans son milieu, légèrement ponctuée dans toute sa largeur, coupée un peu obliquement sur ses côtés.

Élytres à peu près de la même forme; les stries très-légèrement ponctuées; trois gros points enfoncés sur le troisième intervalle. Des ailes sous les élytres.

Dessous du corps et cuisses noirs, avec les jambes et les tarses d'un brun noirâtre.

Elle se trouve en Allemagne, en Autriche et en Volhynie.

76. F. Vitrea.

Pl. 140. fig. 4.

Aptera, nigra; thorace subcordato, postice utrinque striato; elytris brevioribus, oblongo-ovatis, striatis, striis obsolete punctatis, foveolisque quinque impressis.

Dej. *Spec.* III. p. 320. n° 111.
Omaseus Vitreus. Eschscholtz.

Long. 4 $\frac{3}{4}$, 5 $\frac{1}{4}$ lignes. Larg. 1 $\frac{3}{4}$, 2 lignes.

Très-voisine de l'*Oblongopunctata*, et entièrement noire. Antennes ayant les trois premiers articles noirs, et les autres d'un brun obscur. Corselet un peu plus large; les côtés un peu plus largement rebordés et un peu relevés; les angles postérieurs un peu moins saillans.

Élytres à peu près de la même forme, avec les stries très-légèrement ponctuées. Point d'ailes sous les élytres.

Dessous du corps et cuisses noirs, avec les jambes et les tarses d'un brun noirâtre.

Elle se trouve au Kamtschatka et dans l'île de Sitka.

77. F. Frigida.

Pl. 140. fig. 5.

Aptera, obscure ænea; thorace cordato, postice utrinque striato; elytris oblongo-ovatis, subtiliter striato-punctatis, punctisque duobus impressis; antennarum basi pedibusque rufis.

Dej. *Spec.* iii. p. 334. n° 124.
Molops Frigidus. Eschscholtz.

Long. 3 $\frac{1}{2}$ lignes. Larg. 1 $\frac{1}{3}$ ligne.

Elle est un peu plus grande que la *Vernalis*, et sa couleur est d'un bronzé obscur en dessus.

Tête presque triangulaire, un peu rétrécie postérieurement. Corselet plus large que la tête, moins long que large, assez plane, cordiforme; les deux impressions transversales distinctes, l'antérieure presque en arc de cercle; une impression longitudinale assez longue de chaque côté, près de la base; le bord antérieur assez fortement échancré; les côtés légèrement rebordés; les angles postérieurs coupés carrément et presque saillans; la base coupée presque carrément.

Élytres plus larges que le corselet, en ovale allongé, légèrement convexes, et peu sinuées près de l'extrémité; ayant chacune neuf stries peu marquées, légèrement ponctuées; les intervalles planes; deux points enfoncés sur le troisième, près de la seconde strie.

Dessous du corps d'un noir obscur, avec l'extrémité de l'abdomen un peu roussâtre, et les pattes d'un rouge ferrugineux.

Elle se trouve au Kamtschatka.

SIXIÈME DIVISION.

Cophosus. *Ziegler.*

78. F. Magna. *Megerle.*

Pl. 141. fig. 1.

Aptera, nigra; thorace breviore, quadrato, postice utrinque impresso; elytris subelongatis, parallelis, profunde striatis, punctisque duobus vel quatuor impressis.

Dej. *Spec.* iii. p. 334. n° 125.
Cophosus Magnus. Dahl. *Coleoptera und Lepidoptera.* p. 9.
Cophosus Striatopunctatus. Dahl. *idem.*

Long. 8 ½, 10 lignes. Larg. 2 ½, 3 ¼ lignes.

Très-voisine de la *Cylindrica*, dont elle n'est peut-être qu'une variété ordinairement un peu plus grande.

Corselet plus court. Élytres un peu plus courtes et un peu plus larges.

Le reste comme dans la *Cylindrica*.

Elle se trouve en Hongrie, dans le Bannat.

SIXIÈME [illegible]

[illegible]

[illegible]

[illegible] thorace [illegible] postice [illegible] [illegible]

[illegible]

Cephosus [illegible] *Dahl. idem.*

Long. 8 ½, 10 lignes. Larg. 2 ½, 3 ¼ lignes.

Très-voisine de la *Cylindrica*, dont elle n'est peut-être qu'une variété [illegible] un peu plus grande.

Cor[illegible] plus court, [illegible] un peu plus [illegible] un peu plus larges.

Le reste comme dans la *Cylindrica*.

Elle se trouve en [illegible] dans le [illegible]

FERONIA.

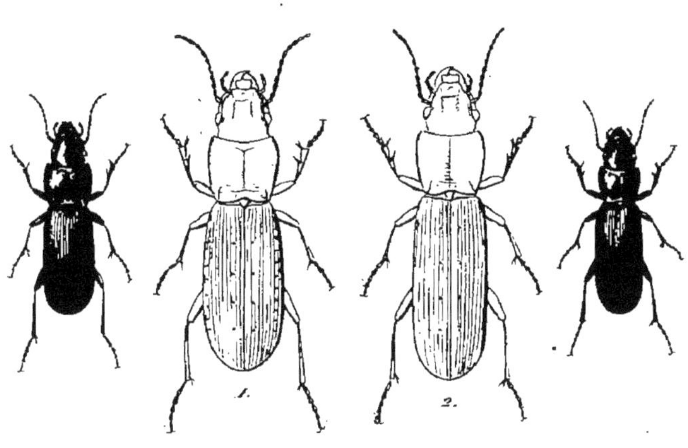

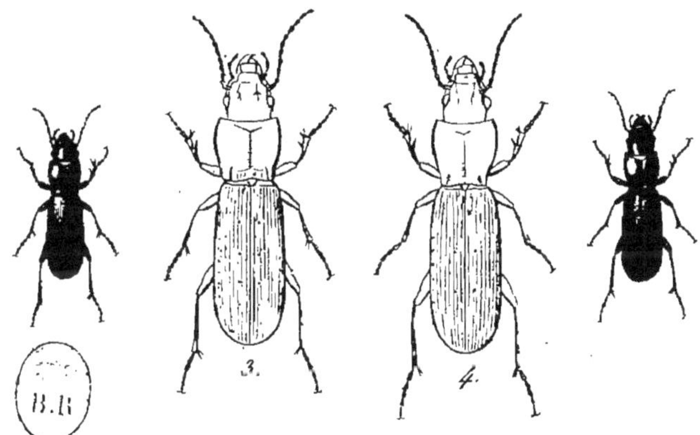

1 F. Magna. 3. F. Filiformis.

2. F. Cylindrica. 4. F. Duponchelii.

P. Duménil Pinxit et Direxit.

79. F. Cylindrica.

Pl. 141. fig. 2.

Aptera, nigra; thorace quadrato, postice utrinque impresso; elytris elongatis, parallelis, profunde striatis, punctisque duobus vel quatuor impressis.

Dej. *Spec.* iii. p. 335. n° 126.
Carabus Cylindricus. Herbst. *Arch.* p. 132. n° 17. t. 29. fig. 3.
Gmelin. iv. p. 1968. n° 85.
Sch. *Syn. Ins.* i. p. 192. n° 138.
Duftschmid. ii. p. 70. n° 73.
Pterostichus Cylindricus. Sturm. v. p. 33. n° 16. t. 108. fig. c.
Cophosus Cylindricus. Dej. *Cat.* p. 13.
Var. *Cophosus Grandis.* Gysselen.

Long. 8 $\frac{1}{2}$, 10 lignes. Larg. 2 $\frac{1}{2}$, 3 lignes.

Allongée, très-étroite, presque cylindrique et entièrement d'un noir brillant.

Tête assez grosse, légèrement convexe, presque lisse.

Corselet un peu plus large que la tête, un peu moins long que large, presque carré, un peu plus étroit postérieurement et légèrement convexe, couvert de rides transversales ondulées assez fortement marquées; la ligne médiane peu marquée et presque crénelée; l'impression transversale antérieure peu marquée; une impression assez marquée de chaque côté de la base; le bord antérieur peu échancré; les côtés très-légèrement rebordés; les angles postérieurs presque arrondis; la base légèrement échancrée dans son milieu.

Élytres à peine plus larges que le corselet, très-allongées, parallèles, légèrement convexes, à peine sinuées près de l'extrémité, ayant chacune neuf stries et le commencement d'une dixième à la base; les stries assez fortement marquées, ordinairement lisses, quelquefois très-légèrement ponctuées; les intervalles légèrement relevés: quatre points enfoncés sur le troisième, dont deux ou trois assez visibles; point d'ailes sous les élytres.

Dessous du corps et pattes noirs. Un enfoncement assez grand à l'extrémité du dernier anneau de l'abdomen des mâles.

Elle se trouve assez communément en Hongrie.

80. F. Filiformis. *Megerle.*

Pl. 141. fig. 3.

Aptera, nigra; thorace quadrato, postice utrinque impresso; elytris elongatis, parallelis, profunde striatis, striis obsolete punctatis, punctisque duobus vel quatuor impressis.

Dej. *Spec.* III. p. 337. n° 127.

Cophosus Filiformis. Dahl. *Coleoptera und Lepidoptera.* p. 9.

Long. 7, 8 $\frac{1}{2}$ lignes. Larg. 2, 2 $\frac{1}{2}$ lignes.

Très-voisine de la *Cylindrica*, dont elle n'est peut-être qu'une variété plus petite, un peu plus étroite et plus cylindrique.

Élytres ayant les stries presque toujours légèrement ponctuées. Le reste comme dans la *Cylindrica*.

Elle se trouve dans le Bannat, en Hongrie.

81. F. Duponchelii.

Pl. 141. fig. 4.

Aptera, nigra; thorace subcordato, postice utrinque striato; elytris elongatis, parallelis, profunde striatis, striis obsolete punctatis, punctisque duobus impressis; antennis pedibusque rufo-piceis.

Dej. *Spec. Suppl.* v. p. 777. n° 220.

Long. 8 lignes. Larg. 2 lignes.

A peu près de la grandeur de la *Filiformis*, mais un peu plus étroite.

Tête plus allongée, un peu rétrécie postérieurement, avec les palpes et les antennes d'un brun rougeâtre.

Corselet plus allongé que dans la *Filiformis*, un peu rétréci postérieurement et légèrement cordiforme, ayant de chaque côté de la base une impression longitudinale assez étroite et assez marquée; le bord antérieur plus fortement échancré; les angles antérieurs plus aigus; les côtés tombant carrément sur la base et formant avec elle un angle droit; la base un peu plus échancrée dans son milieu.

Élytres un peu plus étroites; striées à peu près de la même manière; deux points enfoncés assez distincts sur le troisième intervalle; point d'ailes sous les élytres.

Dessous du corps noir, avec les pattes et l'extrémité de l'abdomen d'un brun rougeâtre.

Elle a été trouvée en Morée, par M. Duponchel, médecin en chef de l'hôpital de Navarin.

SEPTIÈME DIVISION.

PTEROSTICHUS. *Bonelli.*

82. F. NIGRA.

Pl. 142. fig. 1.

Alata, nigra; thorace subquadrato, postice utrinque bistriato; elytris oblongis, subparallelis, profunde striatis, punctisque tribus impressis.

DEJ. *Spec.* III. p. 337. n° 128.
Carabus Niger. FABR. *Sys. El.* I. p. 178. n° 46.
SCH. *Syn. Ins.* I. p. 179. n° 62.
DUFTSCHMID. II. p. 69. n° 71.
Harpalus Niger. GYLLENHAL. II. p. 86. n° 7. et IV. p. 425. n° 7.
SAHLBERG. *Dissert. entom. Ins. Fennica*. p. 220. n° 6.
Pterostichus Niger. STURM. V. p. 5. n° 1.
Platysma Nigra. DEJ. *Cat.* p. 12.

Long. 7, 9 lignes. Larg. 2 $\frac{2}{3}$, 3 $\frac{2}{3}$ lignes.

Un peu plus grande que la *Melanaria*, dont elle a un peu le *facies*.

Tête un peu plus étroite et plus allongée, finement ponctuée.

Corselet un peu plus long, plus carré, moins large antérieurement, à peine rétréci postérieurement, moins arrondi sur les côtés et un peu plus plane; la ligne médiane un peu plus marquée; l'impression de chaque côté de la base un peu moins profonde; les deux impressions longitudinales plus fortement marquées; le bord antérieur moins échancré; les côtés un peu moins rebordés et un peu plus relevés, tombant plus carrément sur la base.

Élytres un peu plus allongées, un peu moins ovales, plus parallèles et un peu plus planes; les stries plus fortement marquées, lisses, ou très-légèrement ponctuées;

les intervalles plus relevés, presque arrondis; trois points enfoncés distincts sur le troisième; des ailes sous les élytres.

Dernier anneau de l'abdomen des mâles offrant une ligne longitudinale élevée, fortement marquée.

Elle se trouve communément sous les pierres et dans les troncs d'arbres, particulièrement dans les bois, dans le nord et les parties orientales de la France, en Suède, en Allemagne, en Autriche, en Russie et en Sibérie.

83. F. Fasciatopunctata.

Pl. 142. fig. 2.

Aptera, nigra; thorace cordato, postice transverse impresso, utrinque striato; elytris planiusculis, ovatis, profunde striatis, interstitiis alternatim foveolatis, margine laterali subcarinato.

Dej. *Spec.* III. p. 340. n° 130.

Carabus Fasciatopunctatus. Fabr. *Sys. El.* I. p. 178. n° 42.

Sch. *Syn. Ins.* I. p. 178. n° 53.

Duftschmid. II. p. 153. n° 201.

Pterostichus Fasciatopunctatus. Sturm. V. p. 7. n° 2.

Dej. *Cat.* p. 12.

Pterostichus Striatopunctatus. Ullrich.

les intermédiaires [illegible], presque arrondis ; trois points enfoncés distincts sur le troisième des [illegible] sous les [illegible].

[illegible] anneau de l'abdomen des mâles offrant une ligne longitudinale élevée, finement marquée.

Elle se trouve communément sous les pierres et dans les troncs d'arbres, particulièrement dans les bois, dans le nord et les parties orientales de la France, en Suède, en Allemagne, en Autriche, en Russie et en Sibérie.

[illegible]. F. Fasciatopunctata.

Pl. [illegible], fig. [illegible]

Aptera, [illegible], thorace cordato, [illegible] impresso, utrinque striato; elytris [illegible], profunde striatis, interstitiis alternatim foveolatis, margine laterali subcarinato.

Dej. *Spec.* III. p. 340. n° 150.

Carabus Fasciatopunctatus. Fabr. *Sys. El.* I. p. 178. n° 42.

Sch. *Syn. Ins.* I. p. 178. n° 58.

Duftschmid. II. p. 158. n° 201.

Pterostichus [illegible]

Dej. *Cat.* p. [illegible]

Pterostichus [illegible]

FERONIA.

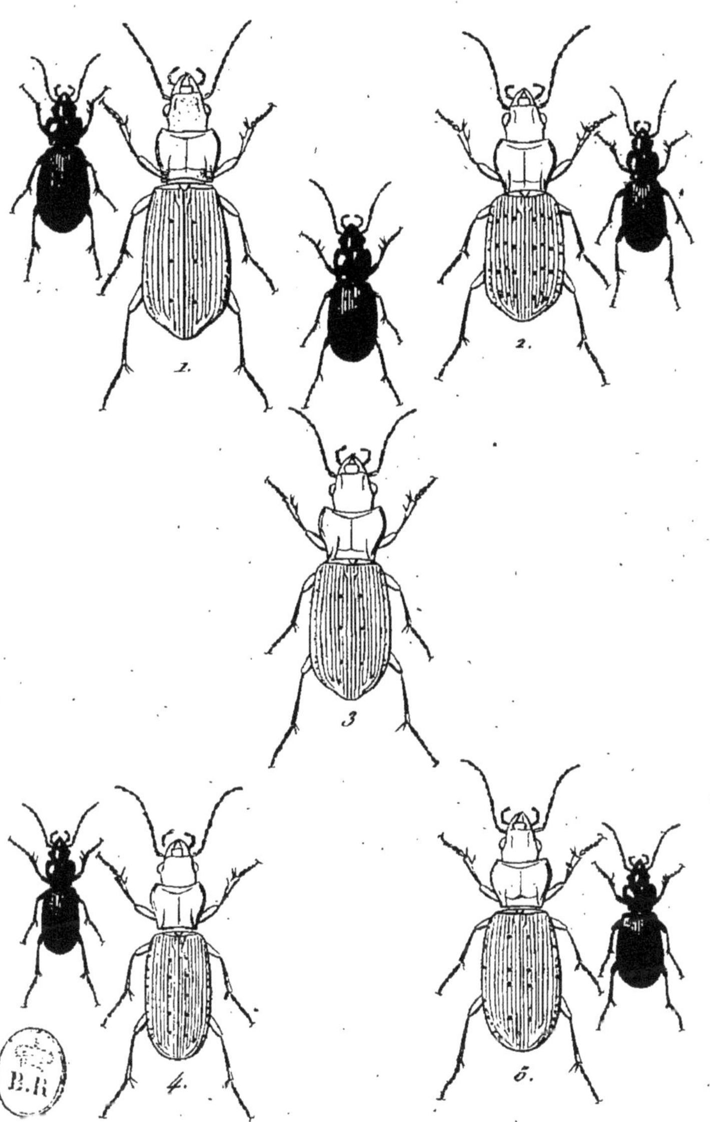

1. F. Nigra.
2. F. Fasciatopunctata.
3. F. Parumpunctata.
4. F. Honnoratii.
5. F. Rufipes.

P. Duménil Pinxit et Direxit.

Long. 6 $\frac{3}{4}$, 7 $\frac{1}{4}$ lignes. Larg. 2 $\frac{1}{2}$, 2 $\frac{3}{4}$ lignes.

Ordinairement un peu plus petite que la *Melanaria*, et entièrement en dessus d'un noir brillant.

Tête assez allongée, presque triangulaire, lisse, avec les palpes et les antennes d'un brun roussâtre.

Corselet plus large que la tête, presque aussi long que large, en cœur fortement rétréci postérieurement, lisse, presque plane; la ligne médiane fortement marquée; l'impression transversale antérieure assez marquée; la postérieure fortement marquée; une impression longitudinale assez longue, et très-fortement marquée, de chaque côté de la base; le bord antérieur assez fortement échancré; les côtés rebordés, un peu relevés et presque en carêne; les angles postérieurs coupés carrément; la base légèrement échancrée dans son milieu.

Élytres ayant quelquefois un léger reflet bleuâtre et peu distinct, plus larges que le corselet, assez planes, en ovale peu allongé, plus larges un peu au-delà du milieu, légèrement sinuées près de l'extrémité; leurs bords latéraux un peu relevés et presque en carêne, ayant chacune neuf stries fortement marquées, lisses, ou très-légèrement ponctuées; les intervalles un peu relevés; une rangée de points enfoncés assez marqués sur les troisième, cinquième et septième, et en occupant presque toute la largeur; ces points plus ou moins nombreux, mais toujours peu rapprochés les uns des autres.

Dessous du corps et pattes noirs.

Une légère dépression peu marquée sur le dernier anneau de l'abdomen des mâles.

Elle se trouve communément sous les pierres, dans différentes provinces de l'Autriche, dans les bois humides et les montagnes.

84. F. Parumpunctata.

Pl. 142. fig. 3.

Aptera, nigra; thorace cordato, postice utrinque striato; elytris planiusculis, oblongo-ovatis, profunde striatis, interstitio tertio punctis tribus impresso.

Dej. *Spec.* III. p. 342. n° 131.
Pterostichus Parumpunctatus. Dej. *Cat.* p. 12.
Germar. *Coleopt. Sp. Nov.* p. 19. n° 31.
Pterostichus Cristatus. Dufour.
Pterostichus Hagenbachii? Sturm. v. p. 9. n° 3. T. 106. fig. 3.
Var. *Pterostichus Lasserrei.* Dahl.

Long. 6, 8 lignes. Larg. 2, 3 lignes.

Ordinairement de la taille de la *Fasciatopunctata*, et comme elle d'un noir assez brillant.

Tête un peu plus ovale et moins allongée.

Corselet un peu plus court, plus large, moins rétréci postérieurement et moins lisse; la ligne médiane et l'impression transversale postérieure moins marquées; l'impression longitudinale de chaque côté de la base moins fortement marquée; les bords latéraux un peu moins relevés, et la base un peu moins échancrée dans son milieu.

Élytres un peu plus longues, moins ovales et plus parallèles; leurs bords latéraux un peu moins relevés; les stries assez fortement marquées, lisses, ou très-légèrement ponctuées; les intervalles un peu relevés; trois points enfoncés sur le troisième.

Dessous du corps et pattes noirs. Une ligne longitudinale élevée sur le dernier anneau de l'abdomen des mâles.

Elle se trouve en France, en Suisse, en Italie, surtout dans les parties montagneuses; elle est très-commune dans les Alpes et les Pyrénées; elle est très-rare aux environs de Paris et en Allemagne : M. Dejean en prit un individu en Espagne.

Le *Pterostichus Lasserrei* de Dahl, que l'on trouve en Italie et dans les parties du midi de la France voisines de la mer, est plus grand, proportionnellement plus large et plus robuste. Quand on le compare avec un individu pris dans les hautes montagnes, il semble réellement devoir constituer une espèce distincte; mais en examinant un grand nombre d'individus de différentes localités, on trouve tous les passages, et il devient impossible d'en former une espèce particulière.

85. F. Honnoratii.

Pl. 142. fig. 4.

Aptera, nigra; thorace cordato, postice utrinque striato;

elytris planiusculis, elongato-oblongis, striatis, interstitio tertio punctis quatuor impresso; pedibus piceis.

Dej. *Spec.* III. p. 343. n° 132.
Pterostichus Hagenbachii? Sturm. v. p. 9. n° 3. t. 106. f. 3.
Pterostichus Perotii. Latreille ?
Pterostichus Monticola? Bonelli.

Long. 6 $\frac{1}{4}$, 7 $\frac{1}{4}$ lignes. Larg. 2, 2 $\frac{1}{2}$ lignes.

Très-voisine de la *Parumpunctata;* ordinairement un peu plus petite, plus étroite, et d'un noir un peu moins brillant.

Tête un peu plus allongée, un peu plus étroite, un peu plus rétrécie postérieurement.

Corselet un peu plus étroit, plus lisse; la ligne médiane un peu moins marquée; l'impression transversale postérieure à peine distincte; l'impression longitudinale près de la base aussi un peu moins marquée et moins large; la base coupée un peu obliquement sur les côtés et un peu échancrée dans son milieu.

Les élytres un peu plus allongées, plus étroites, moins ovales et plus parallèles; leurs bords latéraux moins relevés; les stries lisses et moins fortement marquées; les intervalles un peu plus planes; quatre points enfoncés distincts sur le troisième, peu marqués, quelquefois au nombre de cinq ou de trois seulement.

Pattes d'un brun un peu roussâtre. Dernier anneau de

l'abdomen des mâles ayant la ligne longitudinale élevée moins saillante.

Elle se trouve dans les montagnes du sud-est de la France, de la Suisse, de l'Italie; elle est très-commune dans le département des Basses-Alpes.

86. F. Rufipes.

Pl. 142. fig. 5.

Aptera, nigra; thorace cordato, postice utrinque striato; elytris planiusculis, oblongo-ovatis, striatis, interstitio tertio punctis quatuor impresso; femoribus rufis; tibiis tarsisque piceis.

Dej. *Spec.* III. p. 345. n° 133.
Pterostichus Rufipes. Dej. *Cat.* p. 12.

Long. 7, 7 $\frac{1}{2}$ lignes. Larg. 2 $\frac{1}{3}$, 2 $\frac{3}{4}$ lignes.

Très-voisine de la *Femorata*, mais plus grande.

Élytres proportionnellement un peu plus allongées, moins ovales, plus parallèles; leurs stries un peu moins fortement marquées, et les intervalles un peu plus planes.

Cuisses d'un rouge ferrugineux, avec les jambes et les tarses d'un brun un peu roussâtre.

Elle se trouve dans les départemens de l'Aude et de la Lozère, et aux environs de Genève.

87. F. Femorata. *Beaudet Lafarge.*

Pl. 143. fig. 1.

Aptera, nigra; thorace cordato, postice utrinque striato; elytris planiusculis, oblongo-ovatis, profunde striatis, interstitio tertio punctis quatuor impresso; femoribus rufis.

Dej. *Spec.* iii. p. 345. n° 134.
Pterostichus Femoratus. Dej. *Cat.* p. 12.
Pterostichus Rufofemoratus. Bonelli.

Long. 6, 7 lignes. Larg. 2, 2 $\frac{1}{2}$ lignes.

Voisine de la *Parumpunctata*, mais ordinairement un peu plus petite.

Corselet ayant l'impression transversale postérieure moins marquée, et l'impression longitudinale près de la base plus étroite.

Élytres à peu près de la même forme, striées à peu près de la même manière, avec quatre points enfoncés sur le troisième intervalle.

Cuisses d'un rouge ferrugineux. Dernier anneau de l'abdomen des mâles comme dans la *Parumpunctata.*

Elle se trouve communément dans les montagnes de l'Auvergne et des environs de Lyon; elle habite aussi le Piémont.

87. F. [illegible]EMORATA. *B[illegible]* [illegible]

Pl. [illegible]

Aptera, nigra; thorace cordato, [illegible] utrinque [illegible] elytris planiusculis, oblongo-ovatis, profun[illegible] [illegible], interstitio tertio punctis quatuor impresso. [illegible]moribus rufis.

DEJ. *Spec.* III. p. 345. n° 1[illegible].
[illegible] Femoratus. DEJ. *Cat.* p. [illegible]
[illegible] Rufofemoratus. [illegible]

[illegible] lignes.

Voisine de la *P[illegible]*, mais ordinai[illegible] un peu plus petite.

Corselet ayant l'impression transversale postérieure moins marquée, et l'impression longitudinale près de la base plus étroite.

Élytres à peu près de la même forme, striées à peu près de la même manière, avec quatre points enfoncés sur le troisième intervalle.

Cuisses d'un rouge ferrugineux. Dernier anneau de l'abdomen des mâles comme dans la *P. [illegible]*.

Elle se trouve communément [illegible] les montagnes de l'Auvergne et des environs de [illegible], elle habite aussi le [illegible].

FEROINA.

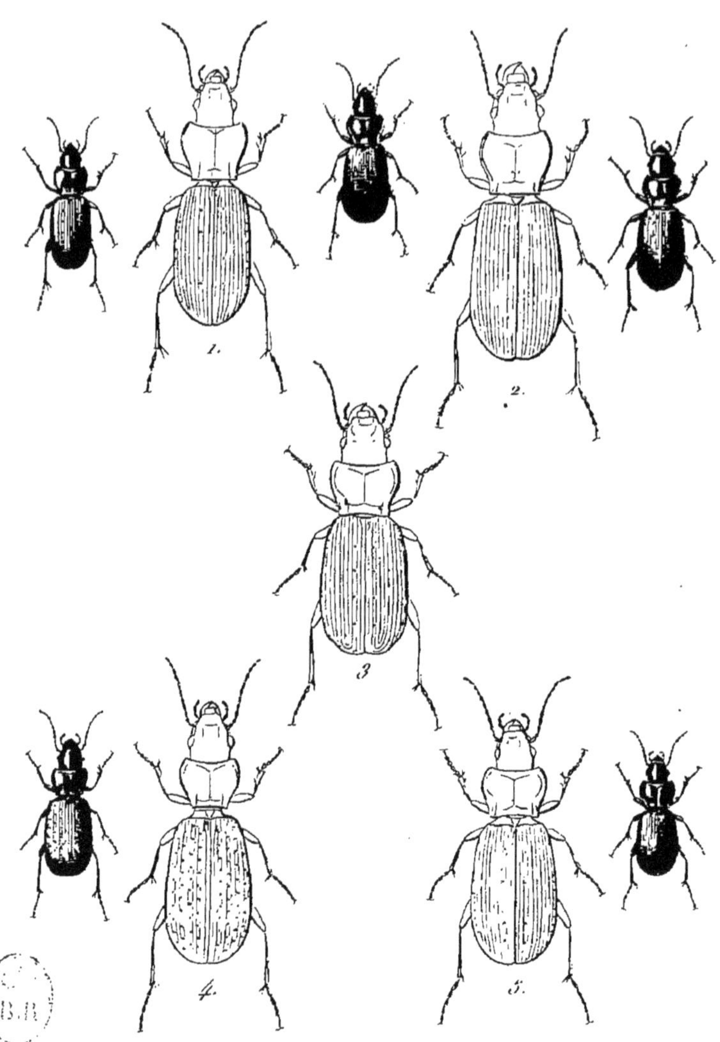

1. F. Femorata.
2. F. Dufourii.
3. F. Truncata.
4. F. Obscura.
5. F. Panzeri.

P. Duménil Pinxit et Direxit.

88. F. Dufourii.

Pl. 143. fig. 2.

Aptera, nigra; thorace cordato, postice utrinque impresso; elytris planiusculis, oblongo-ovatis, subparallelis, striatis, interstitio tertio punctis quinque impresso.

Dej. *Spec.* iii. p. 346. n° 135.
Pterostichus Dufourii. Dej. *Cat.* p. 12.

Long. 7, 8 lignes. Larg. 2 $\frac{1}{3}$, 2 $\frac{3}{4}$ lignes.

Très-voisine de la *Parumpunctata*, mais ordinairement un peu plus grande et un peu plus étroite.

Tête un peu plus rétrécie postérieurement.

Corselet un peu plus court, plus large antérieurement, plus rétréci postérieurement et un peu plus plane; l'impression longitudinale de chaque côté de la base plus large et un peu moins longue; le bord antérieur plus fortement échancré.

Élytres moins ovales, plus parallèles, un peu plus planes, plus arrondies et moins sinuées à l'extrémité; les stries moins fortement marquées; les intervalles plus planes; cinq points enfoncés distincts sur le troisième.

Dessous du corps et pattes noirs. Dernier anneau de l'abdomen des mâles offrant une élévation presque arrondie, un peu concave dans son milieu, et dont le bord antérieur est un peu relevé et forme presque la figure d'un fer à cheval.

Elle a été trouvée dans les Hautes-Pyrénées, par MM. Dufour et de La Frenaye.

89. F. Truncata. *Bonelli.*

Pl. 143. fig. 3.

Aptera, nigra; thorace cordato, postice utrinque obsolete bistriato; elytris planiusculis, subelongato-quadratis, postice rotundatis, subtruncatis, profunde striatis, striis obsolete punctatis, interstitio tertio linea punctorum impresso; tibiis tarsisque piceis.

Dej. *Spec.* III. p. 347. n° 136.

Pterostichus Truncatus. Dahl. *Coleopt. und Lepidopt.* p. 8.

Long. 6 $\frac{1}{2}$, 6 $\frac{3}{4}$ lignes. Larg. 2 $\frac{1}{2}$, 2 $\frac{2}{3}$ lignes.

A peu près de la taille de la *Fasciatopunctata*, et de même d'un noir assez brillant.

Tête un peu plus ovale, moins allongée, moins rétrécie postérieurement, avec les antennes plus courtes.

Corselet un peu plus court, plus large, moins en cœur et moins rétréci postérieurement; la ligne médiane et l'impression transversale postérieure moins marquées; deux impressions longitudinales, courtes, peu marquées, de chaque côté de la base; le bord antérieur plus fortement échancré; les côtés légèrement déprimés, rebordés; la base peu échancrée dans son milieu.

Élytres plus larges, plus parallèles, presque en carré allongé, plus planes, plus arrondies et presque tronquées à l'extrémité; les stries assez fortement marquées et très-légèrement ponctuées; les intervalles un peu moins relevés; de trois à cinq points assez fortement marqués occupant toute la largeur du troisième.

Dessous du corps et cuisses noirs, avec les jambes et les tarses d'un brun roussâtre : dernier anneau de l'abdomen de la femelle presque tronqué.

Elle se trouve dans les montagnes du Piémont et dans le département des Basses-Alpes.

90. F. Obscura.

Pl. 143. fig. 4.

Aptera, nigra; thorace cordato, postice utrinque striato; elytris planiusculis, oblongo-ovatis, striatis, interstitiis alternatim latioribus lineaque punctorum impressis.

Dej. *Spec.* III. p. 348. n° 137.
Pterostichus Obscurus. Stéven.
Pterostichus Regularis? Stéven. Fischer. *Entomographie de la Russie.* II. p. 123. n° 3. t. 37. fig. 8.

Long. $7 \frac{1}{3}$ lignes. Larg. $2 \frac{2}{3}$ lignes.

A peu près de la taille de la *Parumpunctata*.

Tête un peu plus étroite et un peu plus rétrécie postérieurement.

Corselet plus petit, plus court, plus plane et plus rétréci postérieurement; l'impression longitudinale placée de chaque côté de la base, un peu moins large et un peu arquée; les angles antérieurs un peu arrondis; les côtés plus légèrement rebordés, non relevés.

Élytres d'un noir terne obscur, plus planes, plus ovales, plus rétrécies antérieurement, moins sinuées et plus arrondies à l'extrémité; les stries moins marquées; les intervalles planes; les troisième, cinquième et septième plus larges que les autres, marqués chacun d'une ligne de neuf à quatorze points enfoncés assez distincts.

Dessous du corps noir, avec les pattes un peu brunâtres.

Elle se trouve dans la Géorgie russe.

91. F. Panzeri. *Megerle.*

Pl. 143. fig. 5.

Aptera, nigra; thorace subcordato, postice utrinque bistriato; elytris planiusculis, oblongo-ovatis, subtiliter striatis, striis obsolete punctatis, interstitio tertio punctis quatuor impresso.

Dej. *Spec.* III. p. 349. n° 138.
Carabus Panzeri. Panzer. *Fauna German.* 89. n° 8.
Sch. *Syn. Ins.* I. p. 179. n° 58.
Duftschmid. II. p. 158. n° 207.
Platysma Panzeri. Sturm. V. p. 45. n° 4.
Pterostichus Panzeri. Dej. *Cat.* p. 12.

Long. 6, 6 ¾ lignes. Larg. 2, 2 ½ lignes.

Plus petite que la *Parumpunctata*, et d'un noir un peu moins brillant.

Corselet moins cordiforme, moins rétréci postérieurement; la ligne médiane et l'impression transversale postérieure moins marquées; deux impressions longitudinales assez courtes, presque égales, plus ou moins marquées, de chaque côté de la base; les côtés plus largement rebordés et un peu déprimés, surtout vers les angles postérieurs; la base très-légèrement échancrée dans son milieu.

Élytres à peu près de la même forme; les bords latéraux moins relevés; les stries peu marquées et très-légèrement ponctuées; les intervalles moins relevés; quatre points enfoncés distincts sur le troisième : ces points variant quelquefois de trois à cinq.

Dessous du corps et pattes noirs. Dernier anneau de l'abdomen des mâles offrant une petite élévation presque arrondie et peu saillante.

Elle se trouve dans les montagnes des différentes provinces de l'Autriche, de la Suisse et du Piémont.

92. F. Ziegleri. *Dahl.*

Pl. 144. fig. 1.

Aptera, nigra; thorace subquadrato, postice utrinque striato, angulis posticis subrotundatis; elytris nigro-subæneis, planiusculis, subparallelis, striatis, striis obsolete punctatis, interstitiis tertio septimoque linea punctorum impressis; femoribus interdum rufis.

Dej. *Spec.* III. p. 350. n° 139.
Carabus Ziegleri. Duftschmid. II. p. 156. n° 205.
Pterostichus Ziegleri. Sturm. V. p. 24. n° 11.
Dej. *Cat.* p. 12.

Long. 6, 7 lignes. Larg. 2, 2 ½ lignes.

Plus petite que la *Parumpunctata*, et d'un noir très-légèrement bronzé sur les élytres, plus terne dans les femelles.

Tête ovale, nullement rétrécie postérieurement, presque lisse.

Corselet plus large que la tête, moins long que large, presque carré, un peu arrondi sur les côtés et très-légèrement convexe; la ligne médiane et l'impression transversale postérieure peu marquées; une impression longitudinale assez longue et fortement marquée de chaque côté de la base; le bord antérieur assez fortement échancré; les côtés

FERONIA.

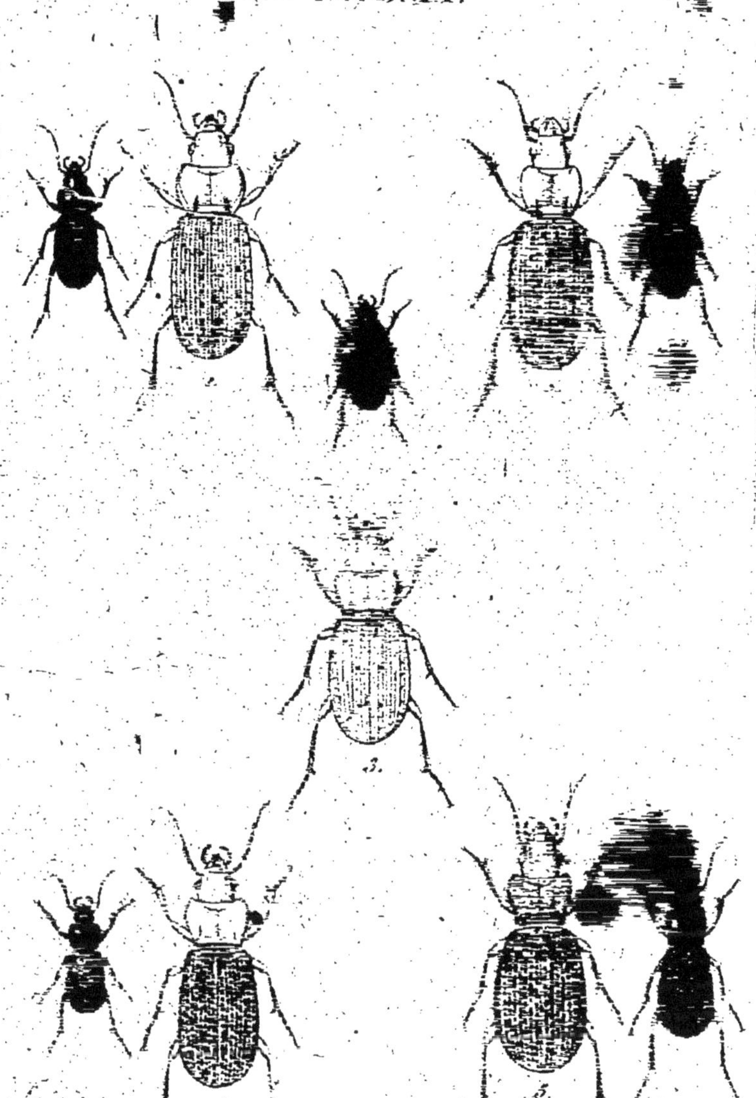

1. F. Ziegleri.
2. F. [illegible]
3. F. [illegible]
4. F. Cribrata.
5. F. Drescheri.

[illegible]

92. F. ZIEGLERI. Déj.

[illegible]

Aptera, nigra; thorace subquadrato, postice utrinque striato, angulis posticis subrotundatis; elytris [illegible], planiusculis, subparallelis, striatis, striis obsolete punctatis, interstitiis tertio septimoque lineo punctorum impressis; femoribus interdum rufis.

Dej. *Spec.* III. p. 350. n° 139.
Carabus Ziegleri. Duftschmid. II. p. 136. n° 205.
Feronia Ziegleri. Sturm. V. p. [illegible]
[illegible]

Long. [illegible], 7 lignes. Larg. [illegible], 2 ½ lignes.

Plus petite que la *Parumpunctata*, et d'un noir très-légèrement bronzé sur les élytres, plus terne dans les femelles.

Tête ovale, nullement rétrécie postérieurement, presque lisse.

Corselet plus large que la tête, moins long que large, presque carré, un peu arrondi sur les côtés et très-légèrement convexe; la ligne médiane et l'impression transversale postérieure peu marquées; une impression longitudinale assez longue et fortement marquée de chaque côté de la base; le bord antérieur assez fortement échancré; les côtés

FERONIA.

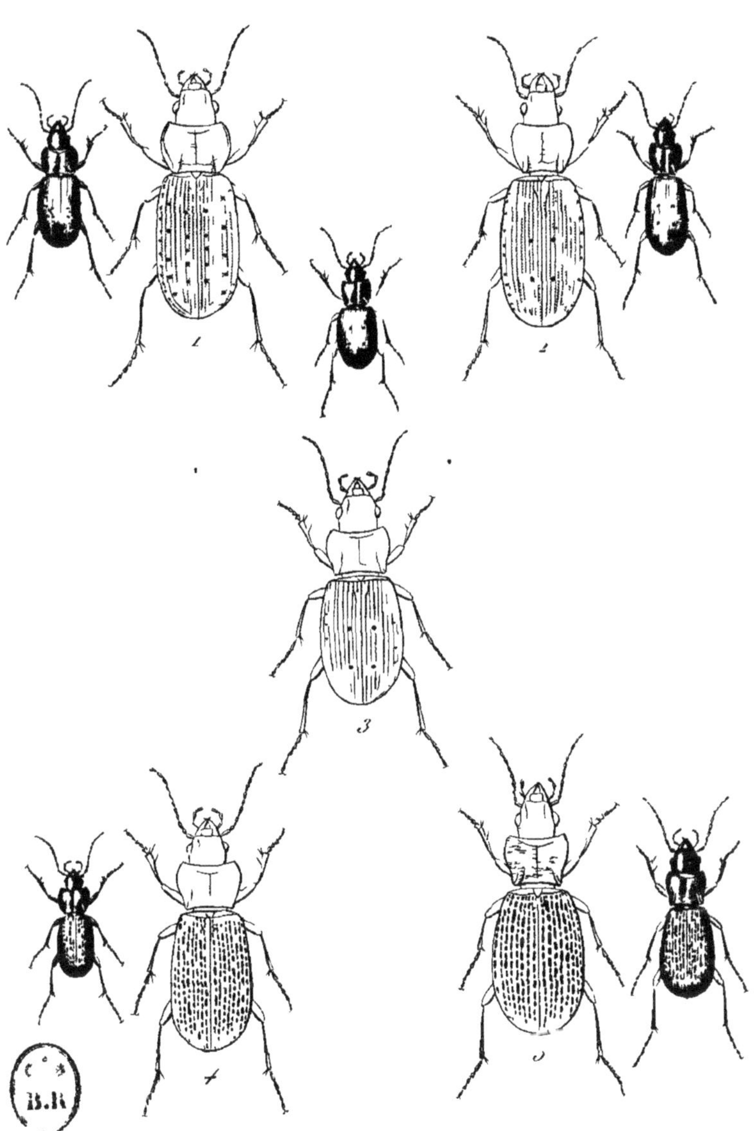

1 F Ziegleri

2 F Flavofemorata

3 F Pinguis

4 F Cribrata

5 F Drescheri

P Dumenil Pinxit et Direxit

assez largement rebordés, un peu déprimés, peu relevés; les angles postérieurs presque arrondis; la base échancrée dans son milieu.

Elytres plus larges que le corselet, assez allongées, presque parallèles, presque planes, très-légèrement sinuées, presque arrondies à l'extrémité; les stries assez marquées, très-légèrement ponctuées, presque lisses; les intervalles un peu relevés dans les mâles, presque planes dans les femelles; quatre à cinq points enfoncés sur le troisième, et cinq ou six sur le septième; ces points arrondis, assez grands et assez marqués.

Dessous du corps et pattes noirs. Dernier anneau de l'abdomen des mâles offrant une ligne longitudinale élevée.

Elle se trouve dans les Alpes de Carinthie.

93. F. Flavofemorata. *Bonelli.*

Pl. 144. fig. 2.

Aptera, nigra; thorace subquadrato, postice subangustato, utrinque striato; elytris oblongo-ovatis, striatis, interstitio tertio postice punctis duobus impresso; femoribus testaceis.

Dej. *Spec.* III. p. 352. n° 140.
Pterostichus Flavofemoratus. Dej. *Cat.* p. 12.

Long. 6 $\frac{1}{3}$, 7 lignes. Larg. 2 $\frac{1}{4}$, 2 $\frac{1}{2}$ lignes.

Plus petite que la *Parumpunctata*, et d'un noir assez brillant.

Tête ovale, à peine rétrécie postérieurement, presque lisse, avec quelques rides peu distinctes.

Corselet plus large que la tête, moins long que large, presque carré, très-légèrement convexe; la ligne médiane et l'impression transversale postérieure assez marquées; l'impression transversale antérieure peu distincte; une impression longitudinale, assez longue, fortement marquée, de chaque côté de la base; le bord antérieur assez échancré; les côtés légèrement rebordés, ayant près de l'angle postérieur une petite crénelure paraissant leur faire former une petite dent à peine saillante; la base très-légèrement échancrée dans son milieu.

Elytres plus larges que le corselet, en ovale allongé, très-légèrement convexes, peu sinuées et presque tronquées à l'extrémité; les stries lisses et assez fortement marquées; les intervalles un peu relevés; deux points enfoncés arrondis, assez gros et assez marqués, sur le troisième.

Dessous du corps et pattes noirs, avec les cuisses d'un jaune testacé. Dernier anneau de l'abdomen des mâles offrant une ligne longitudinale élevée.

Elle se trouve dans les Alpes du Piémont.

94. F. Pinguis. *Bonelli.*

Pl. 144. fig. 3.

Aptera, nigra; thorace quadrato, postice utrinque striato; elytris brevioribus, ovatis, striatis, interstitio tertio postice punctis duobus impresso; femoribus testaceis.

DEJ. *Spec.* III. p. 353. n° 141.
Pterostichus Pinguis. DEJ. *Cat.* p. 12.

Long. 6 lignes. Larg. 2 ½ lignes.

Très-voisine de la *Flavofemorata*, mais plus courte et proportionnellement beaucoup plus large.

Corselet plus large, plus carré, nullement rétréci postérieurement et un peu plus plane.

Élytres plus courtes, plus larges, un peu arrondies à l'extrémité, striées et ponctuées à peu près de la même manière.

Dessous du corps, pattes et dernier anneau de l'abdomen des mâles comme dans la *Flavofemorata*.

Elle se trouve dans les Alpes du Piémont.

95. F. CRIBRATA. *Bonelli.*

Pl. 144. fig. 4.

Aptera, nigra; thorace subquadrato, postice subangustato, utrinque striato; elytris planiusculis, oblongo-ovatis, subparallelis, punctis oblongis impressis striis dispositis.

DEJ. *Spec.* III. p. 354. n° 142.
Pterostichus Cribratus. DEJ. *Cat.* p. 12.

Long. 6, 6 $\frac{1}{2}$ lignes. Larg. 2 $\frac{1}{4}$, 2 $\frac{1}{2}$ lignes.

A peu près de la taille de la *Panzeri* et d'un noir assez brillant.

Tête ovale, à peine rétrécie postérieurement, presque lisse.

Corselet plus large que la tête, presque aussi long que large, presque carré, très-légèrement arrondi sur les côtés, à peine rétréci postérieurement et presque plane; la ligne médiane et l'impression transversale postérieure assez marquées; l'impression transversale antérieure à peine sensible; une impression longitudinale assez longue, fortement marquée, et le commencement d'une seconde très-courte de chaque côté de la base; le bord antérieur assez échancré; les côtés légèrement rebordés, ayant près de l'angle postérieur une petite crénelure très-peu marquée; la base légèrement échancrée dans son milieu.

Élytres plus larges que le corselet, assez allongées, très-légèrement ovales, presque parallèles, assez planes, légèrement sinuées et presque arrondies à l'extrémité; les stries remplacées par des lignes de points ordinairement oblongs, quelquefois arrondis ou irréguliers, de différentes grandeurs, fortement marqués, et séparés les uns des autres par des lignes légèrement élevées.

Dessous du corps et pattes noirs. Dernier anneau de l'abdomen des mâles offrant une ligne longitudinale élevée.

Elle se trouve dans les Alpes du Piémont.

96. F. Drescheri.

Pl. 144. fig. 5.

Aptera, nigra; thorace cordato, subrugoso, postice utrinque bistriato; elytris planiusculis, ovatis, postice latioribus, punctis oblongis excavatis striis dispositis; femoribus rufis.

Dej. *Spec.* III. p. 355. n° 143.

Harpalus Drescheri. Fischer. *Mémoires de la Société imp. des naturalistes de Moscou.* v. p. 463. t. 14. fig. 6. 7.

Carabus Drescheri. Fischer. *Entomogr. de la Russie.* I. p. 19. n° 4. t. 3. fig. 4. a. b.

Long. 7, 8 $\frac{1}{4}$ lignes. Larg. 3, 3 $\frac{1}{2}$ lignes.

Ordinairement un peu plus petite que la *Nigra*, proportionnellement un peu plus courte, un peu plus large et d'un noir peu brillant.

Tête ovale, assez allongée, un peu rétrécie postérieurement.

Corselet plus large que la tête, presque aussi long que large, rétréci postérieurement, cordiforme, assez plane, entièrement couvert de petits points enfoncés et de rides rapprochées; la ligne médiane peu marquée; les deux impressions transversales peu distinctes; deux impressions longitudinales peu marquées de chaque côté de la base; le bord antérieur assez fortement échancré; les côtés légèrement rebordés, très-légèrement sinués près de la base; les angles postérieurs coupés carrément; la base légèrement échancrée dans son milieu.

Élytres plus larges que le corselet, en ovale allongé, plus large au-delà du milieu, planes, très-légèrement sinuées et presque arrondies à l'extrémité; les stries remplacées par des lignes longitudinales de points plus ou moins grands, ordinairement oblongs, quelquefois arrondis ou irréguliers, très-fortement marqués et séparés les uns des autres par des lignes légèrement élevées.

Dessous du corps et pattes noirs, avec les cuisses d'un rouge ferrugineux. Dernier anneau de l'abdomen des mâles offrant un léger enfoncement assez large.

Elle se trouve en Sibérie.

97. F. Rutilans. *Bonelli.*

Pl. 145. fig. 1.

Aptera, supra viridi vel cupreo-ænea; thorace cordato, postice utrinque bistriato; elytris planiusculis, oblongo-ovalis, subparallelis, striatis, striis obsolete punctatis, interstitio tertio foveis quatuor impresso; antennis pedibusque nigris.

Dej. *Spec.* III. p. 356. n° 144.
Pterostichus Rutilans. Dej. *Cat.* p. 12.

FERONIA

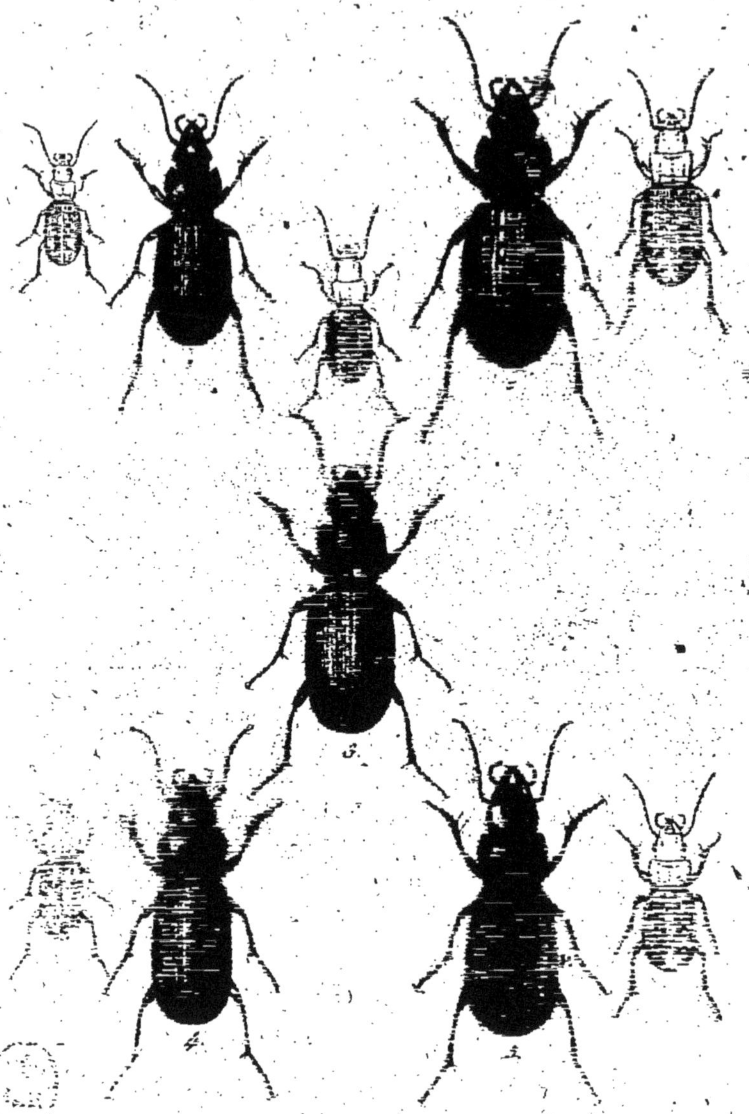

1. F. Rutilans.
2. F. Welensii.
3. F. Variolata.
4. F. Fossulata.
5. F. Klugii.

DEJ. *Spec.* III. p. 358. n° [illegible].

Pterostichus Rutilans. DEJ. *Cat.* p. 12.

FERONIA

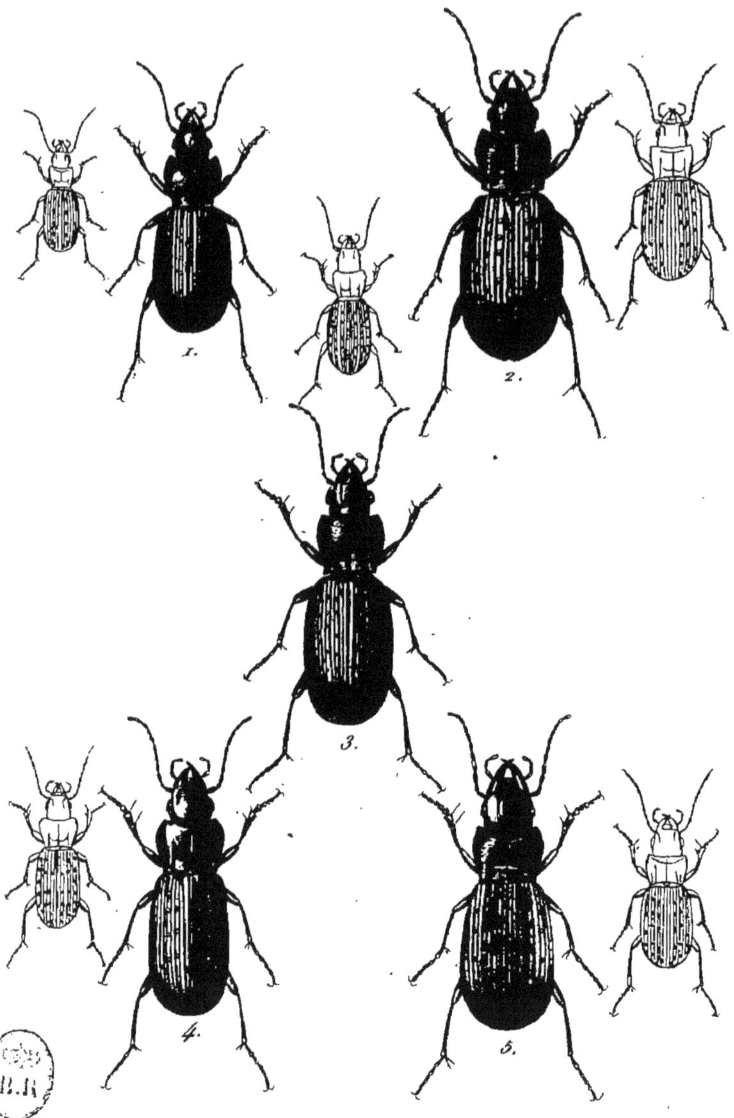

1. F. Rutilans.

2. F. Welensii

3. F. Variolata.

4. F. Fossulata.

5. F. Klugii

P. Duménil Pinxit et Direxit.

Long. 5 $\frac{1}{2}$, 6 lignes. Larg. 2, 2 $\frac{1}{3}$ lignes.

Un peu plus grande que la *Jurinei*, se rapprochant, pour la forme, de la *Fasciatopunctata*, et d'un vert bronzé brillant, ordinairement un peu cuivreux sur la tête et le corselet.

Tête assez allongée, ovale, un peu rétrécie postérieurement, presque lisse.

Corselet plus large que la tête, presque aussi long que large, en cœur fortement rétréci postérieurement et presque plane; la ligne médiane fortement marquée; l'impression transversale antérieure aussi fortement marquée; la postérieure peu distincte; une impression longitudinale assez longue et fortement marquée de chaque côté de la base; le bord antérieur assez fortement échancré; les côtés rebordés et un peu relevés; les angles postérieurs coupés carrément; la base légèrement échancrée dans son milieu.

Élytres plus larges que le corselet, légèrement ovales, presque parallèles, presque planes, très-légèrement sinuées près de l'extrémité; les bords latéraux un peu relevés et presque en carêne; les stries assez marquées, lisses ou très-légèrement ponctuées; les intervalles très-légèrement relevés; quatre gros points enfoncés occupant toute la largeur du troisième.

Dessous du corselet et poitrine d'un vert bronzé, avec l'abdomen d'un noir obscur; pattes noires et assez longues. Dernier anneau de l'abdomen des mâles offrant une ligne longitudinale élevée.

Elle se trouve dans les Alpes du Piémont.

98. F. Welensii. *Dahl.*

Pl. 145. fig. 2.

Aptera, supra cupreo-ænea; thorace cordato, postice transverse impresso, utrinque striota; elytris planiusculis, ovatis, subtiliter striatis, striis obsolete punctatis, interstitiis alternatim foveolatis; antennis pedibusque nigris; tibiis rufo-piceis.

Dej. *Spec.* III. p. 358. n° 145.
Pterostichus Welensii. Dej. *Cat.* p. 12.
Carabus Fossulatus? Ahrens. *Fauna Ins. Europ.* 3. T. 4.

Long. 7 $\frac{1}{2}$, 8 lignes. Larg. 2 $\frac{3}{4}$, 3 lignes.

A peu près de la taille de la *Melanaria* et d'un bronzé un peu cuivreux, ordinairement un peu plus brillant sur la tête et le corselet.

Tête assez grande, ovale, un peu rétrécie postérieurement.

Corselet plus large que la tête, moins long que large, un peu rétréci postérieurement et légèrement cordiforme; la ligne médiane peu marquée; l'impression transversale antérieure presque en arc de cercle et peu distincte; la postérieure très-fortement marquée; la base paraissant un peu rugueuse, ayant de chaque côté une impression longitudinale très-fortement marquée ; le bord antérieur assez fortement échancré ; les côtés rebordés, très-légèrement crénelés près des angles postérieurs ; ceux-ci coupés carrément et presque saillans ; la base échancrée dans son milieu.

Élytres plus larges que le corselet, presque planes, en ovale peu allongé, presque arrondies à l'extrémité ; les bords latéraux un peu relevés et presque en carêne ; ayant chacune neuf stries très-légèrement ponctuées, peu marquées ; les intervalles un peu relevés ; une rangée de quatre à huit gros points enfoncés occupant toute la largeur des troisième, cinquième et septième ; le fond de ces points offrant un poil long, très-fin et jaunâtre ; point d'ailes sous les élytres.

Dessous du corps d'un vert bronzé, assez clair sur le corselet, plus obscur sur la poitrine et l'abdomen, avec les cuisses noires et les jambes d'un brun roussâtre. Dernier anneau de l'abdomen des mâles offrant une impression assez grande.

Elle se trouve communément dans les montagnes de la Carniole et des environs de Trieste.

99. F. Variolata.

Pl. 145. fig. 3.

Aptera, supra cupreo-ænea ; thorace cordato, postice transverse impresso, utrinque striato ; elytris planiusculis, oblongo-ovatis, subtiliter striatis, striis obsolete puncta-

tis, interstitiis alternatim foveolatis; antennis pedibusque nigris; tibiis rufis.

DEJ. *Spec.* III. p. 360. n° 146.
Pterostichus Variolatus. DEJ. *Cat.* p. 12.

Long. 7 $\frac{1}{4}$, 7 $\frac{3}{4}$ lignes. Larg. 2 $\frac{1}{2}$, 2 $\frac{3}{4}$ lignes.

Très-voisine de la *Welensii*, mais ordinairement un peu plus petite et proportionnellement plus étroite.

Tête et corselet plus verdâtres et plus brillans.

Élytres un peu plus cuivreuses, un peu moins larges, moins ovales; les points enfoncés ordinairement un peu moins marqués.

Dessous du corps à peu près semblable, avec les jambes d'un rouge ferrugineux.

Elle se trouve communément aux environs d'Oberbourg, en Styrie.

100. F. FOSSULATA.

Pl. 145. fig. 4.

Aptera, supra cupreo-ænea; thorace cordato, postice transverse impresso, utrinque striato; elytris planiusculis, subparallelis, subtiliter striatis, striis obsolete punctatis, interstitiis alternatim foveolatis; antennis nigris; femoribus (plerumque) tibiisque rufis.

Dej. *Spec.* iii. p. 361. n° 147.

Carabus Fossulatus. Sch. *Syn. Ins.* i. p. 177. n° 51.

Pterostichus Fossulatus. Sturm. v. p. 10. n° 4. t. 106. f. a. A.

Carabus Interpunctatus. Megerle. Duftschmid. ii. p. 155. n° 203.

Pterostichus Interpunctatus. Dej. *Cat.* p. 12.

Var. *Pterostichus Minkwitzii.* Dahl.

Long. $6\frac{1}{2}$, $7\frac{3}{4}$ lignes. Larg. $2\frac{1}{4}$, $2\frac{1}{2}$ lignes.

Plus petite que la *Welensii*, proportionnellement beaucoup plus étroite et d'une couleur plus brillante.

Tête un peu plus allongée, presque lisse, avec quelques rides irrégulières à peine distinctes.

Corselet un peu plus petit, plus lisse; la ligne médiane et l'impression transversale antérieure plus fortement marquées; les côtés un peu plus légèrement rebordés, pas sensiblement crénelés près des angles postérieurs.

Élytres beaucoup plus étroites, moins ovales, presque parallèles et plus lisses; les intervalles plus planes; les points enfoncés des troisième, cinquième et septième un peu moins marqués et plus arrondis : dans quelques individus, on voit un ou deux points enfoncés sur le premier intervalle.

Dessous du corps ordinairement d'un vert un peu plus clair et plus brillant, avec les jambes ordinairement d'un rouge ferrugineux.

Elle se trouve dans les monts Crapacks en Hongrie, et dans les montagnes de la Silésie.

101. F. Klugii.

Pl. 145. fig. 5.

Aptera, supra viridi-ænea; thorace cordato, postice transverse impresso, utrinque bistriato; elytris planiusculis, brevioribus, subparallelis, striatis, striis obsolete punctatis; interstitiis alternatim foveolatis; antennis, tibiis tarsisque nigris; femoribus rufis.

Dej. *Spec.* III. p. 362. n° 148.
Pterostichus Klugii. Dahl. *Coleopt. und Lepidopt.* p. 8.

Long. 7 $\frac{1}{2}$ lignes. Larg. 2 $\frac{3}{4}$ lignes.

Un peu plus petite que la *Welensii*, et d'une couleur plus verdâtre et moins cuivreuse.

Tête un peu plus grosse, plus convexe, nullement rétrécie postérieurement, lisse.

Corselet un peu plus petit, plus court, plus plane; la ligne médiane un peu plus enfoncée; l'impression transversale antérieure très-fortement marquée; l'impression de chaque côté de la base moins marquée; le bord antérieur plus fortement échancré; les côtés ne paraissant pas sensiblement crénelés près des angles postérieurs.

FERONIA.

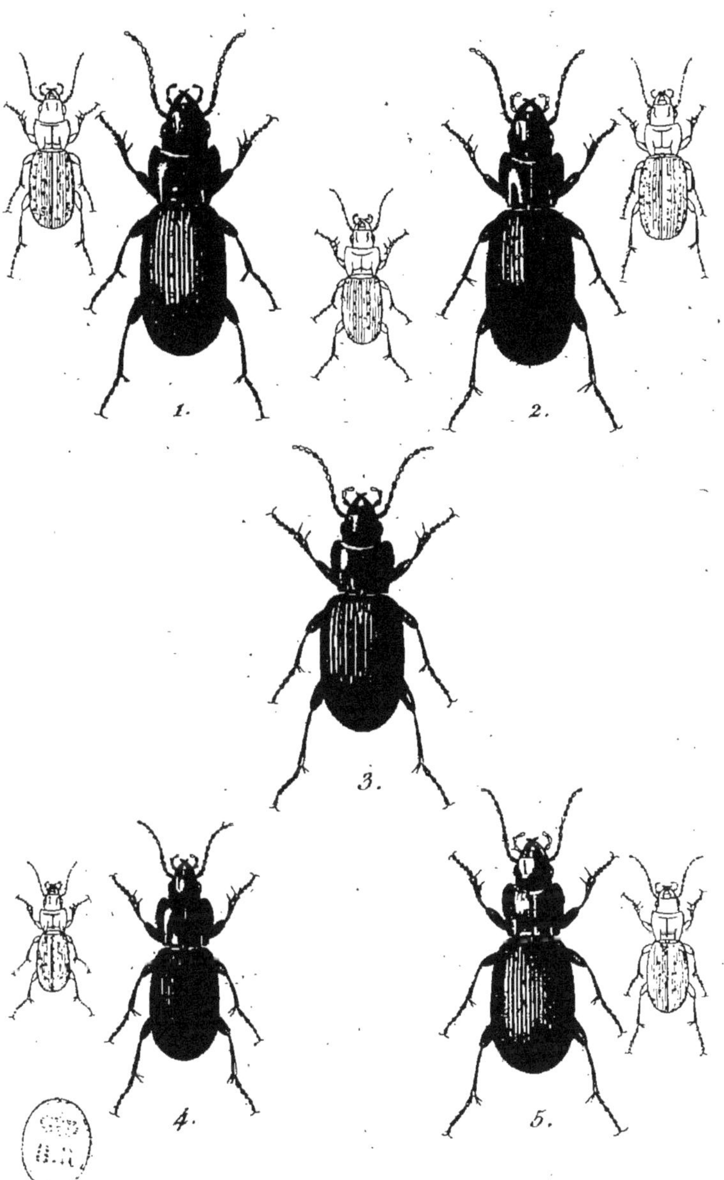

1. F. Selmanni.
2. F. Prevostii.
3. F. Xatartii.
4. F. Jurinei.
5. F. Externepunctata.

P. Dumenil pinx. Duprécl sc.

Élytres plus courtes, moins ovales, presque parallèles, un peu plus larges vers l'extrémité; les stries un peu plus marquées; les intervalles un peu plus relevés.

Dessous du corps d'un vert plus clair, avec les cuisses d'un rouge ferrugineux et les jambes d'un [illegible] brunâtre.

Elle se trouve dans les montagnes du [illegible], en Hongrie.

105. F. [illegible]

[illegible]

Aptera, supra obscure cupreo-ænea; thorace subcordato, postice transverse impresso, utrinque striato; elytris planiusculis, oblongo-ovatis, subparallelis, striatis, interstitiis alternatim foveolatis (foveis sæpe obsoletis); antennis pedibusque nigris; tibiis rufo-piceis.

Dej. Spec. III. p. [illegible] n° [illegible].

Carabus [illegible] II. p. [illegible] n° 202.

P[illegible] [illegible] p. [illegible] n° [illegible] t. [illegible] f. [illegible]

[illegible]

Long. [illegible] lignes. Larg. [illegible]

Un peu plus [illegible] que la [illegible], [illegible] ment plus [illegible] et d'un [illegible] obscur, quelquefois presque tout [illegible]

Élytres plus courtes, moins ovales, presque parallèles, un peu plus larges vers l'extrémité; les stries un peu plus marquées; les intervalles un peu plus relevés.

Dessous du corps d'un vert plus clair, avec les cuisses d'un rouge ferrugineux et les jambes d'un noir un peu brunâtre.

Elle se trouve dans les montagnes du Bannat, en Hongrie.

102. F. Selmanni.

Pl. 146. fig. 1.

Aptera, supra obscure cupreo-ænea; thorace subcordato, postice transverse impresso, utrinque striato; elytris planiusculis, oblongo-ovatis, subparallelis, striatis, interstitiis alternatim foveolatis (foveis sæpe obsoletis); antennis pedibusque nigris; tibiis rufo-piceis.

Dej. *Spec.* III. p. 363. n° 149.

Carabus Selmanni. Duftschmid. II. p. 154. n° 202.

Pterostichus Selmanni? Sturm. V. p. 13. n° 5. T. 106. f. b. B.

Dej. *Cat.* p. 12.

Long. 7 $\frac{1}{4}$, 7 $\frac{1}{2}$ lignes. Larg. 2 $\frac{1}{2}$, 2 $\frac{2}{3}$ lignes.

Un peu plus petite que la *Welensii*, proportionnellement plus étroite et d'un bronzé plus ou moins obscur, quelquefois presque tout-à-fait noire.

Tête un peu plus étroite et un peu plus lisse.

Corselet un peu plus étroit, surtout antérieurement, moins cordiforme, plus lisse et un peu moins convexe; la ligne médiane, l'impression transversale postérieure et l'impression longitudinale de chaque côté de la base un peu moins marquées; les côtés plus légèrement rebordés, moins sensiblement crénelés près des angles postérieurs.

Élytres plus étroites, moins ovales et plus parallèles; les stries lisses, un peu plus marquées; les intervalles un peu plus relevés; les points enfoncés des troisième, cinquième et septième un peu moins marqués, quelquefois peu nombreux et quelquefois presque tous effacés sur le cinquième intervalle.

Dessous du corps d'un noir un peu verdâtre, avec les cuisses noires et les jambes d'un brun roussâtre.

Elle se trouve dans les montagnes de la Haute-Autriche, près de Lintz.

103. F. Prevostii.

Pl. 146. fig. 2.

Aptera, supra viridi vel obscure cupreo-ænea vel nigra; thorace subcordato, postice utrinque striato; elytris planiusculis, elongato-ovatis, subparallelis, subtiliter striatis, striis obsolete punctatis, interstitiis alternatim linea punctorum impressis, punctis interdum obsoletis; antennis pedibusque nigris.

DEJ. *Spec.* III. p. 364. n° 140.

Pterostichus Prevostii. DEJ. *Cat.* p. 12.

VAR. *Pterostichus Duvalii.* DEJ. *Cat.* p. 12.

Pterostichus Selmanni? STURM. V. p. 13. n° 5. T. 106. f. b. B.

Long. 6 $\frac{1}{2}$, 8 lignes. Larg. 2 $\frac{1}{4}$, 2 $\frac{3}{4}$ lignes.

A peu près de la taille de la *Selmanni*, quelquefois un peu plus petite, quelquefois un peu plus grande et proportionnellement plus allongée, tantôt d'un vert bronzé brillant, tantôt d'un bronzé cuivreux plus ou moins obscur et quelquefois tout-à-fait noire.

Tête presque lisse, avec les antennes noires.

Corselet un peu plus court, plus lisse, un peu plus arrondi sur les côtés antérieurement, un peu plus rétréci postérieurement; l'impression transversale postérieure moins enfoncée; l'impression longitudinale de chaque côté de la base un peu rugueuse sur les bords; le bord antérieur un peu moins échancré, légèrement sinué; les côtés à peine crénelés près de la base; la base un peu moins échancrée dans son milieu.

Élytres un peu plus allongées; les stries moins marquées et très-légèrement ponctuées; les intervalles tout-à-fait planes; les points enfoncés des troisième, cinquième et septième moins marqués, plus petits et plus arrondis; les points du cinquième intervalle quelquefois tout-à-fait effacés.

Dessous du corps tantôt d'un noir un peu verdâtre ou

bronzé et tantôt tout-à-fait noir, avec les pattes entièrement noires.

Elle est commune dans les montagnes de la Suisse.

104. F. Xatartii.

Pl. 146. fig. 3.

Aptera, nigra; thorace subcordato, postice utrinque bistriato; elytris obscure æneis, planiusculis, oblongo-ovatis, subparallelis, subtiliter striatis, striis obsolete punctatis, interstitio tertio linea punctorum impresso.

Dej. *Spec.* iii. p. 366. n° 151.

Long. 5 $\frac{3}{4}$, 6 $\frac{1}{2}$ lignes. Larg. 2, 2 $\frac{1}{2}$ lignes.

Très-voisine de la *Jurinei*, mais plus grande.

Tête et corselet toujours tout-à-fait noirs.

Corselet un peu plus long, moins rétréci postérieurement; les côtés ayant quelques légères dentelures à peine distinctes près des angles postérieurs.

Élytres d'un bronzé obscur un peu verdâtre ou légèrement cuivreux; les points enfoncés du troisième intervalle plus petits et moins fortement marqués.

Elle se trouve dans la vallée d'Eyna et dans les montagnes au-dessus de Prats-de-Molo.

105. F. Jurinei.

Pl. 146. fig. 4.

Aptera ; capite thoraceque subcordato, postice utrinque bistriato, obscure æneis vel nigris; elytris cupreo vel obscure æneis . planiusculis , oblongo ovatis, subparallelis, subtiliter striatis, striis obsolete punctatis, interstitio tertio linea fovearum impresso ; antennis pedibusque nigris.

Dej. *Spec.* iii. p. 366. n° 152.
Carabus Jurine. Panzer. *Fauna Germ.* 89. n° 7.
Carabus Jurini. Sch. *Syn. Ins.* i. p. 186. n° 94.
Carabus Jurinii. Duftschmid. ii. p. 156. n° 204.
Pterostichus Jurinii. Sturm. v. p. 20. n° 9.
Pterostichus Jurinei. Dej. *Cat.* p. 12.
Var. A. *Pterostichus Zahlbrucknerii.* Gysselen.
Var. B. *Pterostichus Heidenii.* Findel.
Var. C. *Pterostichus Clairvillii.* Sturm. *Catal.* p. 188.

Long. 5 $\frac{1}{3}$, 5 $\frac{3}{4}$ lignes. Larg. 1 $\frac{3}{4}$, 2 lignes.

A peu près de la taille de la *Nigrita* et d'un bronzé obscur en dessus, quelquefois presque tout-à-fait noire sur la tête et le corselet, et d'un bronzé plus ou moins cuivreux sur les élytres.

Tête ovale, presque lisse.

Corselet plus large que la tête, un peu moins long que large, assez plane, légèrement cordiforme et peu rétréci postérieurement; la ligne médiane assez marquée; l'impression transversale antérieure à peine sensible; la postérieure fortement marquée; deux impressions longitudinales assez fortement marquées de chaque côté de la base, dont l'extérieure beaucoup plus courte; le bord antérieur assez échancré; les côtés rebordés; les angles postérieurs coupés carrément; la base un peu échancrée dans son milieu.

Élytres un peu plus larges que le corselet, peu allongées, très-légèrement ovales, presque parallèles, assez planes, presque arrondies et à peine sinuées près de l'extrémité; les stries peu marquées et très-légèrement ponctuées; les intervalles presque planes; une ligne de quatre à cinq gros points enfoncés occupant toute la largeur du troisième.

Dessous du corps et pattes noirs. Dernier anneau de l'abdomen des mâles offrant une crête longitudinale élevée.

Elle se trouve assez communément dans les montagnes de l'Autriche, de la Styrie et de la Suisse.

106. F. Externepunctata.

Pl. 146. fig. 5.

Aptera, supra cupreo vel viridi-ænea; thorace subquadrato, lateribus rotundatis, postice utrinque bistriato;

elytris planiusculis, oblongo-ovatis, subtiliter striatis, interstitiis alternatim linea punctorum impressis, tertio quintoque sæpe impunctatis; antennis pedibusque nigris.

DEJ. *Spec.* III. p. 369. n° 153.
Pterostichus Externepunctatus. STURM. *Catal.* p. 188. DEJ. *Cat.* p. 12.
VAR. *Pterostichus Sinuatopunctatus.* BONELLI. DEJ. *Cat.* p. 12.

Long. 5 $\frac{3}{4}$, 6 $\frac{1}{2}$ lignes. Larg. 2 $\frac{1}{4}$, 2 $\frac{2}{3}$ lignes.

Plus grande que la *Jurinei*, et ordinairement en dessus d'un bronzé cuivreux très-brillant, et quelquefois un peu verdâtre et plus ou moins obscur.

Tête ovale presque lisse, avec quelques rides irrégulières peu distinctes.

Corselet presque le double plus large que la tête, moins long que large, presque carré, légèrement arrondi sur les côtés et assez plane; les rides transversales ondulées, assez serrées et assez distinctes; la ligne médiane peu marquée; l'impression transversale antérieure peu apparente; la postérieure assez marquée, mais moins que dans la *Jurinei*; de chaque côté de la base, une impression longitudinale fortement marquée, assez longue et assez large, et une autre beaucoup plus courte près de l'angle postérieur; le fond de ces impressions très-légèrement ponctué et un peu rugueux; le bord antérieur assez fortement échancré; les côtés rebordés, un peu relevés, ayant près de l'angle postérieur une petite crénelure; la base légèrement échancrée dans son milieu.

Élytres plus larges et plus ovales que celles de la *Jurinei;* les stries peu marquées et très-légèrement ponctuées; les intervalles presque planes; une rangée de points enfoncés assez petits et plus ou moins marqués sur les troisième, cinquième et septième; les points des troisième et cinquième intervalles peu nombreux, et souvent complétement effacés; les autres, au contraire, toujours marqués.

Dessous du corps d'un noir un peu verdâtre, avec les pattes noires. Dernier anneau de l'abdomen des mâles offrant une ligne élevée un peu plus saillante vers sa base.

Elle se trouve assez communément dans les Alpes de la Suisse, de la France et de l'Italie.

107. F. Multipunctata.

Pl. 147. fig. 1.

Aptera, supra cupreo vel obscuro-œnea; thorace breviore, cordato, postice utrinque bistriato; elytris planiusculis, oblongo-ovatis, subparallelis, subtiliter striatis, interstitiis alternatim linea punctorum impressis, quinto sæpe impunctato; antennis pedibusque nigris.

Dej. *Spec.* iii. p. 370. n° 154.

Pterostichus Multipunctatus. Dej. *Cat.* p. 12.

FERONIA.

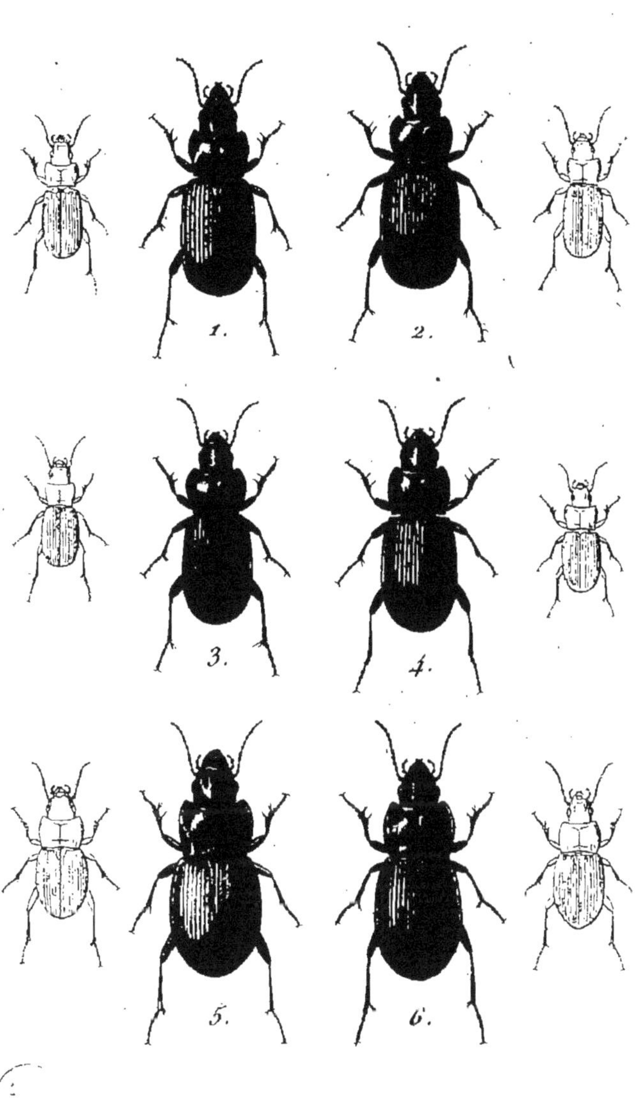

1. F. Multipunctata.
2. F. Spinolæ.
3. F. Yvanii.
4. F. Muhlfeldii.
5. F. Metallica.
6. F. Transversalis.

P. Dumenil pinx. Duprée sc.

Long. 5 $\frac{2}{3}$, 6 lignes. Larg. 2 $\frac{1}{4}$, 2 $\frac{1}{3}$ lignes.

Ordinairement un peu plus petite que l'*Externepunctata*, et d'un bronzé cuivreux moins brillant.

Corselet plus court, légèrement cordiforme et un peu rétréci postérieurement; les rides ondulées moins marquées; l'impression transversale postérieure moins distincte; l'impression longitudinale intérieure un peu moins longue; l'extérieure, au contraire, un peu plus longue et plus marquée; les angles postérieurs coupés carrément.

Élytres proportionnellement un peu plus courtes, moins larges, moins ovales, plus parallèles et moins sinuées à l'extrémité, striées et ponctuées à peu près de la même manière; les points du troisième intervalle toujours distincts et un peu plus gros; ceux du cinquième presque toujours effacés.

Dessous du corselet et poitrine d'un noir un peu verdâtre, avec l'abdomen et les cuisses noirs. Jambes et tarses d'un noir un peu brunâtre. Dernier anneau de l'abdomen des mâles offrant une ligne élevée.

Elle se trouve dans les montagnes de la Suisse.

108. F. Spinolæ. *Dejean.*

Pl. 147. fig. 2.

Aptera, nigra; thorace breviore, cordato, postice utrinque bistriato; elytris planiusculis, oblongo-ovatis, subparallelis, profunde striatis, striis obsolete punctatis, interstitio tertio linea punctorum impresso.

DEJ. *Spec.* III. p. 371. n° 155.

Long. 5 $\frac{3}{4}$, 6 lignes. Larg. 2 $\frac{1}{4}$, 2 $\frac{1}{3}$ lignes.

Très-voisine de la *Multipunctata* par la forme et la grandeur, mais entièrement noire en dessus.

Élytres avec les stries assez fortement marquées et très légèrement ponctuées; les intervalles un peu relevés; de trois à cinq points enfoncés assez fortement marqués sur le troisième; les cinquième et septième entièrement dépourvus de points.

Le reste comme dans la *Multipunctata.*

Elle se trouve dans les montagnes de la Suisse et de la Ligurie.

109. F. YVANII. *Dejean.*

Pl. 147. fig 3.

Aptera, nigra; thorace subquadrato, lateribus subrotundatis, postice utrinque bistriato; elytris nigro-subæneis, oblongo-ovatis, subparallelis, striatis, striis obsolete punctatis, interstitiis tertio quintoque linea punctorum impressis.

DEJ. *Spec.* III. p. 372. n° 156.
Pterostichus Bilineipunctatus? BONELLI.

Long. 4 $\frac{3}{4}$, 5 $\frac{2}{3}$ lignes. Larg. 1 $\frac{3}{4}$, 2 $\frac{1}{4}$ lignes.

A peu près de la taille de la *Jurinei*, proportionnellement un peu plus large, d'un noir assez brillant sur la tête et le corselet, et d'un noir très-légèrement bronzé sur les élytres.

Tête ovale assez allongée, un peu rétrécie postérieurement.

Corselet presque le double plus large que la tête, moins long que large, presque carré, légèrement arrondi sur les côtés et assez plane; les rides transversales ondulées plus ou moins distinctes; la ligne médiane assez marquée; l'impression transversale antérieure peu apparente; la postérieure plus distincte; deux impressions longitudinales assez fortement marquées de chaque côté de la base; le bord antérieur assez fortement échancré; les côtés légèrement rebordés, assez largement déprimés, tombant presque carrément sur la base, et formant à l'angle postérieur une très-petite dent peu sensible; la base très-légèrement échancrée dans son milieu.

Élytres plus larges que le corselet, assez allongées, très-légèrement ovales, presque parallèles, assez planes, très-légèrement sinuées et presque arrondies à l'extrémité; les stries assez fortement marquées, lisses, ou très-légèrement ponctuées; les intervalles presque planes; ordinairement, une rangée de quatre à sept points enfoncés assez fortement marqués sur le troisième, et une autre de trois à cinq sur le cinquième; très-rarement une troisième rangée sur le septième intervalle.

Dessous du corps et pattes noirs, très-rarement avec les cuisses ferrugineuses. Dernier anneau de l'abdomen des mâles offrant une petite ligne élevée assez courte.

Elle se trouve très-communément dans les montagnes du département des Basses-Alpes.

110. F. Muhlfeldii. *Dahl.*

Pl. 147. fig. 4.

Aptera, nigra; thorace subquadrato, marginato, postice utrinque bistriato; elytris obscure cupreo-æneis, breviori bus, oblongo-ovatis, subparallelis, subtiliter striatis, striis obsolete punctatis, interstitio tertio linea punctorum impresso; pedibus nigro-piceis.

Dej. *Spec.* iii. p. 374. n° 157.

Carabus Muhlfeldii. Duftschmid. ii. p. 157. n° 206.

Pterostichus Muhlfeldii. Sturm. v. p. 17. n° 7. t. 107. fig. a. B.

Dej. *Cat.* p. 12.

Long. 5, 5 ½ lignes. Larg. 2, 2 ¼ lignes.

Plus petite que la *Multipunctata*, proportionnellement plus courte et plus large, et entièrement d'un noir assez brillant sur la tête et le corselet, et d'un bronzé obscur ordinairement un peu cuivreux ou légèrement verdâtre sur les élytres.

Tête ovale, point rétrécie postérieurement, presque lisse.

Corselet plus large que la tête, moins long que large, presque carré, légèrement arrondi sur les côtés et un peu convexe dans son milieu; les rides ondulées assez distinctes; la ligne médiane assez marquée; l'impression transversale antérieure en arc de cercle et bien distincte; la postérieure assez fortement marquée; de chaque côté de la base, deux impressions longitudinales presque égales, assez marquées et assez distinctes; le bord antérieur fortement échancré; les angles antérieurs presque aigus; les côtés largement déprimés, assez fortement rebordés et un peu relevés, tombant presque carrément sur la base et se relevant pour former à l'angle postérieur une petite dent assez saillante; la base légèrement échancrée dans son milieu.

Élytres peu allongées, très-légèrement ovales, presque parallèles, très-légèrement convexes, à peine sinuées et presque arrondies à l'extrémité; les stries peu marquées et très-légèrement ponctuées; les intervalles presque planes; une rangée de trois à cinq points enfoncés assez fortement marqués sur le troisième.

Dessous du corps noir, avec les pattes d'un brun noirâtre. Dernier anneau de l'abdomen offrant une petite élévation presque arrondie et assez obtuse.

Elle se trouve dans les montagnes de la Carinthie.

111. F. Metallica.

Pl. 147. fig. 5.

Aptera, supra cupreo-œnea; thorace breviore, quadrato, postice utrinque bistriato; elytris brevioribus, subparallelis, obsolete striatis, interstitio tertio postice punctis duobus impresso.

Dej. *Spec.* III. p. 375. n° 158.
Carabus Metallicus. Fabr. *Sys. El.* I. p. 189. n° 102.
Sch. *Syn. Ins.* I. p. 193. n° 142.
Duftschmid. II. p. 68. n° 69.
Pterostichus Metallicus. Sturm. V. p. 15. n° 6.
Abax Metallicus. Dej. *Cat.* p. 12.

Long. 5 $\frac{3}{4}$, 6 $\frac{1}{2}$ lignes. Larg. 2 $\frac{1}{2}$, 2 $\frac{3}{4}$ lignes.

Voisine, par la forme, des *Abax* de Bonelli, et surtout de l'*Ovalis*, mais moins large et d'un bronzé cuivreux assez brillant.

Tête ovale, à peine rétrécie postérieurement.

Corselet plus large que la tête, moins long que large, assez court, presque carré, très-légèrement arrondi sur les côtés et presque plane; les rides ondulées peu distinctes; la ligne médiane et l'impression transversale postérieure bien marquées; l'impression transversale antérieure presque en arc de cercle, moins fortement marquée;

de chaque côté de la base, deux impressions longitudinales bien distinctes; le bord antérieur assez fortement échancré; les côtés rebordés et assez fortement déprimés, surtout vers la base; la base assez fortement échancrée dans son milieu.

Élytres plus larges que le corselet, très-courtes, presque parallèles, assez planes, presque arrondies à l'extrémité; les stries à peine marquées et presque effacées, avec une forte loupe paraissant très-légèrement ponctuées; les intervalles planes; deux points enfoncés distincts sur le troisième.

Dessous du corselet et de la poitrine d'un noir bronzé un peu verdâtre; abdomen d'un noir obscur, avec les jambes et les tarses d'un brun roussâtre. Dernier anneau de l'abdomen offrant une ligne élevée, dont le milieu est plus saillant.

Elle se trouve dans les parties orientales de la France, en Suisse, en Allemagne et dans les différentes provinces de l'Autriche, particulièrement dans les bois et les montagnes.

112. F. Transversalis.

Pl. 147. fig. 6.

Aptera, nigra; thorace quadrato, postice transverse impresso, utrinque bistriato; elytris brevioribus, subparallelis, striatis, interstitio tertio punctis tribus impresso, margine laterali subcarinato.

Dej. *Spec.* III. p. 377. n° 159.

Carabus Transversalis? Duftschmid. II. p. 65. n° 65.

Pterostichus Transversalis. Sturm. V. p. 26. n° 12. T. 107. fig. f. d.

Abax Transversalis. Dej. *Cat.* p. 12.

Long. 6 $\frac{1}{3}$, 7 lignes. Larg. 2 $\frac{2}{3}$, 2 $\frac{3}{4}$ lignes.

Un peu voisine par sa forme de la *Metallica*, mais ordinairement un peu plus grande, proportionnellement un peu plus étroite et entièrement d'un noir assez brillant.

Corselet un peu plus long, un peu rétréci antérieurement et un peu plus arrondi sur les côtés; l'impression transversale postérieure plus fortement marquée; les angles antérieurs un peu plus aigus; les côtés plus relevés, surtout vers la base, et presque en carêne; la base un peu moins échancrée dans son milieu.

Élytres un peu plus allongées, plus planes, leurs bords plus relevés et presque en carêne; les stries lisses et assez fortement marquées; les intervalles un peu relevés; trois points enfoncés distincts sur le troisième.

Dessous du corps et pattes noirs. Dernier anneau de l'abdomen des mâles à peu près comme dans la *Metallica*.

Elle se trouve assez communément sous les pierres, en Autriche et en Styrie, dans les bois humides et les montagnes.

FERONIA.

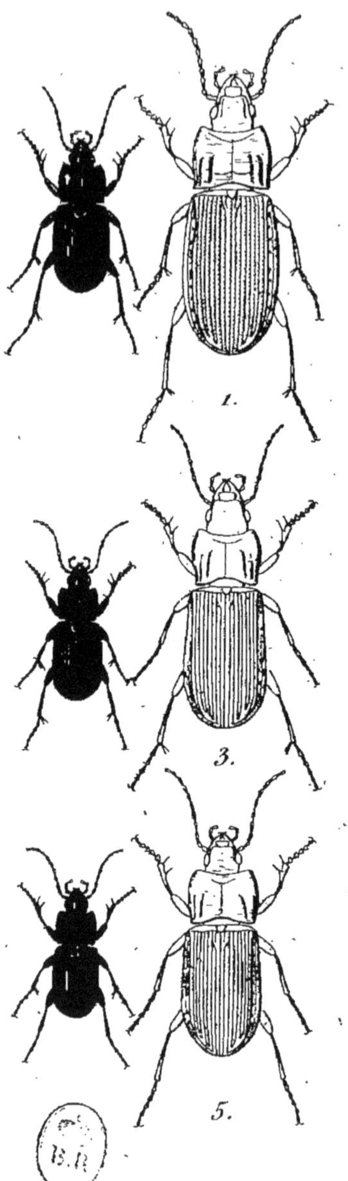

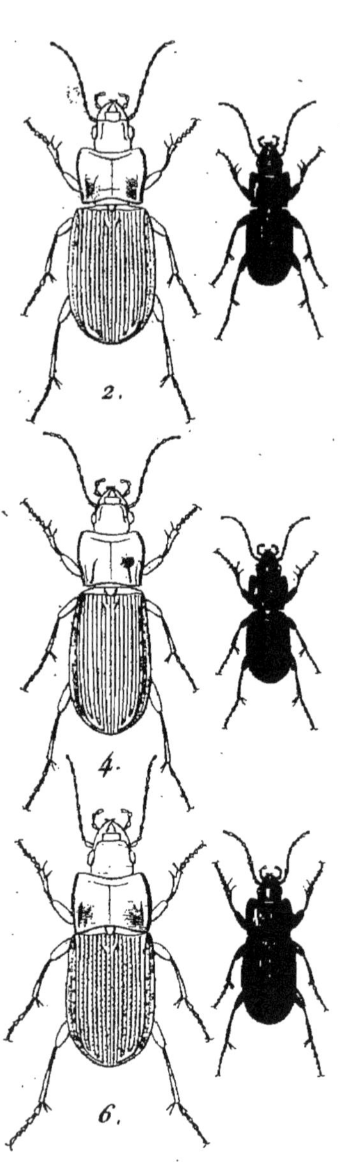

1. F. Striola.
2. F. Pyrenæa.
3. F. Exarata.
4. F. Oblonga.
5. F. Parallelepipeda.
6. F. Lata.

P. Dumenil pinx. Dupréel sc.

HUITIÈME DIVISION.

ABAX. *Bonelli.*

113. F. STRIOLA.

Pl. 148. fig. 1.

Aptera, nigra, lata; thorace quadrato, postice utrinque bistriato; elytris planiusculis, parallelis, striatis, striis obsolete punctatis, linea laterali subcarinata, margineque linea punctorum impresso.

DEJ. *Spec.* III. p. 378. n° 160.
Carabus Striola. FABR. *Sys. El.* I. p. 188. n° 99.
SCH. *Syn. Ins.* I. p. 192. n° 139.
DUFTSCHMID. II. p. 63. n° 61.
Harpalus Striola. GYLLENHAL. II. p. 124. n° 36. et IV. p. 441. n° 36.
Abax Striola. STURM. IV. p. 147. n° 1. T. 100.
DEJ. *Cat.* p. 12.
Carabus Depressus. OLIV. III. 35. p. 54. n° 63. T. 4. fig. 46.
VAR. *Abax Subpunctatus.* ZIEGLER.

Long 7 ½, 9 ½ lignes. Larg. 3, 4 lignes.

Plus grande et proportionnellement plus large que la *Melanaria*, d'un noir brillant dans les mâles et d'un noir mat dans les femelles.

Tête grande, ovale, à peine rétrécie postérieurement, presque lisse.

Corselet grand, presque le double plus large que la tête, moins long que large, presque carré, un peu rétréci antérieurement et assez plane; les lignes ondulées assez distinctes; la ligne médiane assez marquée; les deux impressions transversales peu sensibles; de chaque côté de la base, deux impressions longitudinales fortement marquées, assez longues, presque égales; le bord antérieur assez fortement échancré; les côtés rebordés et un peu relevés; les angles postérieurs coupés carrément et presque aigus; la base assez fortement échancrée dans son milieu.

Élytres peu allongées, presque parallèles, à peu près de la largeur du corselet, un peu plus larges au milieu, assez planes, très-légèrement sinuées et presque arrondies à l'extrémité; le rebord de la base lisse, assez grand, un peu plus large que le reste des élytres, dont il est séparé par une ligne fortement marquée; neuf stries sur chacune, et le commencement d'une dixième à la base; les troisième, quatrième, cinquième et sixième se réunissant deux à deux et n'atteignant pas l'extrémité; ces stries assez marquées, lisses, ou très-légèrement ponctuées dans les mâles, et assez distinctement ponctuées dans les femelles; les intervalles légèrement relevés dans les mâles et planes dans les femelles; le septième assez relevé dans les deux sexes, et formant une ligne qui part de l'angle de la base, se prolonge le long du bord extérieur jusque près de la suture et paraît plus saillante près de la base et de l'extrémité.

Dessous du corps et pattes noirs.

Elle se trouve communément sous les pierres, principalement dans les bois et les montagnes, en France, en Suisse, en Allemagne, dans les différentes provinces de l'Autriche et en Pologne; elle est très-rare en Suède.

114. F. Pyrenæa.

Pl. 148. fig. 2.

Aptera, nigra; thorace quadrato, postice utrinque bistriato; elytris planiusculis, parallelis, striatis, striis obsolete punctatis, linea laterali subcarinata.

Dej. *Spec.* III. p. 380. n° 161.

Long. 6, 7 $\frac{3}{4}$ lignes. Larg. 2 $\frac{1}{3}$, 3 lignes.

Très-voisine de la *Striola*, mais plus petite et proportionnellement plus étroite.

Tête un peu plus lisse.

Corselet un peu plus étroit, surtout postérieurement, avec les deux impressions longitudinales moins distinctes et presque réunies.

Élytres plus étroites et un peu plus planes, striées à peu près de la même manière; la ligne élevée du septième intervalle, dans les mâles, tout-à-fait semblable à celle de la *Striola*, plus saillante dans les femelles et formant une côte élevée.

Dessous du corps et pattes comme dans la *Striola*.

Elle se trouve dans les Pyrénées-Orientales.

115. F. Exarata. *Bonelli.*

Pl. 148. fig. 3.

Aptera, nigra; thorace quadrato, postice utrinque bistriato; elytris planiusculis, parallelis, postice sublatioribus, striatis, linea laterali subcarinata.

Dej. *Spec.* III. p. 381. n° 162.
Abax Exaratus. Dej. *Cat.* p. 12.

Long. 6 $\frac{1}{2}$, 7 lignes. Larg. 2 $\frac{1}{2}$, 2 $\frac{3}{4}$ lignes.

Plus petite et proportionnellement plus étroite que la *Striola*.

Tête un peu plus étroite, plus allongée, moins lisse.

Corselet un peu plus long, plus étroit et un peu rétréci postérieurement; les deux impressions longitudinales de chaque côté de la base un peu moins marquées, non réunies; les angles postérieurs un peu plus aigus; la base plus échancrée dans son milieu.

Élytres proportionnellement plus étroites, un peu rétrécies à leur base, un peu plus larges au-delà du milieu et plus planes; les stries ne paraissant pas ponctuées; les intervalles un peu plus relevés, surtout dans les mâles; le septième, au contraire, un peu moins saillant vers la base et vers l'extrémité, et ne formant pas de côte élevée dans la femelle, comme dans la *Pyrenæa*.

Dessous du corps et pattes noirs, avec les tarses d'un brun roussâtre.

Elle se trouve dans les montagnes du Piémont.

116. F. OBLONGA. *Dejean.*

Pl. 148. fig. 4.

Aptera, nigra; thorace quadrato, postice subangustato, utrinque bistriato; elytris planiusculis, parallelis, postice sublatioribus, striatis, margine linea punctorum impresso.

DEJ. *Spec.* v. *Suppl.* p. 777. n° 221.

Long. 6 $\frac{1}{2}$, 7 lignes. Larg. 2 $\frac{1}{3}$ lignes.

Voisine de l'*Exarata*, mais plus petite et proportionnellement un peu plus étroite,

Tête un peu moins allongée.

Corselet un peu plus étroit, un peu rétréci postérieurement, avec les angles postérieurs un peu moins aigus.

Élytres un peu plus étroites; les stries moins fortement

marquées ; les intervalles moins relevés ; le septième ne formant pas de ligne saillante.

Dessous du corps et pattes comme dans l'*Exarata.*

Elle se trouve en Italie.

117. F. Parallelipipeda. *Megerle.*

Pl. 148. fig. 5.

Aptera, nigra, lata; thorace quadrato, postice utrinque bistriato; elytris planiusculis, parallelis, striatis, striis obsolete punctatis, margineque linea punctorum impresso.

Dej. *Spec.* iii. p. 382. n° 163.
Abax Parallelipipedus. Dej. *Cat.* p. 12.

Long. 6, 6 $\frac{1}{2}$ lignes. Larg. 2 $\frac{1}{2}$, 2 $\frac{3}{4}$ lignes.

Voisine de la *Striola*, mais beaucoup plus petite.

Corselet un peu plus long, un peu plus étroit, surtout postérieurement, et un peu plus lisse ; les rides ondulées à peine distinctes ; les impressions longitudinales de chaque côté de la base un peu moins profondément marquées ; les angles postérieurs un peu plus relevés, un peu plus aigus ; la base un peu plus échancrée dans son milieu.

Élytres un peu plus parallèles, moins larges postérieurement, un peu plus planes, et d'un noir un peu plus mat et plus terne dans les femelles ; les stries un peu plus marquées, surtout dans les mâles, lisses, ou très-légèrement ponctuées; les intervalles très-peu relevés dans les mâles, et planes dans les femelles; le septième moins fortement relevé près de la base et vers l'extrémité.

Dessous du corps et pattes noirs, avec les tarses d'un brun roussâtre.

Elle se trouve en Autriche et en Styrie.

118. F. LATA. *Megerle.*

Pl. 148. fig. 6.

Aptera, nigra, lata; thorace quadrato, postice utrinque impresso, punctato, obsolete bistriato; elytris planiusculis, parallelis, striato-punctatis, linea laterali subcarinata.

DEJ. *Spec.* III. p. 383. n° 164.
Abax Latus. DAHL. *Coleoptera und Lepidoptera.* p. 9.

Long. 7 $\frac{1}{3}$, 7 $\frac{3}{4}$ lignes. Larg. 3, 3 $\frac{1}{4}$ lignes.

Très-voisine de la *Carinata*, dont elle n'est peut-être qu'une variété, plus grande, et proportionnellement un peu plus allongée.

Corselet un peu moins large postérieurement; les côtés un peu plus arrondis; les angles postérieurs moins aigus.

Élytres un peu moins courtes; les intervalles moins relevés, presque planes, le septième formant une côte moins saillante.

Elle se trouve dans le Bannat, en Hongrie.

119. F. Carinata.

Pl. 149. fig. 1.

Aptera, nigra, lata; thorace quadrato, postice utrinque impresso, punctato, obsolete bistriato; elytris brevioribus, planiusculis, parallelis, striato-punctatis; interstitiis subcarinatis.

Dej. *Spec.* III. p. 383. n° 165.

Carabus Carinatus. Duftschmid. II. 66. n° 66.

Abax Carinatus. Sturm. IV. p. 152. n° 3. T. 101. fig. a. A.

Dej. *Cat.* p. 12.

Var. A. *Carabus Porcatus.* Duftschmid. II. p. 66. n° 67.

Abax Porcatus. Sturm. IV. p. 154. n° 4. T. 101. fig. b. B.

Var. B. *Abax Crenatus.* Dahl. *Coleoptera und Lepidoptera.* p. 8.

Élytres un peu moins courtes; les intervalles moins relevés, presque planes, le septième formant une côte moins aiguë.

Elle se trouve dans le Bannat, en Hongrie.

119. F. Carinata.

Pl. 149. fig. [illegible]

Aptera, nigra, lata; thorace quadrato, postice utrinque impresso, [illegible], obsolete bistriato; elytris brevioribus, planiusculis, parallelis: striis [illegible]: interstitiis subcarinatis.

Dej. *Spec.* III. p. [illegible]. n° 155.

Carabus Carinatus. Duftschmid. II. p. 66. n° 66.

Abax Carinatus. Sturm. IV. p. 102. n° 3. t. [illegible] fig. a. A.

Dej. *Cat.* p. 12.

Var. A. *Carabus Porcatus.* Duftschmid. II. p. 66. n° 67.

Abax Porcatus. Sturm. IV. p. 104. n° [illegible] fig. b. B.

Var. B. *Abax Carinatus.* Dahl *Coleoptera und Lepidoptera.* p. 8.

FERONIA.

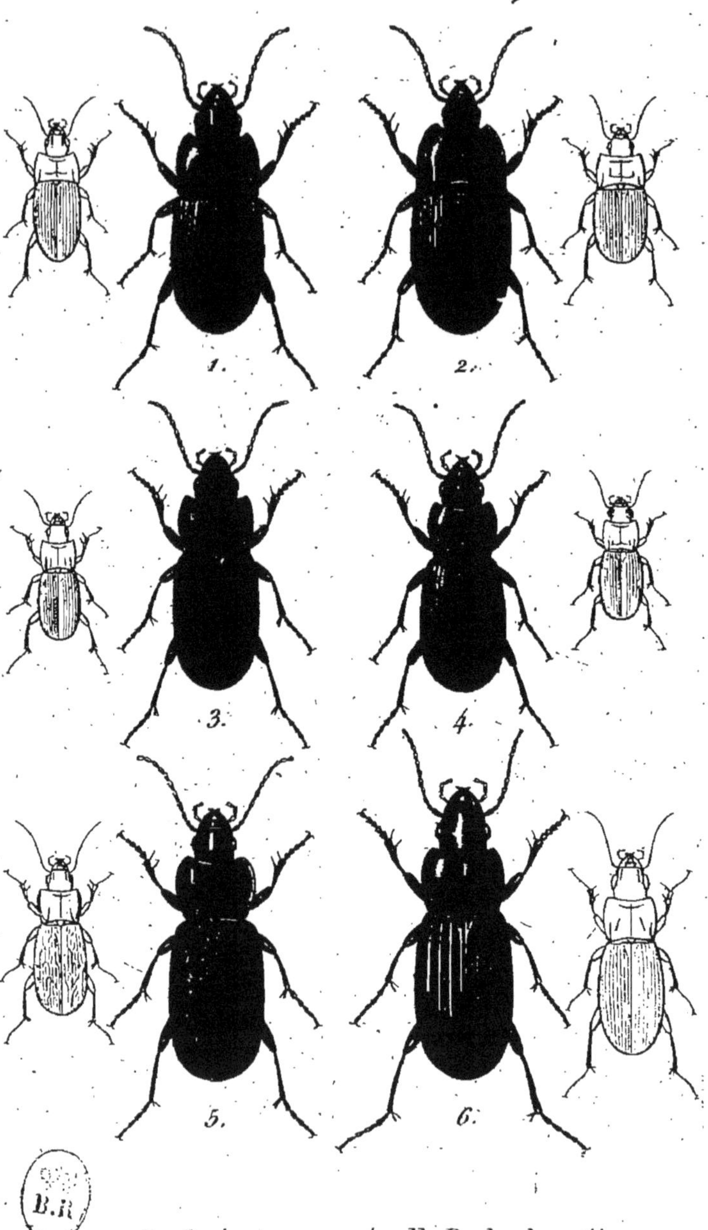

1. F. Carinata. 4. F. Beckenhauptii.
2. F. Ovalis. 5. F. Interrupta.
3. F. Parallela. 6. F. Schuppelii.

P. Dumenil pinx. Dupréel sculp.

Long. 6, 7 lignes. Larg. 2 $\frac{1}{3}$, 3 lignes.

Plus petite et proportionnellement plus courte que la *Striola.*

Tête plus lisse et un peu moins allongée.

Corselet plus court; les rides ondulées un peu plus distinctes; de chaque côté de la base, une impression assez grande, couverte dans le fond de points enfoncés très-serrés et de rides irrégulières qui le font paraître rugueux; en outre, deux autres impressions longitudinales seulement, bien distinctes vers leur extrémité; le bord antérieur un peu plus échancré; la base un peu plus échancrée dans son milieu.

Élytres plus courtes; les stries ordinairement très-marquées, surtout dans les mâles, et toujours assez fortement ponctuées; les intervalles plus ou moins relevés, quelquefois formant des côtes très-saillantes et quelquefois presque planes, toujours moins relevés dans les femelles que dans les mâles; le septième intervalle formant toujours une côte assez saillante dans toute sa longueur.

Dessous du corps et pattes noirs.

Elle se trouve sous les pierres, en Autriche, en Illyrie, en Hongrie; elle est très-commune en Styrie.

Le *Carabus Porcatus* de Duftschmid n'est qu'une variété de cette espèce, qui est ordinairement un peu plus étroite, dont les stries des élytres sont plus fortement ponctuées, et dont les intervalles sont plus relevés et forment des côtes très-saillantes et presque aiguës.

Dans l'*Abax Crenatus* de Dahl, les stries des élytres

sont moins fortement ponctuées, et les intervalles sont peu relevés et presque planes. Elle se trouve en Hongrie, dans le Bannat.

Ces deux variétés ne sont pas constantes, et l'on trouve tous les passages intermédiaires.

120. F. Ovalis. *Megerle.*

Pl. 149. fig. 2.

Aptera, nigra, lata; thorace subquadrato, antice angustato, postice utrinque bistriato; elytris brevioribus, subparallelis, striatis, margineque linea punctorum impresso.

Dej. *Spec.* III. p. 385. n° 166.
Carabus Ovalis. Duftschmid. II. p. 64. n° 63.
Abax Ovalis. Sturm. IV. p. 150. n° 2. T. 102. fig. a.
Dej. *Cat.* p. 12.
Carabus Platysma. Hoffmansegg.
Carabus Platys? Herbst. *Arch.* p. 140. n° 52.
Sch. *Syn. Ins.* I. p. 225. n° 330.
Carabus Frigidus? Fabr. *Sys. El.* I. p. 189. n° 103.
Sch. *Syn. Ins.* I. p. 193. n° 143.

Long. 6, 7 lignes. Larg. 2 $\frac{1}{2}$, 3 lignes.

Beaucoup plus petite que la *Striola*, proportionnellement plus courte et beaucoup plus large, et entièrement d'un noir assez brillant dans les deux sexes.

Tête proportionnellement plus petite, plus lisse.

Corselet plus court, plus rétréci antérieurement, plus large postérieurement et presque en trapèze; les deux impressions transversales un peu plus distinctes; les deux impressions longitudinales de chaque côté de la base un peu plus larges et un peu moins marquées; le bord antérieur plus fortement échancré; les angles antérieurs plus aigus; les côtés un peu plus fortement rebordés; la base un peu plus échancrée dans son milieu.

Élytres beaucoup plus courtes, un peu moins planes, les stries lisses et assez marquées; les intervalles très-légèrement relevés dans les deux sexes; le septième guère plus relevé que les autres, excepté vers la base, où il forme presque une ligne saillante qui va se joindre à l'angle huméral.

Dessous du corps et pattes noirs, avec les tarses d'un brun roussâtre.

Elle se trouve dans le nord et les parties orientales de la France, en Allemagne et dans différentes provinces de l'Autriche.

21. F. Parallela.

Pl. 149. fig. 3.

Aptera, nigra; thorace quadrato, postice utrinque bistriato; elytris parallelis, striatis, striis obsolete punctatis, margineque linea punctorum impresso.

Dej. *Spec.* iii. p. 386. n° 167.

Carabus Parallelus. Duftschmid. ii. p. 64. n° 64.

Abax Parallelus. Sturm. iv. p. 156. n° 5. t. 102. fig. b.

Dej. *Cat.* p. 12.

Carabus Saxatilis. Panzer. Germar. *Reise nach Dalmatien.* p. 194. n° 76.

Carabus Fossula. Knoch.

Long. 6 $\frac{1}{2}$, 8 $\frac{1}{4}$ lignes. Larg. 2 $\frac{1}{4}$, 3 lignes.

Plus petite que la *Striola*, proportionnellement un peu plus étroite et d'un noir assez brillant dans les deux sexes.

Tête un peu plus lisse.

Corselet plus étroit, non rétréci antérieurement; les deux impressions longitudinales de chaque côté de la base un peu moins marquées, avec l'intervalle qui les sépare un peu moins relevé.

Élytres un peu plus étroites et moins planes; les stries un peu plus marquées et très-légèrement ponctuées; les intervalles très-légèrement relevés dans les deux sexes; le septième guère plus élevé que les autres, excepté vers la base, où il forme presque une ligne saillante qui va se joindre à l'angle huméral.

Dessous du corps et pattes noirs, avec les tarses d'un brun un peu roussâtre.

Elle se trouve en France, en Allemagne et en Pologne.

122. F. Beckenhauptii. *Dahl.*

Pl. 149. fig. 4.

Aptera, nigra; thorace quadrato, postice utrinque bistriato; elytris planiusculis, parallelis, striatis, striis obsolete punctatis margineque linea punctorum impresso; antennis pedibusque rufo-piceis.

Dej. *Spec.* iii. p. 387. n° 168.
Carabus Beckenhauptii. Duftschmid. ii. p. 67. n° 68.
Ahrens. *Fauna Ins. Europ.* i. t. 8.
Pterostichus Beckenhauptii. Sturm. v. p. 27. n° 13. t. 106. fig. d.
Abax Beckenhauptii. Dej. *Cat.* p. 12.

Long. 6 $\frac{1}{2}$, 7 lignes. Larg. 2 $\frac{1}{2}$, 2 $\frac{2}{3}$ lignes.

Plus petite que la *Striola*, proportionnellement plus étroite et d'un noir assez brillant, avec les bords latéraux du corselet et des élytres quelquefois un peu roussâtres dans les deux sexes, et les élytres d'un noir mat un peu terne dans la femelle.

Tête un peu moins allongée.

Corselet un peu plus long, plus étroit, surtout vers la base; l'impression transversale antérieure assez distincte, formant un angle sur la ligne du milieu; la postérieure assez fortement marquée; les deux impressions longitudinales de chaque côté de la base un peu plus rapprochées et moins fortement marquées; le bord antérieur plus fortement échancré; les côtés plus relevés, surtout vers les angles postérieurs; la base un peu plus échancrée dans son milieu.

Élytres plus étroites, plus planes; les bords latéraux un peu relevés et presque en carêne; l'angle de la base presque arrondi; les stries assez marquées, lisses, ou très-légèrement ponctuées; les intervalles un peu relevés dans les mâles, et tout à-fait planes dans les femelles; le septième pas plus saillant que les autres.

Dessous du corps d'un brun plus ou moins roussâtre avec les pattes d'un rouge-ferrugineux un peu obscur.

Elle se trouve dans les Alpes de la Carinthie.

123. F. Interrupta.

Pl. 149. fig. 5.

Aptera. nigra; thorace quadrato, postice utrinque bistriato; elytris nigro-piceis, planiusculis, oblongo-ovatis, subparallelis, strigis undatis interruptis confluentibus.

Dej. *Spec.* III. p. 389. n° 169.
Pœcilus Interruptus. Gebler.

Long. 7, 8 ½ lignes. Larg. 2 ¾, 3 ½ lignes.

Un peu plus petite que la *Striola*, d'un noir assez brillant sur la tête et le corselet, et d'un brun obscur plus ou moins roussâtre sur les élytres.

Tête un peu plus étroite et plus allongée.

Corselet presque le double plus large que la tête, moins long que large, presque carré, très-légèrement arrondi sur les côtés et presque plane : les rides transversales ondulées plus ou moins distinctes ; la ligne médiane assez marquée ; l'impression transversale antérieure également assez marquée, et formant un angle sur la ligne du milieu ; la postérieure peu distincte ; toute la base couverte de petits points enfoncés très-serrés et de rides irrégulières ; de chaque côté, deux impressions longitudinales peu marquées, surtout l'extérieure ; le bord antérieur assez échancré ; les côtés assez largement rebordés, un peu relevés et presque en carêne ; les angles postérieurs coupés carrément ; la base un peu échancrée dans son milieu.

Élytres assez allongées, presque parallèles dans les mâles, légèrement ovales dans les femelles, assez planes et légèrement sinuées à l'extrémité ; les bords latéraux assez relevés et presque en carêne, surtout dans les femelles ; les stries remplacées par des rides irrégulières ordinairement longitudinales, mais souvent de formes très-variées, plus ou moins longues, se joignant ensemble sans aucun ordre, plus fortement marquées dans les mâles, avec les intervalles plus relevés.

Dessous du corps et pattes noirs.

Elle se trouve en Daourie, dans la Sibérie orientale.

124. F. Schuppelii.

Pl. 149. fig. 6.

Aptera, nigra; thorace subcordato, postice bistriato, lateribus subrotundatis; elytris elongatis, subparallelis, striato-punctatis, interstitiis alternatim costatis.

Dej. *Spec.* III. p. 395. n° 174.
Abax Schüppelii. Dahl. *Coleopt. und Lepidopt.* p. 9.
Palliardi. *Beschreibung zweyer decaden neuer und wenig bekannter Carabicinen.* p. 43. t. 4. fig. 20. 21.

Long. 9 $\frac{3}{4}$, 11 lignes. Larg. 3 $\frac{1}{2}$, 4 $\frac{1}{4}$ lignes.

Plus grande que la *Striola*, proportionnellement beaucoup plus allongée, d'un noir assez brillant dans les mâles, et d'un noir mat et un peu plus terne sur les élytres des femelles.

Tête assez grande, ovale, un peu rétrécie postérieurement, presque lisse.

Corselet plus large que la tête, moins long que large, presque carré, un peu arrondi sur les côtés et assez plane; les rides ondulées assez rapprochées et assez marquées; la ligne médiane assez marquée; l'impression transversale antérieure en arc de cercle et peu distincte; la postérieure à peine sensible; de chaque côté de la base, deux impressions longitudinales assez longues, fortement marquées, réunies à leur base, et dont le fond est assez fortement rugueux; le bord antérieur assez échancré; les angles antérieurs presque arrondis; les côtés rebordés; les angles postérieurs coupés presque carrément et un peu obtus; la base assez fortement échancrée dans son milieu.

Élytres allongées, presque parallèles, un peu plus larges au-delà du milieu, assez planes, légèrement sinuées, presque arrondies à l'extrémité; le rebord de la base moins marqué que dans la *Striola*, mais bien distinct et formant une petite dent presque saillante; les stries très-fortement marquées et très-fortement ponctuées; les points très-serrés et presque transversaux, un peu irréguliers, faisant paraître le fond des stries rugueux; les intervalles très-relevés et presque arrondis; les premier, troisième, cinquième et septième plus relevés, plus larges, plus lisses que les autres, formant presque des côtes saillantes; dans les femelles, les stries moins marquées et finement ponctuées; les second, quatrième et sixième intervalles presque planes; les autres presque aussi élevés que dans les mâles, mais moins arrondis et presque en carène.

Dessous du corps et pattes noirs.

Elle se trouve dans le Bannat, en Hongrie.

NEUVIÈME DIVISION.

PERCUS. *Bonelli.*

125. F. CORSICA. *Latreille.*

Pl. 150. fig. 1.

Aptera, nigra; thorace cordato, postice utrinque striato; elytris planiusculis, elongatis, subparallelis, obsolete striato-punctatis, interstitio septimo subcostato.

DEJ. *Spec.* III. p. 397. n° 175.
Abax Corsicus. DEJ. *Cat.* p. 13.
Abax Lævigatus. STURM. *Catal.* p. 87.

Long. 10, 11 lignes. Larg. 3, 4 lignes.

Plus grande que la *Striola*, proportionnellement plus étroite et d'un noir assez brillant sur la tête et le corselet, plus mat et plus terne sur les élytres dans les deux sexes.

Tête grande, ovale, un peu rétrécie postérieurement, presque lisse, avec quelques rides irrégulières.

Corselet plus large que la tête, moins long que large, en cœur rétréci postérieurement et très-plane; les rides ondulées peu distinctes; la ligne médiane assez marquée;

FERONIA.

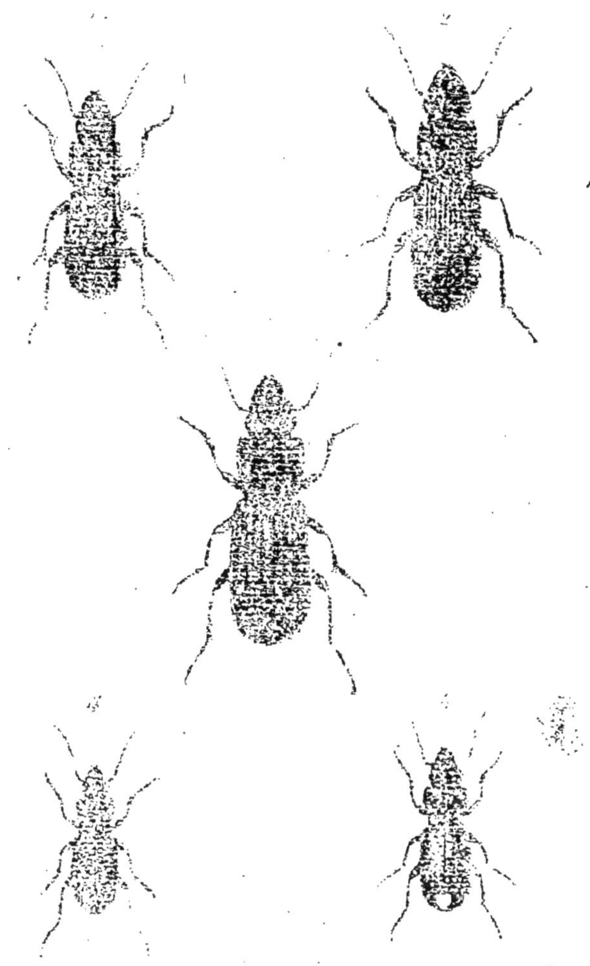

1. F. [illegible] — 4. F. [illegible]
2. F. [illegible] — 5. F. [illegible]
3. F. Passerini

FERONIA.

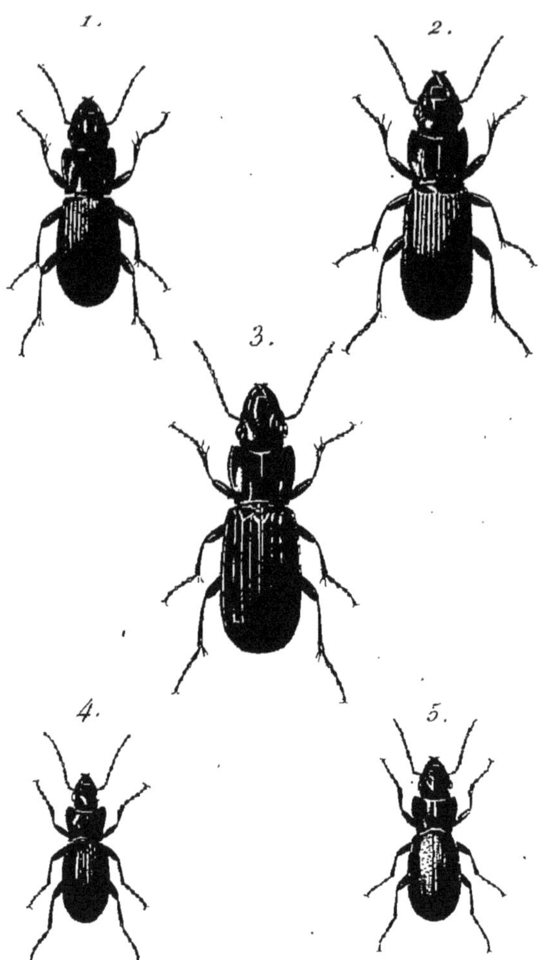

1. F. Corsica.
2. F. Genei.
3. F. Passerinii.
4. F. Bilineata.
5. F. Plicata.

P. Dumenil pinx. Dupréel sculp.

l'impression transversale antérieure en arc de cercle et peu sensible; la postérieure assez fortement marquée; de chaque côté de la base, une impression longitudinale assez longue et fortement marquée, lisse dans le fond; le bord antérieur peu échancré et légèrement sinué; les angles antérieurs presque arrondis; les côtés légèrement rebordés; les angles postérieurs coupés carrément; la base assez fortement échancrée dans son milieu.

Élytres plus larges que le corselet, allongées, presque parallèles, un peu plus larges au-delà du milieu, très-planes, légèrement sinuées et presque arrondies à l'extrémité; les bords latéraux un peu relevés et presque en carène; les stries très-peu marquées et très-légèrement ponctuées; les intervalles très-légèrement relevés dans les mâles, presque planes dans les femelles; le septième formant toujours une ligne assez saillante, qui se prolonge depuis l'angle de la base jusqu'à l'extrémité des élytres.

Dessous du corps et pattes noirs.

Elle se trouve assez communément en Corse.

126. F. Genei.

Pl. 150. fig. 2.

Aptera, nigra; thorace elongato, cordato, postice utrinque striato; elytris planiusculis, elongatis, parallelis, striato-punctatis.

Dej. *Spec.* v. *Suppl.* p. 778. n° 222.

Long. 13 lignes. Larg. 4 lignes.

Très-voisine de la *Passerinii*, dont elle n'est peut-être qu'une variété.

Corselet un peu plus saillant.

Élytres à peu près de la même forme, striées à peu près de la même manière; mais les troisième, cinquième et septième intervalles pas plus relevés que les autres.

Elle se trouve dans le midi de l'Italie.

127. F. Passerinii.

Pl. 150. fig. 3.

Aptera, nigra; thorace elongato, cordato, postice utrinque striato; elytris planiusculis, elongatis, parallelis, striato-punctatis, interstitiis alternatim subcostatis.

Dej. *Spec.* III. p. 399. n° 176.
Carabus Paykullii. Passerini.

Long. 12, 14 ½ lignes. Larg. 3 ½, 4 ½ lignes.

Plus grande que la *Corsica*, un peu moins déprimée et proportionnellement plus étroite.

Tête un peu plus grande et un peu plus convexe.

Corselet plus allongé, un peu moins large antérieurement, moins arrondi sur les côtés et moins plane; les deux impressions transversales peu distinctes; l'impression longitudinale de chaque côté de la base un peu moins longue, aussi fortement marquée; le bord antérieur un peu plus sinué : les côtés offrant quelques petites dentelures très-peu marquées et assez éloignées les unes des autres; la base moins échancrée dans son milieu.

Élytres plus longues, plus étroites, plus parallèles et moins planes; les bords latéraux un peu moins relevés et moins en carêne; la dépression de la base un peu plus forte, moins transversale; les stries assez marquées, finement ponctuées; les intervalles très-légèrement relevés; les troisième, cinquième et septième plus fortement que les autres, et formant trois lignes assez saillantes; le cinquième se réunissant à l'angle huméral avec le septième.

Pattes un peu plus courtes et un peu plus fortes que dans la *Corsica*.

Elle se trouve en Toscane.

198. F. Bilineata.

Pl. 150. fig. 4.

Aptera, nigra; thorace cordato, postice utrinque striato; elytris planiusculis, ovatis, striatis; striis obsolete punctatis, interstitiis alternatim subcostatis.

Dej. *Spec.* III. p. 400. n° 177.

Long. 8 lignes. Larg. 2 $\frac{3}{4}$ lignes.

Plus petite que la *Corsica*, et proportionnellement moins allongée.

Tête un peu plus arrondie.

Corselet un peu plus rétréci postérieurement, les rides transversales ondulées moins distinctes; les impressions transversales à peine sensibles; l'impression longitudinale de chaque côté de la base plus fortement marquée, un peu arquée, plus longue, et remontant jusqu'au milieu du corselet; le bord antérieur un peu plus sinué; la base un peu moins échancrée dans son milieu.

Élytres plus courtes, plus larges et en ovale plus allongé; la dépression de la base à peu près comme dans la *Passerinii;* les stries assez marquées, très-légèrement ponctuées; les intervalles légèrement relevés; les troisième, cinquième et septième un peu plus que les autres, et formant trois lignes assez saillantes; les huitième et neuvième formant aussi deux lignes très-minces assez distinctes.

Les pattes un peu plus fortes et un peu plus courtes que celles de la *Corsica*.

Elle se trouve aux environs de Naples.

129. F. PLICATA. *Dupont.*

Pl. 100. fig. 5.

Aptera, nigra; thorace subquadrato, postice subangustato, utrinque striato; elytris planiusculis, subparallelis, obsoletissime striatis, transversim rugosis, lineola humerali subcostata.

DEJ. *Spec.* III. p. 401. n° 178.

Long. 8 ½, 9 ½ lignes. Larg. 3, 3 ½ lignes.

Plus petite et proportionnellement moins allongée que la *Corsica*, et d'un noir assez brillant.

Tête grande, ovale, nullement rétrécie postérieurement.

Corselet plus large que la tête, un peu moins long que large, presque carré, un peu rétréci postérieurement et assez plane, couvert de rides transversales ondulées; la ligne médiane fine peu marquée; les impressions transversales peu apparentes; de chaque côté de la base, une impression longitudinale assez longue et peu marquée; le bord antérieur assez échancré, ayant de chaque côté, près des angles antérieurs, une dentelure assez marquée; les côtés rebordés, très-légèrement crénelés; les angles postérieurs coupés carrément; la base assez fortement échancrée dans son milieu.

Élytres un peu plus larges que le corselet, assez allongées, presque parallèles, presque planes, très-légèrement sinuées et presque arrondies à l'extrémité; la dépression de la base à peu près comme dans la *Corsica*, couverte de rides transversales ondulées plus ou moins marquées, qui les font paraître comme plissées et presque rugueuses; les stries très-peu marquées, à peine distinctes et presque entièrement effacées; le septième intervalle un peu relevé, formant à la base une ligne saillante très-courte.

Dessous du corps et pattes comme dans la *Corsica*.

Elle se trouve dans les îles Baléares.

130. F. Stricta.

Pl. 151. fig. 1.

Aptera, nigra; thorace elongato-quadrato, postice utrinque striato; elytris elongatis, parallelis, sublævigatis, lineola humerali subcostata.

Dej. *Spec.* III. p. 402. n° 179.

Long. 8 lignes. Larg. 2 ½ lignes.

Voisine, par la forme, de la *Passerinii*, mais beaucoup plus petite et proportionnellement un peu plus étroite.

Tête un peu plus petite.

Corselet un peu plus large que la tête, un peu plus long que large, presque carré, un peu rétréci postérieurement;

FERONIA.

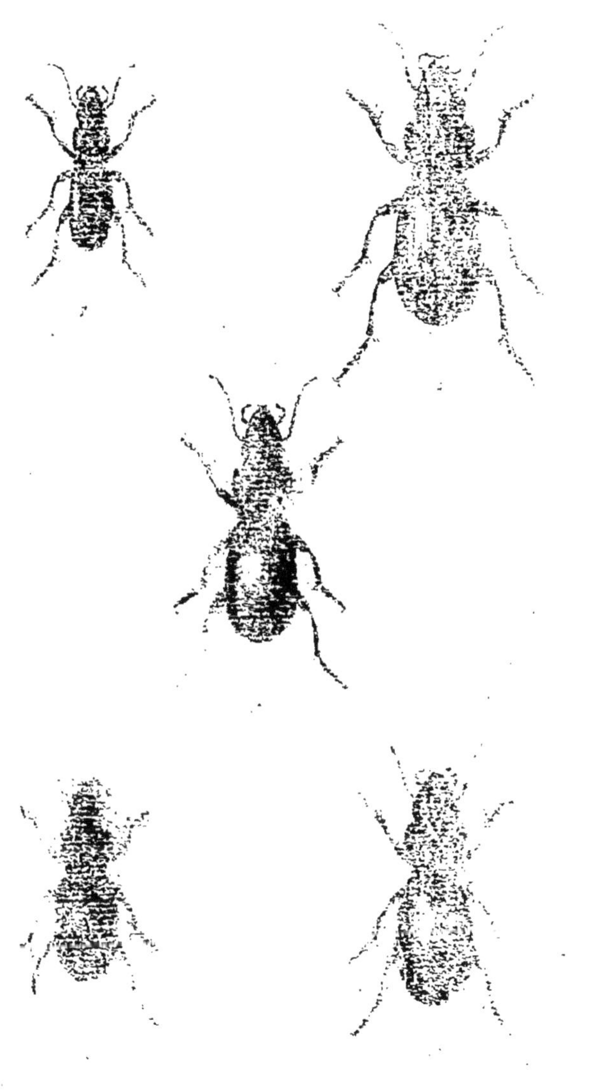

FERONIA.

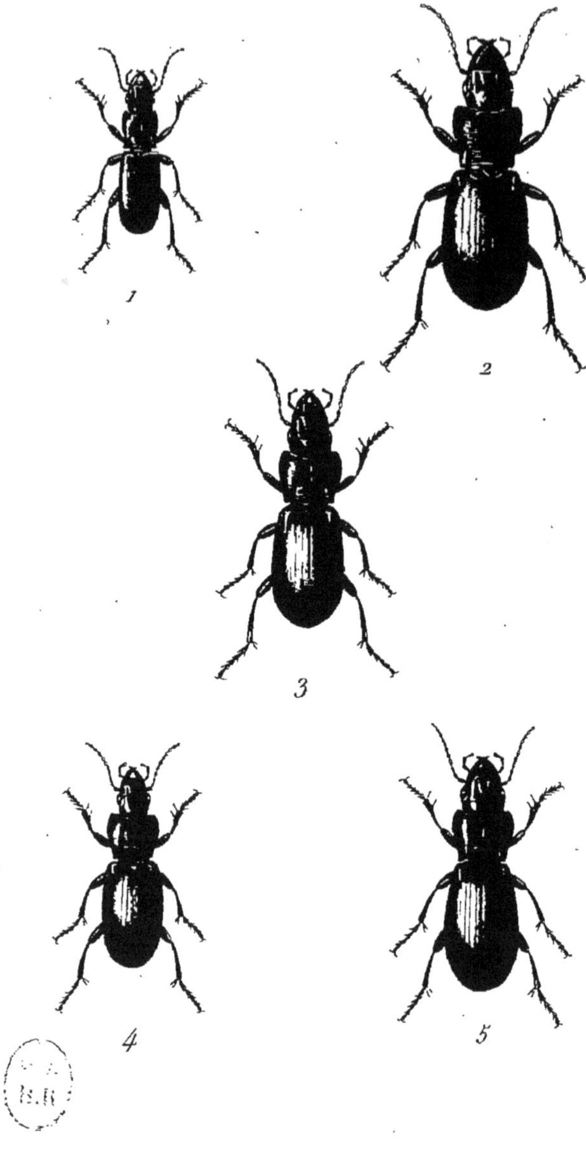

1. F. Stricta.
2. F. Loricata.
3. F. Paykullii.
4. F. Dejeanii
5. F. Lacertosa.

P. Dumenil pinx. Dupréel sc.

la ligne médiane peu marquée ; les impressions transversales peu apparentes; l'impression longitudinale de chaque côté de la base assez courte et assez fortement marquée; le bord antérieur un peu échancré et légèrement sinué; les côtés très-légèrement rebordés; les angles postérieurs coupés carrément; la base un peu échancrée dans son milieu.

Élytres à peine plus larges que le corselet, allongées; presque parallèles, un peu plus larges au-delà du milieu, très-légèrement convexes et presque arrondies à l'extrémité, paraissant lisses à la vue, et, avec une forte loupe, couvertes de très-petits points enfoncés assez éloignés et de rides ondulées qui s'entrecroisent.

Pattes courtes et assez fortes.

Elle se trouve en Morée et dans les îles de la Grèce.

131. F. Loricata.

Pl. 151. fig. 2.

Aptera, nigra; thorace elongato, subquadrato, postice subangustato, utrinque striato, margine denticulato; elytris oblongo-ovatis, postice latioribus, sublævigatis, obsolete reticulatis, lineola humerali subcostata.

Dej. *Spec.* III. p. 403. n° 180.

Long. 13, 14 lignes. Larg. 4 $\frac{1}{3}$, 4 $\frac{2}{3}$ lignes.

Beaucoup plus grande que la *Corsica*, et entièrement d'un noir assez brillant.

Tête grande, ovale, assez plane, un peu rétrécie postérieurement, presque lisse.

Corselet un peu plus large que la tête, à peu près aussi long que large, presque carré, un peu rétréci postérieurement et assez plane, couvert de rides ondulées assez rapprochées et assez distinctes; la ligne médiane peu marquée; l'impression transversale antérieure en arc de cercle et peu apparente; la postérieure à peine sensible; de chaque côté de la base, une impression longitudinale assez courte et assez marquée, à fond lisse; le bord antérieur légèrement échancré et assez fortement sinué; les angles antérieurs presque arrondis, les côtés légèrement rebordés et crénelés dans toute leur longueur; les angles postérieurs coupés carrément; la base assez fortement échancrée dans son milieu.

Élytres plus larges que le corselet, un peu plus courtes que la tête et le corselet, très-légèrement ovales, plus larges au-delà du milieu, très-légèrement convexes et à peine sinuées près de l'extrémité, couvertes de rides longitudinales ondulées, et de rides transversales irrégulières très-peu marquées qui les font paraître légèrement réticulées; leur extrémité presque rugueuse; une rangée de petits points enfoncés très-rapprochés les uns des autres le long dubord extérieur.

Pattes grandes et assez fortes.

Elle se trouve assez communément dans les montagnes de l'île de Corse.

132. F. Paykullii.

Pl. 151. fig. 3.

Aptera, nigra; thorace cordato, postice utrinque striato; elytris oblongo-ovatis, sublævigatis, obsoletissime striato-punctatis, lineola humerali subcostata.

Dej. *Spec.* III. p. 404. n° 132.
Carabus Paykullii. Rossi. *Fauna Etrusca. Mant.* 1. p. 72. n° 172. T. 5. fig. c.
Sch. *Syn. Ins.* I. p. 172. n° 21.

Long. 12 lignes. Larg. 4 ½ lignes.

Un peu plus petite que la *Loricata*, et de même d'un noir assez brillant.

Tête grande, ovale, peu allongée, assez plane, peu rétrécie postérieurement, presque lisse, avec quelques rides irrégulières.

Corselet plus large que la tête, moins long que large, en cœur assez rétréci postérieurement et légèrement convexe; les rides ondulées peu distinctes; la ligne médiane peu marquée; les deux impressions transversales peu apparentes; de chaque côté de la base, une impression longitudinale assez longue et assez fortement marquée, à fond lisse; le bord antérieur assez échancré, ne paraissant pas sinué; les angles antérieurs presque arrondis; les côtés assez fortement rebordés, ne paraissant pas crénelés; les angles postérieurs coupés carrément; la base légèrement échancrée dans son milieu.

Élytres plus larges que le corselet, peu allongées; légèrement ovales, presque parallèles, très-légèrement convexes, à peine sinuées et presque arrondies à l'extrémité, paraissant lisses à la vue simple, et, avec une forte loupe, offrant des stries très-fines, très-peu marquées et très-légèrement ponctuées; les points de la huitième plus gros et plus marqués, formant une ligne assez distincte; les intervalles couverts de petites rides irrégulières à peine distinctes; le septième très-légèrement relevé dans toute sa longueur, assez fortement vers sa base; les huitième et neuvième aussi un peu relevés vers l'extrémité.

Pattes fortes, peu allongées.

Elle se trouve en Italie.

133. F. Dejeanii. *Ziegler*.

Pl. 151, fig. 4.

Aptera, nigra; thorace cordato, postice utrinque striato; elytris brevioribus, ovatis, lævigatis, obsoletissime striato-punctatis, lineola humerali subcostata.

Dej. *Spec. Suppl.* v. p. 778. n° 223.

Long. 8 $\frac{3}{4}$, 10 $\frac{1}{2}$ lignes. Larg. 3 $\frac{1}{3}$, 4 lignes.

Très-voisine de la *Paykullii*, mais plus petite et proportionnellement moins allongée.

Corselet un peu plus court.

Élytres plus courtes, plus lisses; les stries encore moins marquées, composées de très-petits points enfoncés à peine sensibles; la huitième pas plus distincte que les autres; le septième intervalle ne paraissant relevé qu'à l'angle de la base; les huitième et neuvième nullement relevés vers l'extrémité.

Le reste comme dans la *Paykullii*.

Elle se trouve en Italie.

134. F. Lacertosa.

Pl. 151. fig. 5.

Aptera, nigra; thorace cordato, postice utrinque striato, margine denticulato; elytris oblongo-ovatis, sublævigatis, obsoletissime reticulatis, lineola humerali subcostata.

Dej. *Spec.* III. p. 406. n° 182.

Long. 12 $\frac{1}{2}$ lignes. Larg. 4 $\frac{1}{2}$ lignes.

Très-voisine de la *Paykullii*, un peu plus allongée et proportionnellement plus étroite.

Tête un peu plus allongée.

Corselet un peu plus court, moins convexe; les rides ondulées plus distinctes; la ligne médiane un peu plus marquée; la ligne longitudinale de chaque côté de la base plus courte et moins fortement marquée; le bord antérieur un peu sinué; les côtés crénelés.

Élytres un peu plus allongées, moins larges antérieurement, plus ovales et moins parallèles, couvertes à peu près comme celles de la *Loricata* de rides ondulées qui les font paraître réticulées; leur extrémité moins rugueuse que dans la *Loricata*.

Pattes moins fortes que celles de la *Paykullii*.

Elle se trouve en Sicile.

135. F. Sicula.

Pl. 152. fig. 1.

Aptera, nigra; thorace elongato, cordato, postice utrinque striato, margine denticulato; elytris elongato-ovatis, subparallelis, sublævigatis, lineola humerali subcostata.

Dej. *Spec.* III. p. 407. n° 183.

Long. 12 lignes. Larg. 4 lignes.

Très-voisine de la *Lacertosa*, mais beaucoup plus étroite.

Corselet plus étroit et un peu plus long.

Élytres beaucoup plus étroites, moins ovales, presque parallèles et un peu plus planes.

FERONIA.

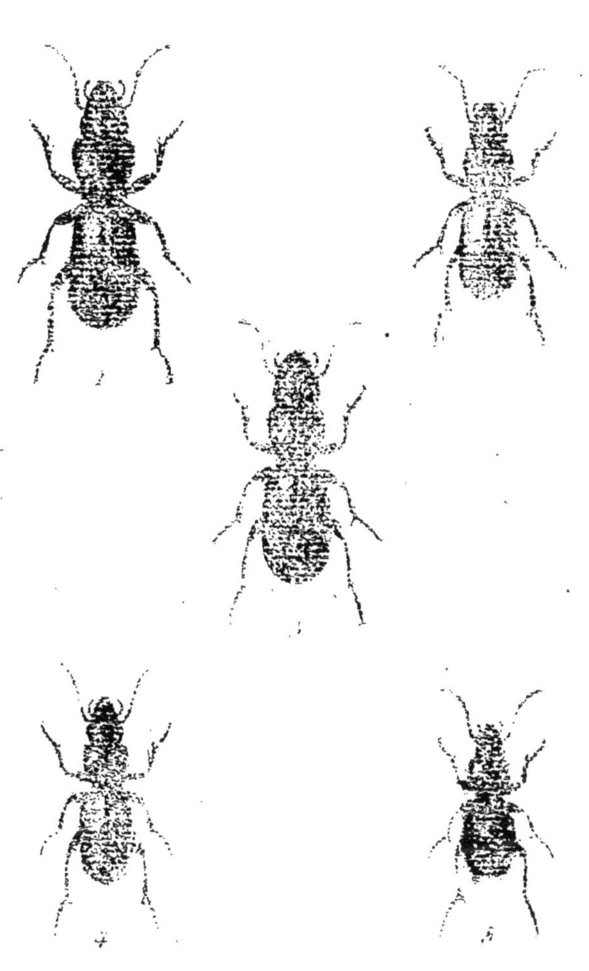

1 F. [illegible] 4 F. [illegible]

2 F. [illegible] 5 F. [illegible]

FERONIA.

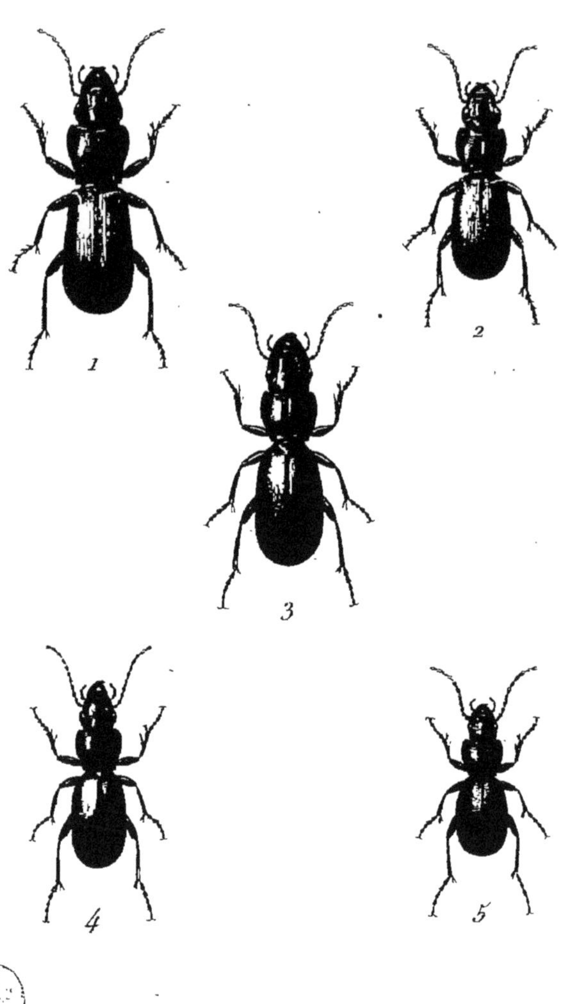

1 F. Sicula.

2 F. Oberleitneri

3 F. Stulta

4. F. Polita.

5. F. Navarica.

P. Dumenil pinx. Dupréel sc.

Pattes un peu plus longues.

Le reste comme dans la *Lacertosa.*

Elle se trouve en Sicile.

136. F. Oberleitneri.

Pl. 152. fig. 2.

Aptera, nigra; thorace elongato, cordato postice utrinque striato, margine obsolete denticulato; elytris elongato-ovatis, subparallelis, sublævigatis, obsoletissime striato-punctatis, lineola humerali subcostata.

Dej. *Spec.* v. *Suppl.* p. 779. n° 224.

Long. 10 lignes. Larg. 3 $\frac{1}{4}$ lignes.

Très-voisine de la *Sicula*, dont elle n'est peut-être qu'une variété plus petite.

Corselet à peu près comme dans cette espèce, avec les côtés moins distinctement crénelés.

Élytres à peu près de même forme, un peu plus lisses; les rides transversales à peine distinctes, et les stries très-peu marquées, un peu ondulées et légèrement ponctuées.

Elle se trouve en Calabre et en Sardaigne.

137. F. Stulta.

Pl. 152. fig. 3.

Aptera, nigra; thorace subcordato, convexo, postice utrinque obsolete impresso; elytris oblongo-ovatis, subconvexis, lævissimis, margine linea punctorum impresso.

Dej. *Spec.* III. p. 407. n° 184.

Broscus Stultus. Dufour. *Annales générales des Sciences physiques.* VI. 18ᵉ cahier. p. 312. n° 6.

Percus Ebenus. Dej. *Cat.* p. 13.

Harpalus Piger. Latreille.

Long. 10, 11 lignes. Larg. 3 $\frac{1}{2}$, 4 lignes.

Très-voisine de la *Navarica*, mais beaucoup plus grande et proportionnellement plus allongée.

Tête plus grande, plus large.

Corselet un peu plus large antérieurement, et moins arrondi sur les côtés; les angles postérieurs un peu plus obtus et presque arrondis.

Élytres proportionnellement plus longues, moins ovales, un peu moins convexes et un peu plus sinuées près de l'extrémité.

Pattes proportionnellement un peu plus longues.

Elle se trouve en Navarre, en Aragon, en Catalogne, dans le royaume de Valence, et quelquefois dans le département des Pyrénées-Orientales.

138. F. Polita.

Pl. 152. fig. 4.

Aptera, nigra; thorace breviore, subcordato, convexo, antice rotundato, postice utrinque obsolete impresso; elytris ovatis, convexis, lævissimis, margine linea punctorum impresso.

Dej. *Spec.* v. *Suppl.* p. 780. n° 225.

Long. 9 lignes. Larg. 3 $\frac{1}{3}$ lignes.

Très-voisine de la *Navarica*, mais un peu plus grande et plus allongée.

Tête proportionnellement un peu plus grosse.

Corselet un peu plus court et un peu plus arrondi antérieurement sur les côtés; ces derniers tombant plus obliquement sur la base; les angles postérieurs plus obtus.

Élytres un peu plus allongées.

Elle se trouve en Andalousie et en Portugal.

139. F. Navarica. *Latreille.*

Pl. 152. fig. 5.

Aptera, nigra; thorace subcordato, convexo, postice utrinque obsolete impresso; elytris ovatis, convexis, lævissimis, margine linea punctorum impresso.

DEJ. *Spec.* III. p. 408. n° 185.

Percus Navaricus. DEJ. *Cat.* p. 13.

Broscus Patruelis? DUFOUR. *Annales générales des Sciences physiques.* VI. 18e cahier. p. 313. n° 7.

Long. 7, 8 lignes. Larg. 2 ½, 3 lignes.

Un peu voisine de la *Concinna* par la forme et la grandeur, et d'un noir assez brillant sur la tête et le corselet, et un peu plus mat sur les Élytres.

Tête assez grande, ovale, nullement rétrécie postérieurement, lisse.

Corselet plus large que la tête, moins long que large, arrondi sur les côtés, un peu rétréci postérieurement, presque cordiforme, assez convexe; les rides ondulées peu distinctes; la ligne médiane fine, très-peu marquée; les deux impressions transversales à peine distinctes; une légère impression un peu ovale de chaque côté de la base; le bord antérieur peu échancré et légèrement sinué; les côtés légèrement rebordés, tombant un peu obliquement sur la base; la base coupée presque carrément.

Élytres plus larges que le corselet, en ovale peu allongé, assez convexes, à peine sinuées, et presque arrondies à l'extrémité, très-lisses; une rangée de points enfoncés, assez fortement marqués, et très-rapprochés le long du bord extérieur.

Pattes assez fortes.

Elle se trouve assez communément en Navarre, en Aragon, en Catalogne, et dans le département des Pyrénées-Orientales.

FERONIA.

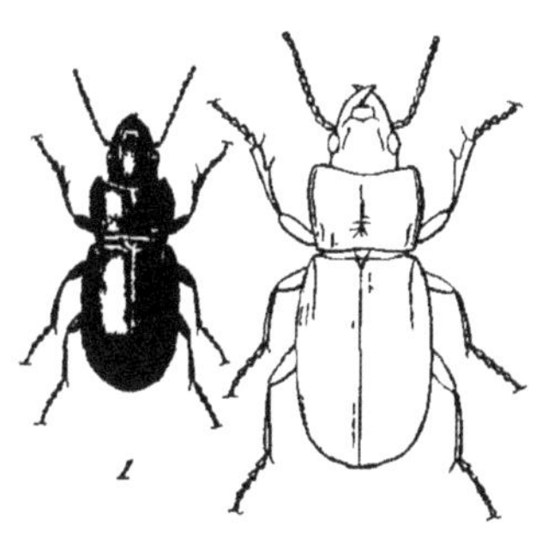

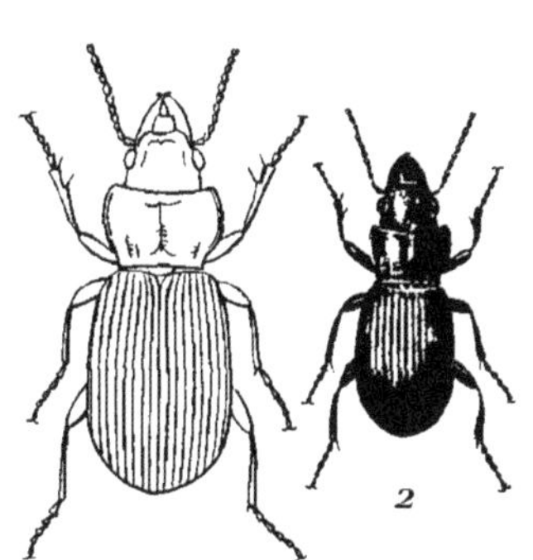

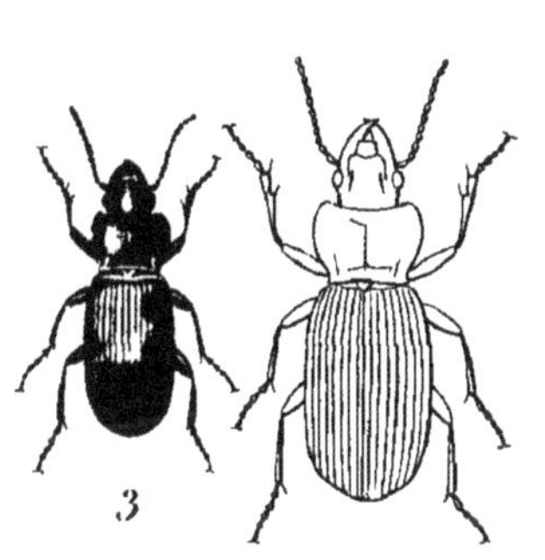

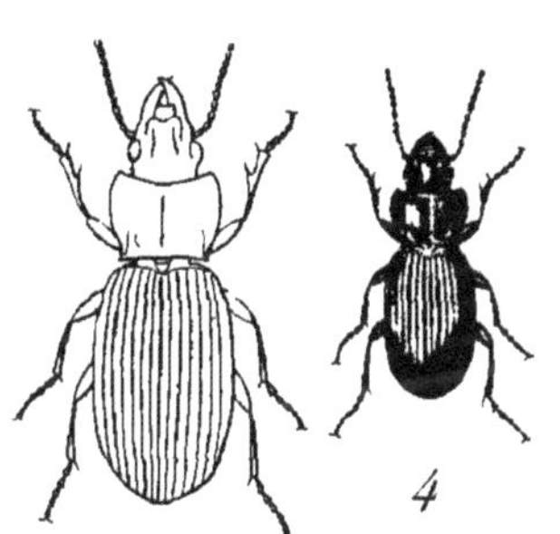

1. F. Striolata.
2. F. Robusta
3. F. Dalmatina.
4. F. Alpestris.

P. Dumeril pinx Dupreel sc

DIXIÈME DIVISION.

MOLOPS. *Bonelli.*

140. F. STRIOLATA.

Pl. 153. fig. 1.

Aptera, nigra, lata; thorace quadrato, postice [illegible] bistriato; elytris subparallelis, obsolete striato-punct[illegible], margine linea [illegible]ctorum impresso.

DEJ. *Spec.* III. p. 410. n° 186.
Carabus Striolatus. FABR. *Sys. El.* 1. p. 188. n° 101.
[illegible] *Ins.* 1. p. 193. n° 141.
[illegible] p. 68. n° 62.
[illegible] p. 188. [illegible]
[illegible]

[illegible]

[illegible] peu près de la taille [illegible] brillant dans les deux sexes.

[T]ête grosse, presque ovale, [illegible] postérieurement.

[C]orselet plus large que la [illegible] large, presque carré, [illegible]

DIXIÈME DIVISION.

Molops. *Bonelli.*

140. F. Striolata.

Pl. 153. fig. 1.

Aptera, nigra, lata; thorace quadrato, postice utrinque bistriato; elytris subparallelis, obsolete striato-punctatis, margine linea punctorum impresso.

Dej. *Spec.* iii. p. 410. n° 186.
Carabus Striolatus. Fabr. *Sys. El.* 1. p. 188. n° 101.
Sch. *Syn. Ins.* 1. p. 193. n° 141.
Duftschmid. ii. p. 63. n° 62.
Abax Striolatus. Sturm. iv. p. 158. n° 6.
Molops Striolatus. Dej. *Cat.* p. 13.

Long. 7 $\frac{3}{4}$, 8 $\frac{3}{4}$ lignes. Larg. 3, 3 $\frac{1}{2}$ lignes.

A peu près de la taille de la *Striola*, et entièrement d'un noir brillant dans les deux sexes.

Tête grosse, presque ovale, peu allongée, nullement rétrécie postérieurement.

Corselet plus large que la tête, assez court, moins long que large, presque carré, très-légèrement arrondi sur les côtés, et très-légèrement convexe; la ligne médiane fine peu marquée; l'impression transversale antérieure à peine sensible, la postérieure un peu plus distincte; de chaque côté de la base deux impressions longitudinales assez marquées, à fond presque lisse, dont l'extérieur un peu moins longue; le bord antérieur assez fortement échancré; les côtés rebordés, tombant presque carrément sur la base, et ayant près de celle-ci une petite crénelure peu saillante.

Élytres courtes, presque parallèles, légèrement convexes, à peine sinuées et presque arrondies à l'extrémité; le rebord de la base bien marqué, ne formant pas de dent à l'angle huméral; les stries fines, très-légèrement ponctuées, très-peu marquées et presque effacées; les septième, huitième et neuvième un peu plus distinctes que les autres, et ne paraissant pas ponctuées; les intervalles planes; le septième un peu relevé près de l'angle huméral, et formant presque une petite ligne saillante.

Pattes courtes et assez fortes, noires, avec les tarses d'un brun roussâtre; dernier anneau de l'abdomen lisse dans les deux sexes.

Elle se trouve communément dans les montagnes de la Carniole, de l'Illyrie et de la Styrie.

141. F. Robusta. *Ziegler.*

Pl. 153. fig. 2.

Aptera, nigra, lata; thorace subcordato, postice utrinque impresso; elytris oblongo-ovatis, profunde striatis.

Dej. *Spec.* III. p. 411. n° 187.
Molops Robustus. Dahl. *Coleopt. und Lepidopt.* p. 9.

Long. 9 lignes. Larg. 3 ½ lignes.

Plus grande que l'*Elata*, et proportionnellement plus large.

Tête plus large.

Corselet plus large, plus court, moins arrondi sur les côtés, un peu moins rétréci postérieurement, et un peu plus plane; les deux impressions de chaque côté de la base presque réunies en une seule, rugueuse dans le fond.

Élytres un peu plus longues, moins larges, moins ovales, moins convexes, et un peu plus sinuées près de l'extrémité; les stries plus fortement marquées, et les intervalles un peu plus relevés.

Elle se trouve dans le Bannat, en Hongrie.

142. F. Dalmatina.

Pl. 153. fig. 3.

Aptera, nigra; thorace subcordato, postice utrinque bi striato; elytris parallelis, striatis.

Dej. *Spec.* III. p. 412. n° 188.
Molops Dalmatinus. Dej. *Cat.* p. 15.

Long. 7 $\frac{1}{2}$, 8 $\frac{1}{4}$ lignes. Larg. 2 $\frac{2}{3}$, 3 lignes.

Plus grande et proportionnellement beaucoup plus allongée que l'*Elata*.

Tête un peu plus grande.

Corselet un peu plus grand et un peu moins convexe; les rides transversales ondulées moins marquées; les deux impressions de chaque côté de la base plus longues, plus distinctes; la partie postérieure des côtés qui tombent carrément sur la base un peu plus longue, mais moins que dans la *Terricola*.

Élytres plus longues, moins larges, presque parallèles et un peu sinuées près de l'extrémité, striées à peu près de la même manière.

Pattes un peu plus fortes.

Elle a été découverte dans l'île de Cherzo, en Dalmatie, par M. le comte Dejean.

143. F. Alpestris. *Megerle.*

Pl. 153. fig. 4.

Aptera, nigra; thorace subcordato, postice utrinque impresso; elytris oblongo-ovatis, striatis.

Dej. *Spec.* III. p. 413. n° 189.
Molops Alpestris. Dahl. *Coleopt. und Lepidopt.* p. 9.
Molops Melas? Sturm. IV. p. 171. n° 5. T. 103. fig. c.

FERONIA.

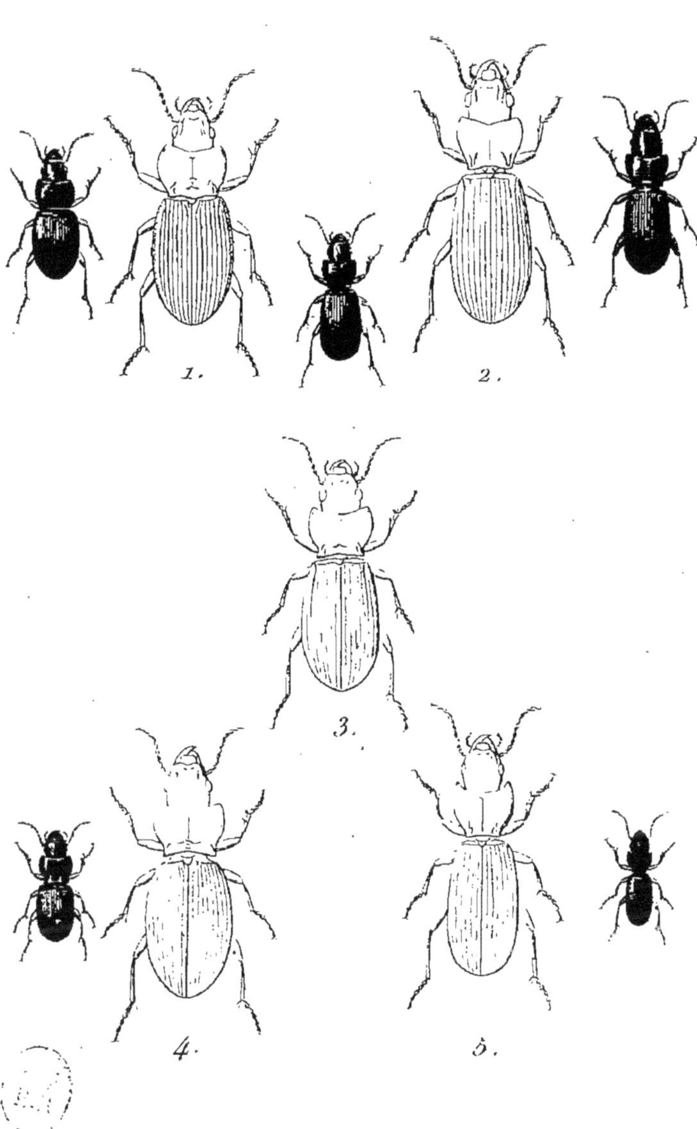

1. F. Elata.
2. F. Bucephala.
3. F. Longicollis.
4. F. Terricola.
5. F. Spinicollis.

P. Dumenil pinx. Duprécl sc.

Long. 6 ½, 7 ½ lignes. Larg. 2 ½, 3 lignes.

Très-voisine de l'*Elata,* dont elle n'est peut être qu'une variété un peu plus étroite et plus allongée.

Corselet un peu plus étroit; les deux impressions de chaque côté de la base un peu moins distinctes et paraissant réunies en une seule; les côtés un peu moins arrondis, formant à l'angle postérieur une dent un peu plus saillante.

Élytres un peu plus longues, plus étroites, moins ovales, striées à peu près de la même manière.

Elle se trouve en Autriche et dans le Bannat, en Hongrie.

144. F. Elata.

Pl. 154. fig. 1.

Aptera, nigra; thorace subcordato, postice utrinque bistriato; elytris brevioribus, ovatis, striatis.

Dej. *Spec.* III. p. 414. n° 190.
Carabus Elatus. Fabr. *Sys. El.* I. p. 189. n° 104.
Sch. *Syn. Ins.* I. p. 193. n° 144.
Duftschmid. II. p. 58. n° 54.
Molops Elatus. Sturm. IV. p. 164. n° 1.
Dej. *Cat.* p. 13.
Scarites Gagates. Panzer. *Fauna Germ.* II. n° 1.

Long. 6 $\frac{1}{4}$, 7 $\frac{3}{4}$ lignes. Larg. 2 $\frac{1}{2}$, 3 $\frac{1}{4}$ lignes.

Plus grande, plus large et plus convexe que la *Terricola*, et toujours d'un noir assez brillant.

Tête proportionnellement un peu moins grande.

Corselet moins rétréci postérieurement; la partie du bord latéral qui tombe sur la base beaucoup plus courte, ne formant qu'une petite dent très-peu saillante, un peu convexe; l'impression transversale postérieure un peu plus marquée; les rides ondulées plus sensibles.

Élytres un peu plus larges et un peu plus convexes; les bords latéraux un peu relevés et presque en carêne; les stries lisses, ordinairement un peu plus marquées, et les intervalles un peu plus relevés.

Dessous du corps noir, quelquefois d'un brun noirâtre; cuisses et jambes d'un brun noirâtre, avec les tarses d'un brun roussâtre.

Elle se trouve dans les parties montagneuses de l'Allemagne, de l'Autriche et de la Styrie.

145. F. Bucephala. *Parreyss.*

Pl. 154. fig. 2.

Aptera, nigra; capite majore; thorace cordato, postice subcoarctato, utrinque bistriato; elytris elongato-ovatis, striatis.

Dej. *Spec.* iii. p. 415. n° 191.
Molops Bucephalus. Sturm. *Catal.* p. 170.

Très-voisine de la *Longipennis*, mais plus grande, et proportionnellement un peu plus large.

Tête plus grosse, non rétrécie postérieurement.

Corselet un peu plus large; son bord antérieur un peu sinué et plus fortement échancré.

Élytres un peu plus larges, moins parallèles, un peu plus planes; les stries un peu plus fortement marquées.

Cuisses et jambes noires, avec les tarses d'un brun roussâtre.

Elle se trouve dans la Dalmatie et la Croatie.

146. F. Longipennis.

Pl. 154. fig. 3.

Aptera, nigra; thorace cordato, postice subcoarctato, utrinque bistriato; elytris elongato-oblongis, subparallelis, striatis; pedibus piceis.

Dej. *Spec.* iii. p. 415. n° 192.
Molops Longipennis. Dej. *Cat.* p. 13.

Long. 6 $\frac{3}{4}$ lignes. Larg. 2 $\frac{1}{2}$ lignes.

Voisine de la *Terricola;* mais plus grande, moins convexe, et proportionnellement plus allongée, et d'un noir assez brillant.

Tête un peu moins convexe, avec les antennes d'un brun noirâtre.

Corselet un peu plus long, moins convexe, et presque plane, avec la ligne médiane un peu plus marquée.

Élytres plus longues, moins ovales, presque parallèles, moins convexes, presque planes; les stries lisses; les intervalles presque planes.

Dessous du corps d'un brun noirâtre, avec les pattes d'un brun un peu roussâtre.

Elle a été découverte en Croatie par M. le comte Dejean.

147. F. TERRICOLA.

Pl. 154. fig. 4.

Aptera, nigra vel nigro-picea; thorace cordato, postice subcoarctato, utrinque bistriato; elytris brevioribus, ovatis, striatis; antennis pedibusque rufo-piceis.

DEJ. *Spec.* III. p. 416. n° 193.

Carabus Terricola. FABR. *Sys. El.* I. p. 178. n° 43.

SCH. *Syn. Ins.* I. p. 178. n° 54.

DUFTSCHMID. II. p. 60. n° 57.

Harpalus Terricola. GYLLENHAL. II. p. 93. n° 13. et IV. p. 427. n° 13.

Molops Terricola. STURM. IV. p. 168. n° 3. T. 103. fig. a. A.

DEJ. *Cat.* p. 13.

Carabus Madidus. PAYK. *Fauna Suecica.* I. p. 107. n° 14.

Scarites Piceus. PANZER. *Fauna Germ.* II. n° 2.

VAR. A. *Molops Punctatus.* DAHL.

VAR. B. *Molops Melas.* ZIEGLER.

VAR. C. *Molops Brunnipes.* MEGERLE. DAHL. *Coleopt. und Lepidopt.* p. 9.

Long. 5, 6 ½ lignes. Larg. 2, 2 ¾ lignes.

Varie beaucoup pour la taille, et même un peu pour la forme; ordinairement d'un noir assez brillant, quelquefois d'un brun noirâtre et quelquefois d'un brun un peu roussâtre.

Tête assez grande, ovale, nullement rétrécie postérieurement, presque lisse.

Corselet plus large que la tête, moins long que large, en cœur assez fortement rétréci postérieurement et légèrement convexe; les rides transversales peu distinctes; la ligne médiane fine et peu marquée; l'impression transversale antérieure peu sensible; la postérieure un peu plus distincte; de chaque côté de la base, deux impressions longitudinales, dont l'intérieure plus longue et plus fortement marquée; le bord antérieur très-fortement échancré; les côtés rebordés et très arrondis antérieurement, tombant presque carrément sur la base, et formant avec elle un angle ordinairement droit et quelquefois un peu aigu; la base très-légèrement échancrée dans son milieu.

Élytres plus larges que le corselet, assez courtes, ovales, légèrement convexes, à peine sinuées et presque arrondies à l'extrémité; ayant chacune neuf stries; les troisième et quatrième, cinquième et sixième, se réunissant deux à deux; ces stries plus ou moins marquées, lisses, quelquefois très-légèrement ponctuées; les septième, huitième et neuvième très-rapprochées et plus fortement marquées; les intervalles presque planes ou très-légèrement relevés.

Dessous du corps d'un brun noirâtre. Pattes courtes, assez fortes, d'un brun roussâtre, quelquefois d'un rouge ferrugineux. Dernier anneau de l'abdomen lisse.

Elle se trouve communément en France, en Allemagne, dans les différentes provinces de l'Autriche et en Dalmatie, particulièrement dans les bois et les montagnes; elle est rare en Suède.

148 F. Spinicollis.

Pl. 154. fig. 5.

Aptera, nigro-picea; thorace cordato, postice coarctato, utrinque striato, angulis anticis acutissimis; elytris oblongo ovatis, striatis; pedibus rufo-piceis.

Dej. *Spec.* iii. p. 418. n° 194.

Long. 5 lignes. Larg. 1 $\frac{3}{4}$ ligne.

Plus allongée, plus étroite que la *Terricola*, et d'un brun noirâtre en dessus.

Tête un peu plus petite, un peu rétrécie postérieurement.

Corselet plus étroit, un peu plus long; les rides transversales peu distinctes; la ligne médiane assez marquée; les impressions transversales à peine sensibles; de chaque côté de la base, une impression longitudinale assez marquée; le bord antérieur assez échancré; les angles antérieurs assez avancés et très-aigus; les côtés légèrement rebordés; les angles postérieurs coupés carrément; la base un peu échancrée dans son milieu.

Élytres beaucoup plus étroites, un peu plus allongées, moins convexes et arrondies à l'extrémité; les stries peu marquées; les intervalles presque planes.

Dessous du corps d'un brun roussâtre. Pattes de la même couleur, plus longues et moins fortes que dans la *Terricola*.

Elle a été trouvée, par M. le comte Dejean, dans les Pyrénées orientales, au-dessus de Prats-de-Mollo.

XXVII. CAMPTOSCELIS.

Molops. *Germar.* Scarites. *Olivier.* Carabus. *Fabricius.*

Les trois premiers articles des tarses antérieurs dilatés dans les mâles, moins longs que larges et fortement cordiformes. Dernier article des palpes presque cylindrique et tronqué à l'extrémité. Antennes filiformes et peu allongées. Lèvre supérieure en carré moins long que large. Mandi-

bules tres-peu avancées, fortement arquées et presque obtuses. Une dent bifide au milieu de l'échancrure du menton. Corselet tronqué antérieurement, arrondi postérieurement. Élytres assez allongées, très-légèrement ovales et presque parallèles. Jambes intermédiaires fortement arquées.

M. Dejean a donné à ce nouveau genre, établi sur le *Scarites Hottentotta* d'Olivier, le nom de *Camptoscelis*, tiré des deux mots grecs καμπτὸς, courbé, et σκέλος, jambe.

La lèvre supérieure est presque plane, en carré moins long que large et très-légèrement échancrée antérieurement. Les mandibules sont très-peu avancées, fortement arquées et presque obtuses. Le menton est assez grand, assez concave, fortement échancré, et il a une forte dent distinctement bifide au milieu de son échancrure. Les palpes sont peu avancés, et leur dernier article est presque cylindrique et tronqué à l'extrémité. Les antennes sont minces, filiformes et un peu plus longues que le corselet; leurs articles sont presque cylindriques et assez allongés : le premier est un peu plus gros que les autres; le second est le plus court de tous; le troisième est un peu plus long que les suivans, qui sont égaux entre eux et très-légèrement comprimés. La tête est grosse, presque carrée et un peu renflée postérieurement. Les yeux sont petits et nullement saillans. Le corselet est ovalaire, tronqué antérieurement, arrondi postérieurement. Les élytres sont assez allongées, un peu convexes, légèrement ovales, presque parallèles et arrondies à l'extrémité. Les pattes sont assez fortes et assez courtes. Les cuisses sont un peu renflées, surtout les intermédiaires. Les jambes antérieures

FÉRONIENS.

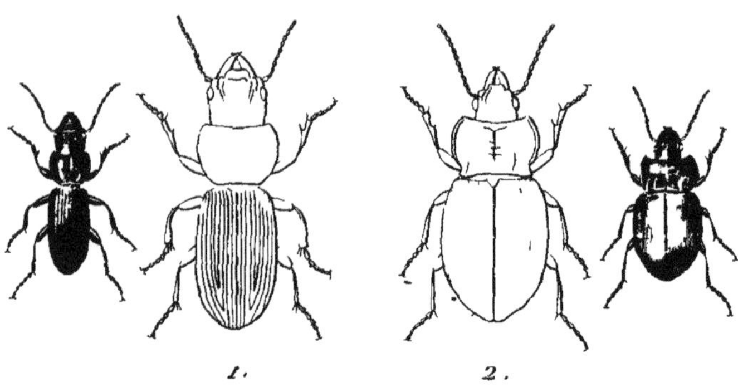

1. 2.

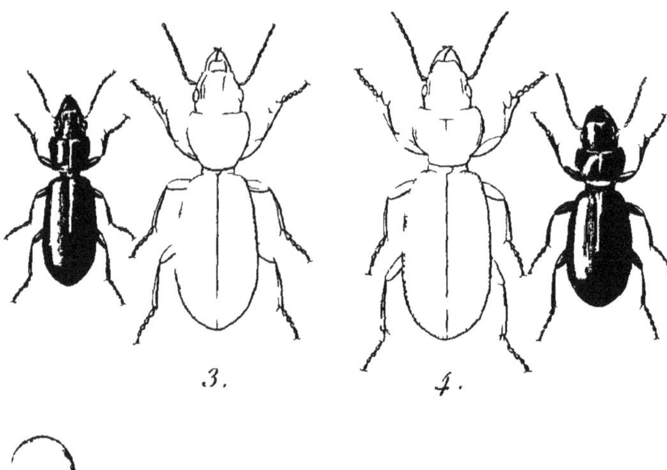

3. 4.

1 Camptoscelis Hottentotta.

2. Myas Chalybeus.

3. Cephalotes Vulgaris

4. idem Politus

P Dumenil pinx Dupreel sc

sont légèrement échancrées; les intermédiaires sont très fortement arquées, surtout dans les mâles. Les articles des tarses sont assez allongés, presque cylindriques ou légèrement triangulaires et [illegible] à l'extrémité, les trois premiers des tarses antérieurs [illegible] assez fortement dilatés dans les mâles : le premier est triangulaire et plus grand que les deux autres, qui sont moins longs que larges et fortement cordiformes. Les crochets des tarses ne sont pas dentelés en dessous.

C. Hottentotta.

Pl. 155, fig. [illegible]

Apterus, niger; thorace ovato, antice truncato, postice [illegible] obsolete impresso; elytris oblongis, subparallelis, [illegible] tarsisque rufo-piceis.

Dej. *Spec.* III. p. 421. n° 1.

Scarit. Hottentotta. Oliv. III. 36. p. 9. n° 9. t. 2. fig. 19.

Sch. *Syn. Ins.* [illegible] n° 8.

Steropus Hottentotta. Dej. *Cat.* p. 15.

Carabus Megacephalus. Fabr. *Sys. El.* I. p. 187. n° 90.

Sch. *Syn. Ins.* I. p. 191. n° 127.

Molops Piantorii. Germar. *Coleopt. Sp. nov.* p. 20. n° 36.

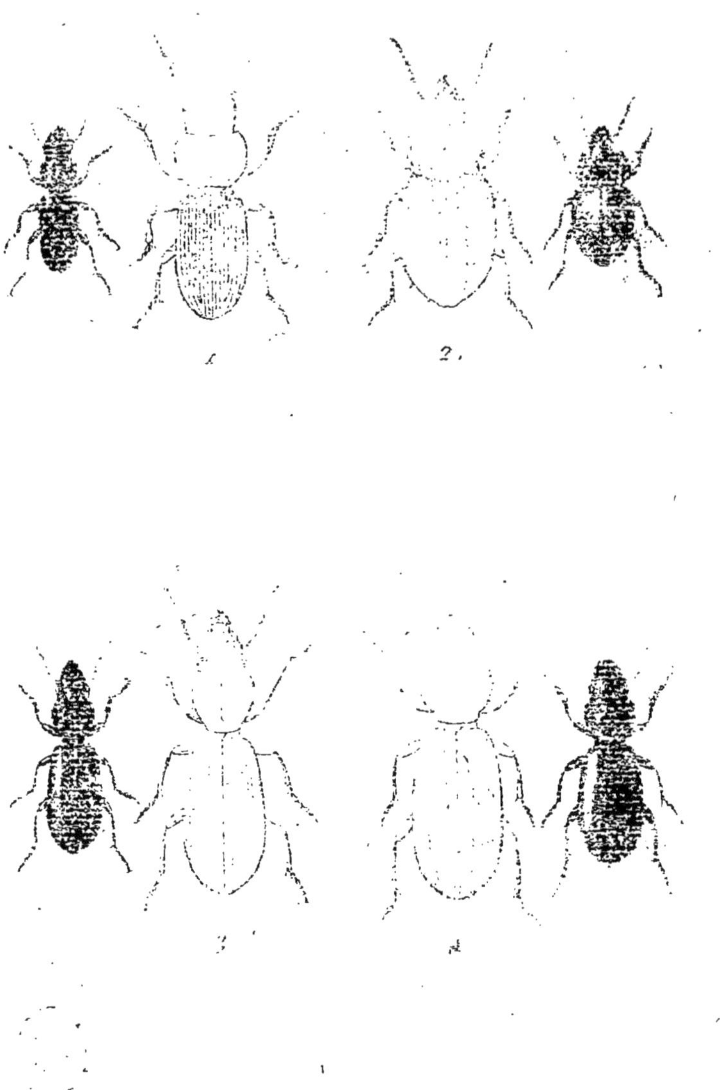

1. [illegible] ...ptocelis Hottentotta.
2. [illegible]
3. Cephalotes Vulgaris
4. [illegible]

sont légèrement échancrées; les intermédiaires sont très-fortement arquées, surtout dans les mâles. Les articles des tarses sont assez allongés, presque cylindriques ou légèrement triangulaires et bifides à l'extrémité; les trois premiers des tarses antérieurs sont assez fortement dilatés dans les mâles : le premier est triangulaire et plus grand que les deux autres, qui sont moins longs que larges et fortement cordiformes. Les crochets des tarses ne sont pas dentelés en dessous.

C. Hottentotta.

Pl. 155. fig. 1.

Apterus, niger; thorace ovato, antice truncato, postice utrinque obsolete impresso; elytris oblongis, subparallelis, striatis; antennis tarsisque rufo-piceis.

Dej. *Spec.* III. p. 421. n° 1.

Scarites Hottentotta. Oliv. III. 36. p. 9. n° 9. r. 2. fig. 19.

Sch. *Syn. Ins.* I. p. 127. n° 8.

Steropus Hottentotta. Dej. *Cat.* p. 13.

Carabus Megacephalus. Fabr. *Sys. El.* I. p. 187. n° 95.

Sch. *Syn. Ins.* I. p. 191. n° 127.

Molops Plantaris. Germar. *Coleopt. Sp. Nov.* p. 22. n° 36.

Long. 7 $\frac{1}{3}$, 8 lignes. Larg. 2 $\frac{1}{3}$, 2 $\frac{2}{3}$ lignes.

Il se trouve au cap de Bonne-Espérance.

XXVIII. MYAS. *Ziegler.*

Les trois premiers articles des tarses antérieurs dilatés dans les mâles, moins longs que larges et fortement cordiformes. Dernier article des palpes labiaux peu allongé et fortement sécuriforme. Antennes peu allongées et presque moniliformes. Lèvre supérieure transversale et coupée presque carrément. Mandibules peu avancées, légèrement arquées et assez aigues. Une dent bifide au milieu de l'échancrure du menton. Corselet presque carré. Élytres ovales ou parallèles.

M. Ziegler a formé ce nouveau genre sur un très-bel insecte de Hongrie, et M. Dejean lui a adjoint une nouvelle espèce de l'Amérique septentrionale.

Ils présentent tous les deux les caractères suivans :

La lèvre supérieure est plane, courte, presque transversale et coupée presque carrément. Les mandibules sont peu avancées, légèrement arquées et assez aiguës. Le menton est assez grand, légèrement concave, fortement échancré, et il a une forte dent large et assez distinctement bifide au milieu de son échancrure. Les palpes sont peu saillans; leur dernier article est peu allongé; celui des maxillaires est très-légèrement sécuriforme; celui des labiaux est fortement sécuriforme et presque triangulaire. Les antennes sont à peu près de la longueur de la tête et du corselet réunis et presque moniliformes; leurs articles sont peu allongés : le premier est court et un peu plus gros que les autres; le second est le plus court de tous; le troisième est un peu plus long que les suivans, qui sont égaux entre eux et presque en carré dont les angles sont arrondis. La tête est assez avancée, presque triangulaire et point rétrécie postérieurement. Les yeux sont arrondis et assez saillans. Le corselet est presque carré. Les élytres sont ovales ou parallèles. Les pattes sont fortes et peu allongées. Les jambes antérieures sont fortement échancrées. Les articles des tarses sont peu allongés, presque cylindriques, ou légèrement triangulaires et bifides à l'extrémité; les trois premiers des tarses antérieurs sont fortement dilatés dans les mâles : le premier est triangulaire et un peu plus grand que les deux suivans, qui sont moins longs que larges et fortement cordiformes. Les crochets des tarses ne sont pas dentelés en dessous.

M. Chalybeus. *Ziegler.*

Pl. 155. fig. 2.

Apterus, ovatus, niger; thorace breviore, subquadrato, postice utrinque bistriato, lateribus rotundatis; elytris chalybeis, ovatis, latioribus, obsolete striato punctatis.

Dej. *Spec.* III. p. 424. n° 1.

DAHL. *Coleoptera und Lepidoptera.* p. 8.

Abax Chalybeus. PALLIARDI. *Beschreibung zweyer decaden neuer und wenig bekannter Carabicinen.* p. 41. T. 4. fig. 19.

Long. $7\frac{1}{4}$, $7\frac{1}{2}$ lignes. Larg. $3\frac{1}{2}$, $3\frac{2}{3}$ lignes.

Tête noire, assez petite, presque lisse.

Corselet noir, avec une légère teinte d'un bleu violet à sa partie postérieure et sur ses côtés, le double plus large que la tête, moins long que large, assez court, presque carré, assez arrondi sur les côtés et presque plane; les rides transversales assez rapprochées et assez distinctes; la ligne médiane fine et peu marquée; l'impression transversale antérieure peu apparente; la postérieure fortement marquée; de chaque côté de la base, deux impressions longitudinales fortement marquées; le bord antérieur assez échancré; les côtés fortement rebordés, ayant près de la base une forte crénelure; la base un peu sinuée et assez échancrée dans son milieu.

Élytres d'un beau bleu d'acier, quelquefois un peu violet, plus larges que le corselet, assez courtes, ovales, légèrement convexes et sinuées près de l'extrémité; ayant chacune neuf stries très-peu marquées et très-légèrement ponctuées; les intervalles planes; point d'ailes sous les élytres.

Dessous du corps et cuisses noirs, avec les jambes un peu brunâtres et les tarses d'un brun un peu roussâtre.

Il se trouve en Hongrie, dans le Bannat.

XXIX. CEPHALOTES. *Bonelli.*

Broscus. *Panz.* Harpalus. *Gyllenh.* Carabus. *Fabric.*

Les trois premiers articles des tarses antérieurs dilatés dans les mâles, moins longs que larges et fortement cordiformes. Dernier article des palpes labiaux allongé et légèrement sécuriforme. Antennes filiformes et peu allongées. Lèvre supérieure en carré moins long que large et presque transversale. Mandibules légèrement arquées et assez aigues. Une dent simple au milieu de l'échancrure du menton. Corselet cordiforme, convexe et fortement rétréci postérieurement. Élytres assez allongées, légèrement ovales ou parallèles.

Bonelli a établi ce genre sur le *Carabus Cephalotes* de Fabricius. A peu près dans le même temps, Panzer lui avait donné le nom de *Broscus ;* mais le nom de *Cephalotes* est généralement adopté.

Les *Cephalotes* sont d'assez grands insectes, qui ressemblent un peu à plusieurs espèces de *Feronia,* et surtout aux *Steropus* de Megerle, mais dont la dent qui se trouve au milieu de l'échancrure du menton est toujours simple, et qui présentent en outre plusieurs autres caractères distinctifs.

La lèvre supérieure est plane, en carré moins long que large, presque transversale, coupée presque carrément ou très-légèrement échancrée antérieurement. Les mandibules sont peu avancées, légèrement arquées et assez aiguës. Le menton est assez grand, assez concave, fortement échancré, et il a une forte dent toujours simple au milieu de son échancrure. Les palpes sont peu saillans; le dernier article des maxillaires est assez allongé, presque cylindrique et tronqué à l'extrémité; celui des labiaux est allongé et légèrement sécuriforme. Les antennes sont filiformes, assez minces et plus courtes que la tête et le corselet réunis; leurs articles sont presque cylindriques ou obconiques : le premier est un peu plus gros que les autres; le second est le plus court de tous; le troisième est un peu plus long que les suivans, qui sont égaux entre eux. La tête est assez grande, presque ovale et point rétrécie postérieurement. Les yeux sont peu saillans. Le corselet est convexe, cordiforme et fortement rétréci postérieurement. Les élytres sont assez allongées, légèrement ovales ou presque parallèles. Les pattes sont assez grandes et assez fortes. Les jambes antérieures sont fortement échancrées. Les articles des tarses sont assez allongés, presque cylindriques, ou légèrement triangulaires, et bifides à l'extrémité; les trois premiers des tarses antérieurs sont assez fortement dilatés dans les mâles : le premier est triangulaire et plus grand que les deux suivans, qui sont moins longs que larges et fortement cordiformes. Les crochets des tarses ne sont pas dentelés en dessous.

Des cinq espèces décrites dans le *Species*, deux appartiennent à l'Europe, une au nord de l'Afrique, la quatrième vient du Mont-Sinaï, et la dernière de l'Asie-Mineure.

1. C. Vulgaris. *Bonelli.*

Pl. 155. fig. 3.

Alatus, niger; thorace subcordato; elytris elongato-oblongis, subparallelis, subtilissime striato-punctatis.

Dej. *Spec.* iii. p. 428. n° 1.
Dej. *Cat.* p. 5.
Carabus Cephalotes. Fabr. *Sys. El.* 1. p. 187. n° 94.
Sch. *Syn. Ins.* 1. p. 190. n° 125.
Duftschmid. ii. p. 57. n° 53.
Scarites Cephalotes. Oliv. iii. 36. p. 8. n° 6. t. 1. fig. 9.
Harpalus Cephalotes. Gyllenhal. ii. p. 147. n° 55. et iv. p. 447. n° 55.
Sahlberg. *Dissert. entom. Ins. Fennica.* p. 251. n° 60.
Broscus Cephalotes. Sturm. iv. p. 141. n° 1. t. 99.
Var. *Cephalotes Semistriatus.* Besser.

Long. 8 $\frac{1}{2}$, 10 lignes. Larg. 2 $\frac{3}{4}$, 3 $\frac{1}{3}$ lignes.

Tête ovale, nullement rétrécie postérieurement, assez fortement ponctuée, surtout derrière les yeux et sur les côtés.

Corselet un peu plus large que la tête, presque aussi long que large, en cœur allongé, assez fortement rétréci postérieurement et légèrement convexe; couvert de rides transversales ondulées assez rapprochées, assez distinctes et quelquefois même assez fortement marquées; la ligne médiane assez marquée; l'impression transversale antérieure souvent peu distincte, et quelquefois assez marquée; le bord antérieur très-peu échancré; les côtés légèrement rebordés; les angles postérieurs et la base coupés presque carrément.

Élytres plus larges que le corselet, assez allongées, très-légèrement ovales, presque parallèles, un peu plus larges au-delà du milieu, assez convexes et à peine sinuées près de l'extrémité; l'angle huméral assez arrondi; neuf stries sur chacune, formées par des points enfoncés très-petits; ces stries très-peu marquées et souvent presque effacées à l'extrémité; les intervalles planes; des ailes sous les élytres.

Dessous du corps et pattes noirs.

Il se trouve communément dans les champs et sous les pierres, en Suède, en France, en Allemagne, en Autriche et en Russie.

2. C. Politus.

Pl. 155. fig. 4.

Alatus, niger; thorace subrotundato; elytris oblongis, subparallelis, obsolete striato-punctatis; antennarum articulo primo testaceo.

Dej. *Spec.* III. p. 430. n° 2.

Long. 9 $\frac{1}{2}$, 10 $\frac{1}{2}$ lignes. Larg. 3 $\frac{1}{4}$, 3 $\frac{3}{4}$ lignes.

Ordinairement un peu plus grand que le *Vulgaris*, proportionnellement un peu plus large, un peu plus épais, un peu plus convexe et d'un noir un peu plus brillant.

Tête lisse.

Corselet plus court, plus large, plus arrondi sur les côtés, plus lisse et plus convexe; les rides ondulées à peine distinctes; l'impression transversale postérieure plus fortement marquée; le bord antérieur coupé presque carrément.

Élytres un peu plus larges, plus lisses et plus convexes; les stries moins marquées, moins distinctes et formées par des points plus petits; les intervalles plus lisses; des ailes sous les élytres.

Dessous du corps et pattes noirs.

Il se trouve en Sicile.

XXX. STOMIS. *Clairville.*

CARABUS. *Duftschmid.*

Les trois premiers articles des tarses antérieurs dilatés dans les mâles; au moins aussi longs que larges et légèrement triangulaires, ou cordiformes. Palpes allongés; le dernier article des labiaux légèrement sécuriforme. Antennes filiformes et assez allongées. Lèvre supérieure courte, transversale et échancrée en arc de cercle. Mandibules avancées, légèrement arquées et assez aiguës. Une dent simple au milieu de l'échancrure du menton. Corselet convexe, assez allongé et légèrement cordiforme. Élytres en ovale très-allongé et assez convexes.

Ce genre, établi par Clairville sur le *Carabus Pumicatus* de Panzer, est depuis long-temps adopté par tous les entomologistes ; on le reconnaîtra facilement aux caractères suivans :

La lèvre supérieure est courte, presque transversale et échancrée en arc de cercle. Les mandibules sont très-saillantes, assez étroites, légèrement arquées et assez aiguës. Le menton est assez grand, légèrement concave, assez fortement échancré, et il a au milieu de son échancrure une forte dent, dont la pointe est peu aiguë et forme un angle assez ouvert. Les palpes sont très-saillans ; leur dernier article est assez allongé ; celui des maxillaires est presque cylindrique et tronqué à l'extrémité ; celui des labiaux est légèrement sécuriforme. Les antennes sont filiformes et un peu plus longues que la moitié du corps ; leurs articles sont allongés et presque cylindriques : le premier est plus gros que les autres et aussi long que les deux suivans réunis ; le second est le plus court de tous ; le troisième est un peu plus long, mais un peu plus court que les suivans, qui sont égaux entre eux. La tête est allongée, presque triangulaire et un peu rétrécie postérieurement. Les yeux sont assez saillans. Le corselet est assez allongé, convexe et légèrement cordiforme. Les élytres sont en ovale très-allongé et légèrement convexes.

FÉRONIENS.

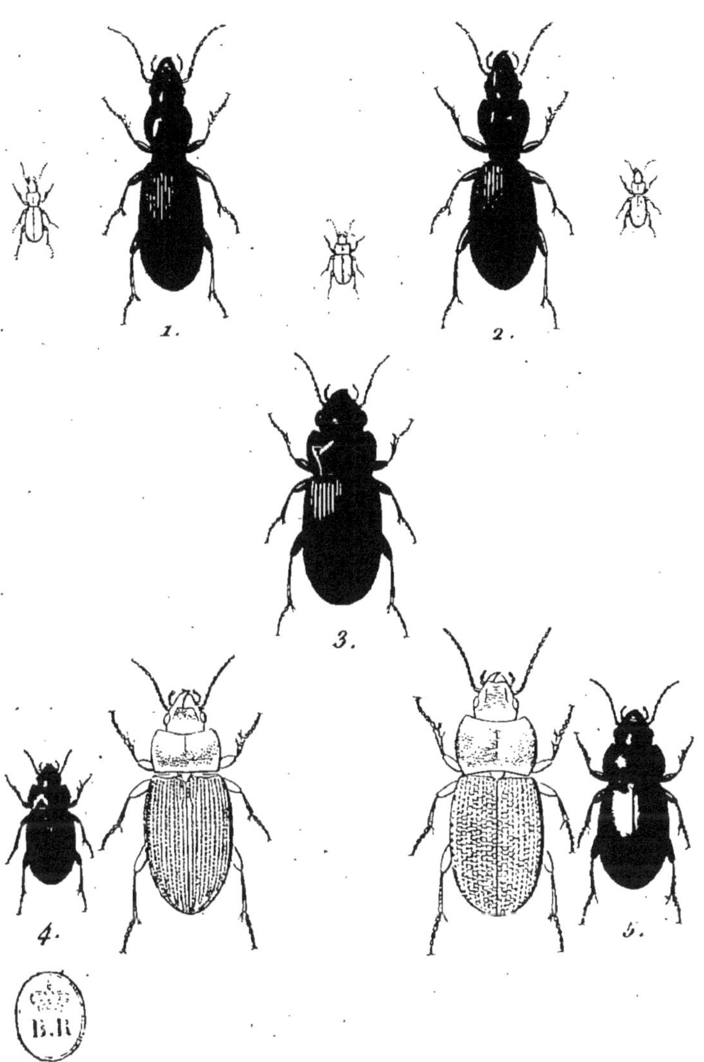

1. Stomis Pumicatus.
2. ——— Rostratus.
3. Abaris Ænea.
4. Rhathymus Carbonarius.
5. Pelor Blaptoides.

P. Dumenil pinx. Duprée sc.

FÉRONIENS.

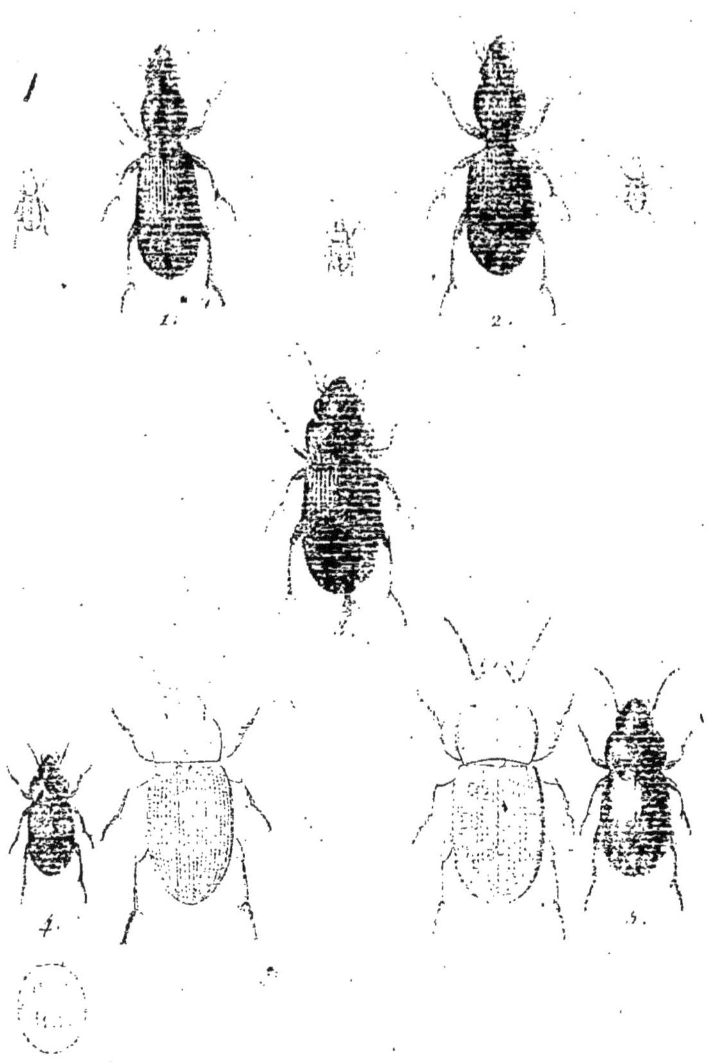

1. Stomis Pumicatus.
2. Rostratus.
3. [illegible]
4. Rhathymus Carbonarius.
5. Pelor Blaptoides.

Les pattes sont assez fortes et assez allongées. Les jambes antérieures sont assez fortement échancrées. Les articles des tarses sont assez allongés, presque cylindriques ou très-légèrement triangulaires; les trois premiers des tarses antérieurs sont assez fortement dilatés dans les mâles : le premier, un peu plus grand que les autres, est triangulaire, et les deux suivans sont assez fortement cordiformes. Les crochets des tarses ne sont pas dentelés en dessous.

On ne connaît, jusqu'à présent, que deux espèces qui appartiennent à ce genre, et qui toutes deux sont européennes.

1. S. Pumicatus.

Pl. 156. fig. 1.

Apterus, nigro-piceus; thorace cordato, postice utrinque striato; elytris oblongo-ovatis, striato-punctatis, striis subcrenatis; antennis pedibusque rufis.

Dej. *Spec.* iii. p. 435. n° 1.
Clairville. *Entom. Helvétique.* ii. p. 48. t. 6.
Sturm. vi. p. 4. n° 1.
Dej. *Cat.* p. 5.
Carabus Pumicatus. Panzer. *Fauna Germ.* 30. n° 16.
Sch. *Syn. Ins.* i. p. 190. n° 120.
Duftschmid. ii. p. 177. n° 238.

Long. 3, 3 ½ lignes. Larg. 1, 1 ⅓ ligne.

Un peu plus petit que l'*Anchomenus Pallipes*, proportionnellement un peu plus étroit et d'un brun noirâtre, souvent presque tout-à-fait noir.

Tête presque lisse, avec une petite impression arrondie, à peine distincte, entre les yeux.

Corselet plus large que la tête, un peu plus long que large, arrondi sur les côtés, rétréci postérieurement, cordiforme et assez convexe; les rides ondulées peu distinctes; la ligne médiane assez fortement marquée; les deux impressions transversales peu apparentes; de chaque côté de la base, quelques points enfoncés peu rapprochés et une impression longitudinale; le bord antérieur à peine échancré; les côtés légèrement rebordés; les angles postérieurs coupés presque carrément; la base un peu échancrée dans son milieu.

Élytres un peu plus larges que le corselet, en ovale allongé, légèrement convexes et peu sinuées près de l'extrémité; ayant chacune neuf stries assez fortement marquées, assez fortement ponctuées et presque crénelées; les intervalles un peu relevés; point d'ailes sous les élytres.

Dessous du corps d'un brun un peu roussâtre, avec le corselet et la poitrine fortement ponctués sur les côtés. Pattes d'un rouge ferrugineux.

Il se trouve sous les pierres, en France, en Suisse, en Allemagne et en Autriche.

2. S. Rostratus.

Pl. 156. fig. 2.

Apterus, piceus; thorace cordato, postice utrinque striato; elytris ovatis, subconvexis, striato-punctatis; antennis pedibusque rufis.

Dej. *Spec.* III. p. 436. n° 2.
Sturm. VI. p. 6. n° 2. T. 138. fig. a. A.
Dej. *Cat.* p. 5.
Carabus Rostratus. Duftschmid. II. p. 178. n° 259.

Long. 3, 3 $\frac{1}{2}$ lignes. Larg. 1, 1 $\frac{1}{3}$ ligne.

Très-voisin du *Pumicatus*, avec la couleur du dessus d'un brun roussâtre un peu moins obscur.

Tête ayant derrière les yeux une légère impression transversale et quelques petits points sur ses côtés.

Corselet un peu moins arrondi sur les côtés.

Élytres un peu plus larges, plus rétrécies antérieurement, plus ovales et un peu plus convexes; leurs stries moins fortement ponctuées.

Il se trouve dans les Alpes de la Styrie et de la Carinthie.

XXXI. ABARIS.

Les trois premiers articles des tarses antérieurs dilatés dans les mâles, aussi longs que larges, et triangulaires. Dernier article des palpes presque cylindrique et tronqué à l'extrémité. Antennes assez courtes, légèrement comprimées et presque filiformes. Lèvre supérieure en carré moins long que large, et coupée presque carrément antérieurement. Mandibules peu avancées, légèrement arquées et assez aiguës. Une dent simple et presque obtuse au milieu de l'échancrure du menton. Tête triangulaire. Yeux assez gros et très-saillans. Corselet carré. Élytres en ovale peu allongé.

M. Dejean a formé ce nouveau genre sur un insecte de la Colombie, et il lui a donné le nom d'*Abaris*, tiré des deux mots grecs α privatif, et βαρυς, pesant.

Il se rapproche un peu, par le *facies*, des *Pogonus*, mais il en diffère beaucoup par les caractères génériques.

La lèvre supérieure est plane, en carré moins long que large et coupée presque carrément à sa partie antérieure. Les mandibules sont peu avancées, légèrement arquées et assez aiguës. Le menton est assez court, assez concave, fortement échancré, et il a au milieu de son échancrure une forte dent simple et presque obtuse. Les palpes extérieurs sont peu saillans; leur dernier article est presque cylindrique et tronqué à l'extrémité. Les antennes sont presque filiformes et un peu plus courtes que la moitié du corps; le premier article est presque cylindrique; les deux suivans sont plus minces que tous les autres et légèrement obconiques; le second est le plus court de tous; le troisième est à peu près de la longueur du premier; le quatrième est également obconique et de la longueur du troisième, mais il est un peu plus gros; les suivans sont presque égaux, aussi longs que le premier, un peu plus larges, légèrement comprimés et presque en carré, dont les angles sont arrondis; le dernier est un peu plus long et terminé en pointe obtuse. Les pattes sont assez courtes. Les jambes antérieures sont assez fortement échancrées intérieurement. Les trois premiers articles des tarses antérieurs sont distinctement dilatés dans les mâles; le premier est aussi long que large et légèrement triangulaire; les deux autres sont un peu plus courts et fortement triangulaires. Les articles des tarses intermédiaires et postérieurs sont assez allongés et presque cylindriques. Les crochets des tarses ne sont pas dentelés en dessous.

A. Ænea.

Pl. 156. fig. 3.

Supra ænea; thorace quadrato, postice utrinque bistriato; elytris oblongo-ovatis, profunde striatis, punctoque impresso; antennis, tibiis tarsisque rufo-testaceis.

Long. $2\frac{1}{4}$, $2\frac{3}{4}$ lignes. Larg. 1, $1\frac{1}{4}$ ligne.

Il se trouve communément en Colombie, aux environs de Carthagène.

XXXII. RATHYMUS.

Les trois premiers articles des tarses antérieurs dilatés dans les mâles, presque aussi longs que larges, triangulaires ou cordiformes. Le dernier article des palpes maxillaires assez court et très-légèrement sécuriforme; celui des labiaux allongé et fortement sécuriforme. Antennes courtes et presque moniliformes. Lèvre supérieure courte, transversale et fortement échancrée antérieurement. Mandibules assez saillantes, larges, planes, arquées et assez aigues. Une forte dent simple au milieu de l'échancrure du menton. Corps assez large et assez épais. Corselet transversal, presque carré. Elytres en ovale peu allongé et assez convexes.

M. Dejean a donné à ce nouveau genre le nom de *Rathymus*, tiré du mot grec ῥάθυμος, paresseux.

Il est formé sur un insecte du Sénégal qui, par le *facies*, se rapproche un peu des *Zabrus*, mais il en diffère beaucoup par les caractères génériques.

La lèvre supérieure est courte, transversale et fortement échancrée antérieurement. Les mandibules sont assez avancées, larges, planes, arquées et assez aiguës. Le menton est assez court, assez concave, fortement échancré, et il a au milieu de son échancrure une forte dent simple. Les palpes extérieurs sont assez saillans; le dernier article des maxillaires est assez court, très-légèrement sécuriforme, presque cylindrique et tronqué à l'extrémité; celui des labiaux est assez allongé, assez fortement sécuriforme, assez mince à la base, assez large à l'extrémité et presque en triangle très-allongé. Les antennes sont plus courtes que la tête et le corselet réunis, et presque moniliformes; le premier article est peu allongé et presque cylindrique; les trois suivans sont plus minces que les autres et légèrement obconiques; le second est le plus court de tous; le troisième est à peu près de la longueur du premier; le quatrième est un peu plus court; les suivans sont presque égaux, de la longueur du quatrième, plus larges que le premier, légèrement comprimés et presque en carré dont les angles sont arrondis; le dernier est un peu plus long et terminé en pointe obtuse. Les pattes sont assez courtes et assez fortes pour la grosseur de l'insecte. Les jambes antérieures sont assez fortement échancrées intérieurement. Les trois premiers articles des tarses antérieurs sont assez fortement dilatés dans les mâles; le premier est aussi long que large, et légèrement triangulaire; les deux suivants sont un peu plus courts et presque cordiformes. Les articles des tarses intermédiaires et postérieurs sont légèrement triangulaires et presque cylindriques. Les crochets des tarses ne sont pas dentelés en dessous.

R. Carbonarius.

Pl. 156. fig. 4.

Niger; thorace transverso; elytris ovatis, profunde striatis, striis obsolete punctatis; antennis pedibusque piceis.

Long. 6 lignes. Larg. 2 $\frac{3}{4}$ lignes.

Il se trouve au Sénégal.

XXXIII. PELOR. *Bonelli.*

Zabrus. *Sturm.* Carabus. *Duftschmid.* Blaps. *Fabricius.*

Les trois premiers articles des tarses antérieurs dilatés dans les mâles, moins longs que larges, et fortement cordiformes. Dernier article des palpes peu allongé, presque cylindrique et tronqué à l'extrémité. Antennes filiformes et peu allongées. Lèvre supérieure en carré moins long que large, très-légèrement échancrée antérieurement. Mandibules peu avancées, assez fortement arquées et presque obtuses. Une dent bifide au milieu de l'échancrure du menton. Corps épais et convexe. Corselet transversal, arrondi sur les côtés. Élytres convexes, peu allongées, presque parallèles et arrondies à l'extrémité.

Ce genre, établi par Bonelli sur le *Carabus Blaptoides* de Creutzer, *Blaps Spinipes* de Fabricius, a les plus grands rapports avec les *Zabrus*, et il est possible qu'il ne puisse pas en être raisonnablement séparé. Il en diffère seulement par la dent qui se trouve au milieu de l'échancrure du menton, qui est très-légèrement bifide. Les antennes sont aussi, ordinairement, un peu plus fortes et un peu plus courtes. Le corselet est un peu plus transversal et plus échancré antérieurement, et les pattes sont un peu plus fortes et plus courtes. Il est vrai que ces derniers caractères se rencontrent également dans le *Zabrus Femoratus*, espèce qui présente le même *facies* que le *Pelor Blaptoides*, mais dans laquelle la dent qui se trouve au milieu de l'échancrure du menton est tout à-fait simple.

P. Blaptoides.

Pl. 156. fig. 5.

Apterus, niger; thorace transverso, punctato, lateribus rotundatis; elytris subparallelis, convexis, subtilissime striato-punctatis, transversim obsolete strigosis.

Dej. *Spec.* III. p. 438. n° 1.

Carabus Blaptoides. Creutzer. *Entom. Versuch.* I. p. 112. n° 5. t. 2. fig. 17.

Duftschmid. II. p. 125. n° 158.

Zabrus Blaptoides. Sturm. IV. p. 135. n° 2. t. 97. fig. a. A.

DEJ. *Cat.* p. 13.

Blaps Spinipes. FABR. *Sys. El.* 1. p. 142. n° 5.

SCH. *Syn. Ins.* 1. p. 145. n° 7.

Pelobatus Stevenii. FISCHER. *Mémoires de la Société imp. des Naturalistes de Moscou.* V. p. 467. T. 15. fig. B.

Long. 8, 8 $\frac{3}{4}$ lignes. Larg. 3 $\frac{1}{2}$, 4 lignes.

Plus grand, plus large, plus épais que le *Zabrus Gibbus*, et entièrement d'un noir assez brillant dans les mâles, un peu plus mat dans les femelles.

Tête grosse, presque ovale, nullement rétrécie en arrière.

Corselet à peu près le double plus large que la tête, presque moitié moins long que large, très-arrondi sur les côtés et assez convexe, couvert de points enfoncés assez serrés, un peu plus gros et plus marqués vers le bord antérieur, et surtout vers la base, et de rides transversales ondulées; la ligne médiane très-fine et à peine distincte; le bord antérieur fortement échancré en arc de cercle.

Élytres à peine plus larges que le corselet, peu allongées, presque parallèles, très-convexes et presque arrondies à l'extrémité; le rebord de la base assez marqué, ne formant pas de dent sensible à l'angle huméral; les stries très-peu marquées et formées par une suite de très-petits points enfoncés; les intervalles planes et couverts de rides transversales irrégulières et peu distinctes, surtout sur les côtés; point d'ailes sous les élytres.

Dessous du corps noir, avec les pattes assez fortes et de la même couleur.

Il se trouve dans les parties orientales de l'Autriche, en Hongrie et dans les provinces méridionales de la Russie.

XXXIV. ZABRUS. *Clairville.*

HARPALUS. *Gyllenhal.* CARABUS. *Fabricius.*

Les trois premiers articles des tarses antérieurs dilatés dans les mâles, moins longs que larges et fortement cordiformes. Dernier article des palpes presque cylindrique et tronqué à l'extrémité. Antennes filiformes et peu allongées. Lèvre supérieure en carré moins long que large, légèrement échancrée antérieurement. Mandibules peu avancées, assez fortement arquées et presque obtuses. Une dent simple au milieu de l'échancrure du menton. Corps épais et convexe. Corselet transversal, carré, trapézoïde ou arrondi sur les côtés. Élytres convexes, rarement allongées, souvent très-courtes, presque parallèles et arrondies à l'extrémité.

Ce genre, établi par Clairville, est depuis long-temps adopté par tous les entomologistes.

Les *Zabrus* sont des insectes au-dessus de la taille moyenne, assez gros, épais, assez convexes et peu agiles, ordinairement de couleur noire, rarement métallique, et qui présentent tous les caractères suivans :

La lèvre supérieure est plane, ou légèrement convexe,

en carré moins long que large et légèrement échancrée antérieurement. Les mandibules sont peu avancées, assez fortement arquées et presque obtuses. Le menton est assez grand, assez concave, fortement échancré, et il a une assez forte dent toujours simple au milieu de son échancrure. Les palpes sont peu allongés; leur dernier article, un peu plus court que le précédent, est presque cylindrique et tronqué à l'extrémité. Les antennes sont minces, filiformes et à peu près de la longueur de la tête et du corselet réunis, quelquefois un peu plus courtes, quelquefois un peu plus longues; leurs articles sont presque cylindriques : le premier est un peu plus gros que les autres; le second est le plus court de tous; le troisième est un peu plus long que les suivans, qui sont égaux entre eux. La tête est assez grosse, presque triangulaire et un peu renflée postérieurement. Les yeux sont peu saillans. Le corselet est convexe, transversal, carré, trapézoïde ou arrondi sur les côtés. Les élytres sont convexes, rarement allongées, souvent très-courtes, presque parallèles et arrondies à l'extrémité. Les pattes sont courtes et assez fortes. Les jambes antérieures sont assez fortement échancrées et terminées par deux épines. Les articles des tarses sont assez allongés, presque cylindriques ou légèrement triangulaires, et bifides à l'extrémité; les trois premiers des tarses antérieurs sont fortement dilatés dans les mâles : le premier est triangulaire et plus grand que les suivans, qui sont moins longs que larges et fortement cordiformes. Les crochets des tarses ne sont pas dentelés en dessous.

Les *Zabrus* se trouvent ordinairement sous les pierres, ou marchant dans les champs, et quelquefois sur les tiges

ZABRUS.

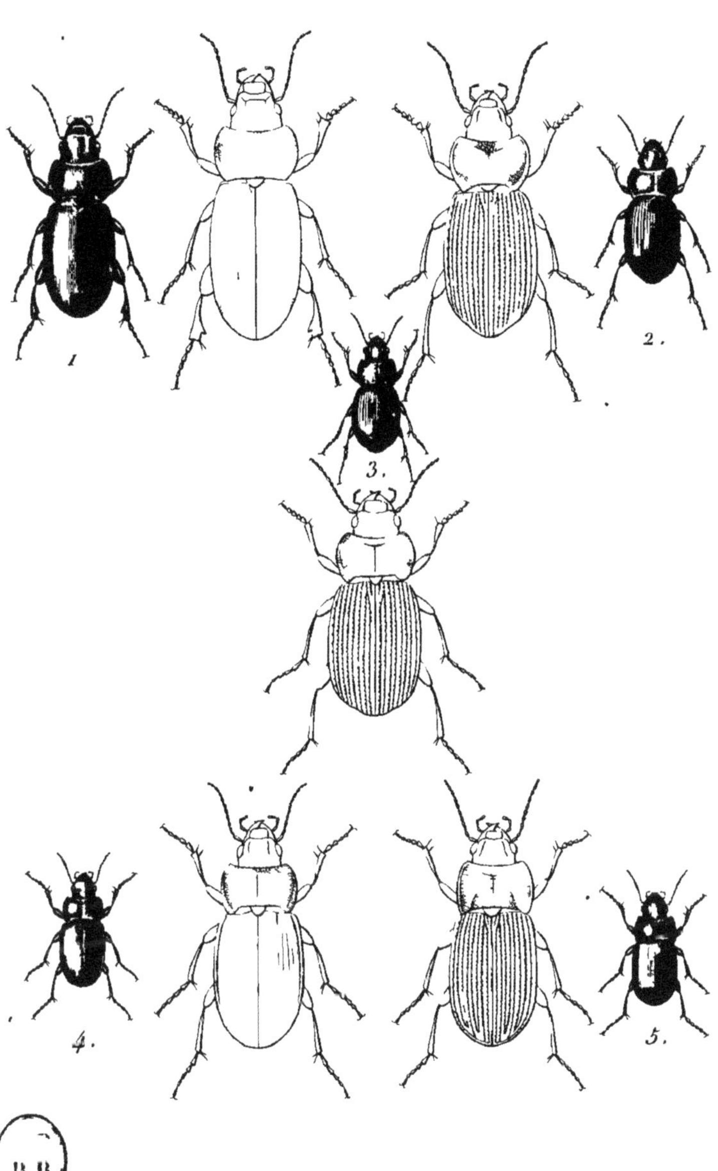

1. Z. Femoratus. 4. Z. Marginicollis.
2. Z Gravis. 5. Z. Curtus.
3. Z. Silphoides.

P Dumenil pinx Dupreel sc

des graminées. Toutes les espèces connues sont d'Europe, principalement des parties méridionales, à l'exception d'une seule, qui est de l'île de Ténériffe.

1. Z. Femoratus.

Pl. 157, fig. 1.

Apterus, niger; thorace transverso, antice posticeque punctato, lateribus rotundatis; elytris oblongo-ovatis, convexis, subtilissime seriatim punctatis; femoribus posticis subclavatis.

Dej. *Spec.* III. p. 441. n° 1.
Dej. *Cat.* p. 15.

Long. 10 ½ lignes. Larg. 4 ½ lignes.

Ressemble beaucoup au *Pelor Blaptoïdes*, mais plus grand et proportionnellement un peu plus allongé.

Corselet un peu moins large antérieurement, plus lisse au milieu, avec la base un peu moins échancrée.

Élytres un peu plus allongées, un peu plus rétrécies antérieurement, plus ovales, moins parallèles et moins arrondies à l'extrémité: le rebord de la base un peu plus fortement marqué, formant une petite dent peu distincte à l'angle huméral; les stries un peu plus distinctes et les intervalles presque lisses.

ZABRUS.

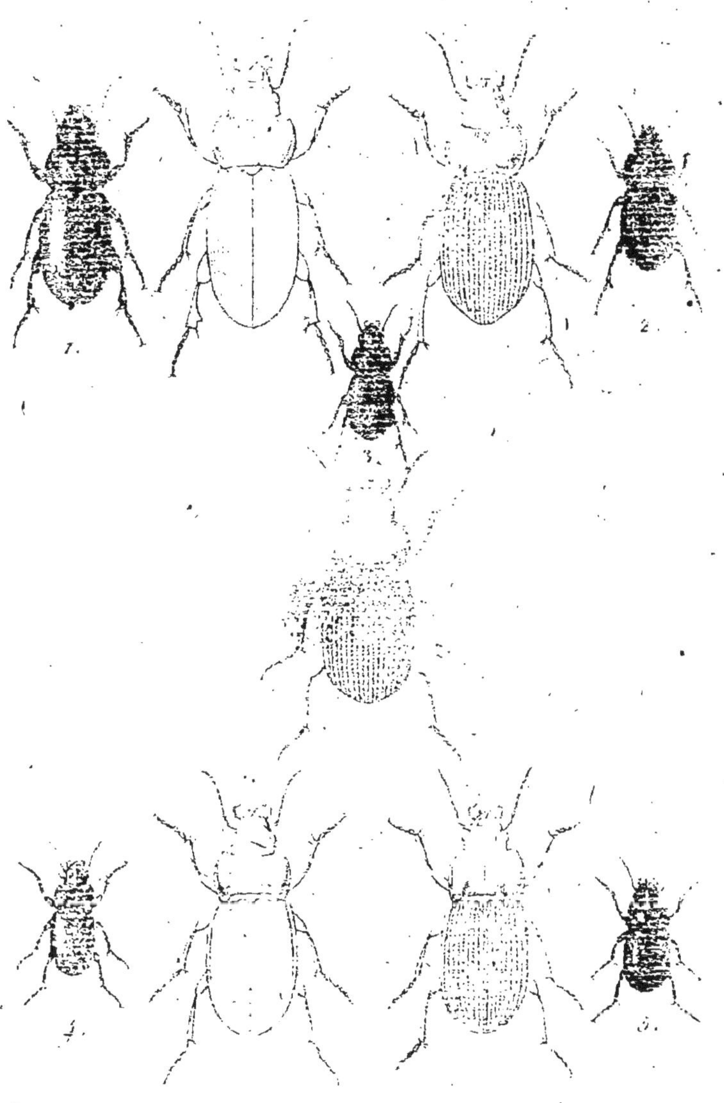

1. Z. Femoratus.
2. Z. Gravis.
3. Z. Silphoides.
4. Z. Marginicollis.
5. Z. Curtus.

des graminées. Toutes les espèces connues sont d'Europe, principalement des parties méridionales, à l'exception d'une seule, qui est de l'île de Ténériffe.

1. Z. Femoratus.

Pl. 157. fig. 1.

Apterus, niger; thorace transverso, anticè posticeque punctato, lateribus rotundatis; elytris oblongo-ovatis, convexis, subtilissime striato punctatis; femoribus posticis subclavatis.

Dej. *Spec.* iii. p. 441. n° 1.
Dej. *Cat.* p. 13.

Long. 10 $\frac{1}{4}$ lignes. Larg. 4 $\frac{1}{3}$ lignes.

Ressemble beaucoup au *Pelor Blaptoides*, mais plus grand et proportionnellement un peu plus allongé.

Corselet un peu moins large antérieurement, plus lisse au milieu, avec la base un peu moins échancrée.

Élytres un peu plus allongées, un peu plus rétrécies antérieurement, plus ovales, moins parallèles et moins arrondies à l'extrémité; le rebord de la base un peu plus fortement marqué, formant une petite dent peu distincte à l'angle huméral; les stries un peu plus distinctes et les intervalles presque lisses.

Cuisses postérieures des mâles plus grosses et un peu plus renflées, avec les jambes un peu dilatées à l'extrémité.

Il se trouve en Grèce et dans les îles de l'Archipel.

2. Z. Gravis.

Pl. 157. fig. 2.

Apterus, niger; thorace transverso, antice posticeque punctato, lateribus rotundatis; elytris oblongo-ovatis, convexis, striatis, striis obsolete punctatis; antennis tarsisque rufo-piceis.

Dej. *Spec.* III. p. 442. n° 2.
Dej. *Cat.* p. 13.

Long. 7, 8 lignes. Larg. 3, 3 ½ lignes.

Plus grand que le *Gibbus*, proportionnellement plus large et d'un noir plus brillant.

Tête plus large, presque lisse, avec les antennes d'un brun un peu roussâtre.

Corselet le double plus large que la tête, moins long que large, transversal, assez convexe et très-arrondi sur les côtés; la ligne médiane fine et peu marquée; les impressions transversales assez fortement marquées; l'antérieure presque en arc de cercle; le bord antérieur et la base couverts de points enfoncés assez serrés et assez marqués ; le milieu tout-à-fait lisse ; le bord antérieur assez échancré ; les côtés légèrement rebordés et largement déprimés, surtout vers les angles postérieurs ; la base assez fortement échancrée.

Élytres plus larges que le corselet, en ovale allongé, assez convexes et sinuées près de l'extrémité ; ayant chacune neuf stries assez fortement marquées et très-légèrement ponctuées ; les intervalles lisses et peu relevés ; point d'ailes sous les élytres.

Dessous du corps et cuisses noirs, avec les trocanters et les jambes d'un brun noirâtre, et les tarses d'un brun roussâtre.

Il se trouve assez communément en Espagne.

3. Z. Silphoides. *Hoffmansegg.*

Pl. 157. fig. 3.

Apterus, niger; thorace transverso, antice posticeque punctato, lateribus rotundatis; elytris ovatis, convexis, striato-punctatis; antennis tarsisque rufo-piceis.

Dej. *Spec.* III. p. 443. n° 3.
Dej. *Cat.* p. 13.

Long. 5 $\frac{1}{4}$, 6 lignes. Larg. 2 $\frac{1}{2}$, 2 $\frac{3}{4}$ lignes.

Ressemble beaucoup au *Gravis*, mais plus petit proportionnellement, un peu moins allongé, avec les élytres de la femelle plus ternes.

Corselet ayant la ligne médiane plus marquée, les points enfoncés un peu plus petits et moins marqués, et le milieu un peu moins lisse.

Élytres un peu plus courtes et un peu plus ovales, avec les stries un peu moins marquées et plus distinctement ponctuées.

Il se trouve en Espagne.

4. Z. Marginicollis.

Pl. 157. fig. 4.

Apterus, niger; thorace transverso, antice posticeque obsolete punctato, lateribus rotundatis, marginatis; elytris ovatis, subconvexis, subtiliter striatis, striis obsolete punctatis.

Dej. *Spec.* iii. p. 444. n° 4.
Dej. *Cat.* p. 13.

Long. 5 $\frac{3}{4}$ lignes. Larg. 2 $\frac{3}{4}$ lignes.

A peu près de la taille du *Silphoides*, et d'un noir assez obscur.

Tête à peu près comme dans le *Silphoides*.

Corselet ayant les côtés moins arrondis et les points enfoncés presque effacés, et le milieu moins lisse, couvert de rides ondulées peu distinctes; les côtés un peu plus fortement rebordés, plus fortement déprimés et un peu plus rugueux; les angles postérieurs fortement prolongés en arrière et presque arrondis; la base fortement échancrée dans son milieu.

Elytres un peu plus larges à leur base et un peu moins convexes; leurs bords latéraux un peu plus relevés et presque en carène; l'angle huméral moins arrondi; les stries plus fines et moins marquées.

Dessous du corps et pattes entièrement noirs.

Il a été trouvé une seule fois en Espagne par M. le comte Dejean.

5. Z. Curtus. *Latreille.*

Pl. 157. fig. 5.

Apterus, niger; thorace subquadrato, postice punctulato, utrinque obsolete impresso; elytris brevioribus, subparallelis, convexis, striatis, striis obsolete punctatis; antennis tarsisque rufo-piceis.

Dej. *Spec.* III. p. 445. n° 5.
Dej. *Cat.* p. 13.

Long. 5, 6 lignes. Larg. 2 $\frac{1}{3}$, 3 lignes.

Ordinairement un peu plus petit que le *Gibbus*, proportionnellement beaucoup plus large, et entièrement d'un noir assez brillant dans les mâles, et d'un noir mat et plus terne sur les élytres des femelles.

Tête plus courte, plus large, plus lisse, avec les antennes d'un brun roussâtre.

Corselet le double plus large que la tête, moins long que large, assez court, presque carré, un peu rétréci antérieurement et assez convexe; les rides ondulées à peine distinctes; la ligne médiane assez marquée, l'impression transversale antérieure peu apparente, et formant un angle sur la ligne du milieu; la postérieure un peu plus distincte; la base couverte de points enfoncés assez serrés dans le milieu; le bord antérieur assez échancré; les côtés légèrement rebordés et un peu déprimés vers les angles postérieurs; ceux-ci presque aigus et prolongés en arrière; la base fortement échancrée dans son milieu.

Élytres un peu plus larges que le corselet, assez courtes, presque parallèles, très-convexes et légèrement sinuées près de l'extrémité, ayant chacun neuf stries assez marquées et très-légèrement ponctuées; les intervalles très-légèrement relevés dans les mâles, planes dans les femelles; point d'ailes sous les élytres.

Dessous du corps, cuisses et jambes noirs, avec les tarses d'un brun roussâtre.

Il se trouve dans le centre et dans le midi de la France. Il est assez commun aux environs de Paris.

6. Z. Inflatus.

Pl. 158. fig. 1.

Apterus, niger; thorace subquadrato, postice utrinque obsolete impresso; elytris ovatis, subconvexis, striatis; tarsis rufo-piceis.

ZABRUS.

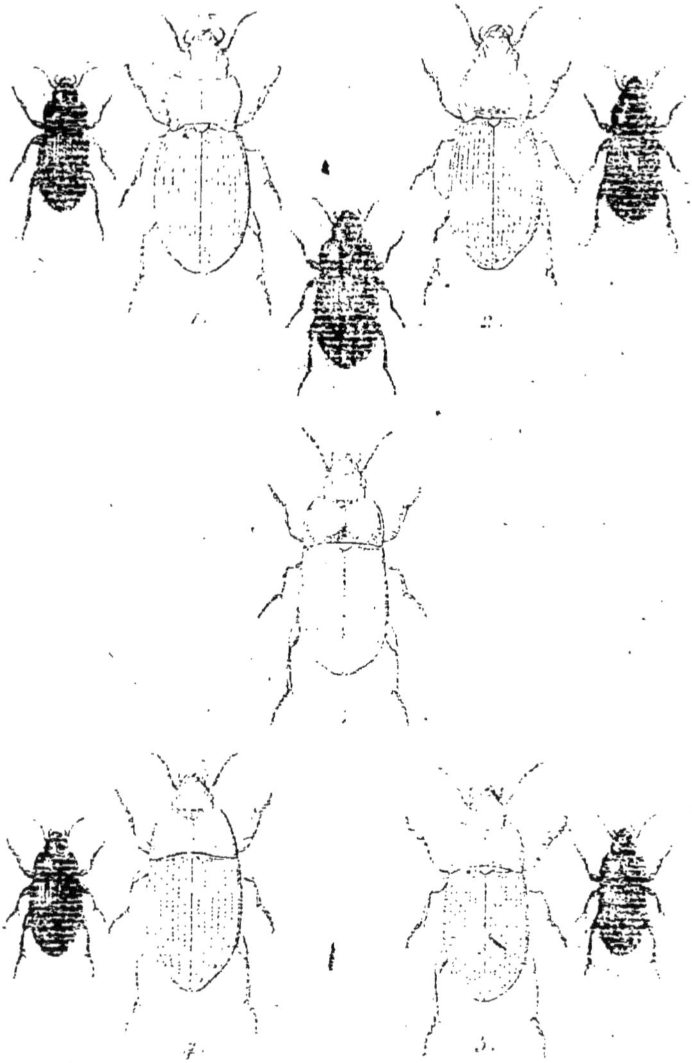

1. Z. Inflatus.
2. Z. Obesus.
3. Z. Fontenayi.
4. Z. Grœcus.
5. Z. Incrassatus.

P. Dumenil pinx. Duprécl sc.

ZABRUS.

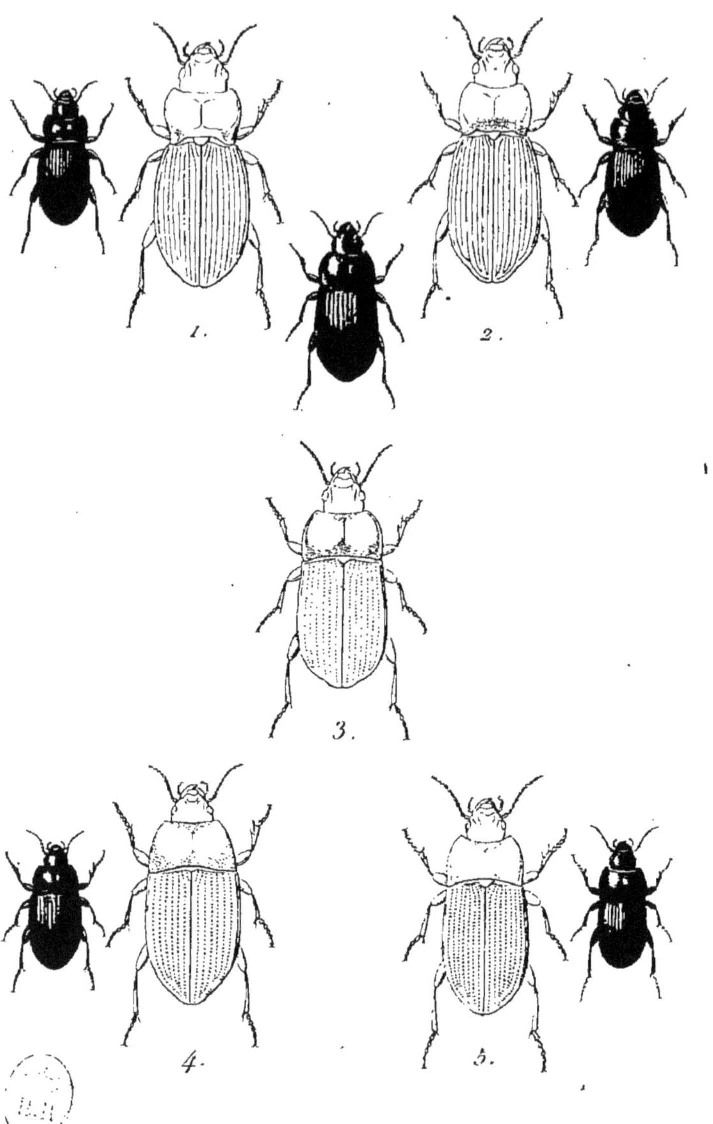

1. Z. Inflatus.
2. Z. Obesus.
3. Z. Fontenayi.
4. Z. Grœcus.
5. Z. Incrassatus.

P. Dumenil pinx. Duprécl sc.

Dej. *Spec.* III. p. 446. n° 6.
Dej. *Cat.* p. 13.

Long. 6, 6 ½ lignes. Larg. 3, 3 ¼ lignes.

A peu près de la longueur du *Gibbus*, proportionnellement beaucoup plus large et d'un noir brillant dans les mâles, et plus terne dans les femelles.

Tête un peu plus large, un peu plus courte, presque lisse.

Corselet le double plus large que la tête, moins long que large, assez court, presque carré, un peu rétréci antérieurement et peu convexe; les rides ondulées à peine distinctes; la ligne médiane assez marquée; l'impression transversale antérieure peu distincte, la postérieure un peu plus marquée; de chaque côté de la base, une petite impression très-peu marquée; le bord antérieur assez échancré; les côtés légèrement rebordés et assez largement déprimés, surtout vers les angles postérieurs; ceux-ci prolongés, coupés carrément et presque aigus; la base fortement échancrée dans son milieu.

Élytres plus larges que le corselet, peu allongées, ovales, peu convexes et légèrement sinuées près de l'extrémité; les bords latéraux un peu relevés et presque en carêne; les stries fines, assez marquées et paraissant lisses; les intervalles presque planes; point d'ailes sous les élytres.

Dessous du corps, cuisses et jambes noirs, avec les tarses d'un brun roussâtre.

Il se trouve dans les départemens de la Gironde et des Landes.

7. Z. Obesus. *Latreille.*

Pl. 158. fig. 2.

Apterus; capite nigro; thorace nigro-æneo, transverso, postice punctulato, lateribus subrotundatis; elytris viridi-æneis, subovatis, convexis, striatis, striis obsolete punctatis; tarsis rufo-piceis.

Dej. *Spec.* iii. p. 448. n° 7.
Dej. *Cat.* p. 13.

Long. 6 $\frac{1}{2}$, 7 lignes. Larg. 3, 3 $\frac{1}{3}$ lignes.

Plus grand que le *Gibbus* et proportionnellement plus large.

Tête noire, plus large et presque lisse.

Corselet d'un noir très-légèrement bronzé antérieurement, d'un bronzé verdâtre postérieurement et sur les côtés, assez brillant dans les mâles, obscur et terne dans les femelles, à peu près le double plus large que la tête, moins long que large, transversal, un peu rétréci antérieurement, assez arrondi sur les côtés et assez convexe; les rides ondulées peu marquées; la ligne médiane fine et peu marquée; toute la base couverte de petits points enfoncés très-serrés, mais peu marqués; le bord antérieur assez échancré; les côtés très-légèrement rebordés et largement déprimés, surtout vers les angles postérieurs; ceux-ci un peu prolongés et presque arrondis; la base fortement échancrée.

Élytres d'un vert bronzé, quelquefois un peu cuivreux, assez brillant dans les mâles, plus obscur et quelquefois presque noirâtre dans les femelles, peu allongées, plus larges que le corselet, légèrement ovales, assez convexes et sinuées près de l'extrémité; les stries assez marquées, lisses ou très-légèrement ponctuées; les intervalles très-légèrement relevés; point d'ailes sous les élytres.

Dessous du corps, trocanters, cuisses et jambes noirs, avec les tarses d'un brun roussâtre.

Il se trouve dans les Hautes-Pyrénées, mais à une certaine élévation.

8. Z. Fontenayi. *Solier.*

Pl. 158. fig. 3.

Apterus, niger; thorace breviore, subquadrato, antice subangustato, antice posticeque punctato; elytris brevioribus, subparallelis, convexis, subtiliter striato-punctatis; antennis tarsisque rufo-piceis.

Dej. *Spec.* v. *Suppl.* p. 786. n° 14.

Long. 7 $\frac{1}{2}$, 8 $\frac{1}{2}$ lignes. Larg. 3 $\frac{1}{2}$, 4 lignes.

Plus grand que l'*Incrassatus*.

Tête et antennes à peu près de même.

Corselet un peu plus court, presque transversal et ponctué à peu près de la même manière; le sommet des angles postérieurs un peu arrondi; la base un peu moins en arc de cercle.

Élytres un peu plus allongées, un peu moins larges antérieurement et plus lisses; les stries moins marquées, très-distinctement ponctuées, paraissant composées, surtout dans le mâle, d'une suite de points enfoncés, placés à côté les uns des autres.

Dessous du corps et pattes à peu près comme dans l'*Incrassatus*.

Il se trouve en Morée.

9. Z. Græcus.

Pl. 158. fig. 4.

Apterus, niger; thorace subquadrato, antice angustato, obsolete punctato, postice latiore, punctato; elytris brevioribus, subparallelis, convexis, striato-punctatis; antennis tarsisque rufo-piceis.

Dej. *Spec.* III. p. 449. n° 8.

Long. 6, 7 $\frac{1}{4}$ lignes. Larg. 3, 3 $\frac{1}{2}$ lignes.

Ressemble beaucoup à l'*Incrassatus*; un peu plus court et proportionnellement plus large.

Tête un peu plus petite et un peu plus lisse.

Corselet plus lisse, un peu rétréci antérieurement et

un peu plus large postérieurement; les rides ondulées moins marquées; l'impression transversale près de la base moins distincte; les points enfoncés près du bord antérieur moins serrés, moins marqués, quelquefois presque effacés; les côtés un peu moins fortement rebordés et assez fortement déprimés vers les angles postérieurs; la base un peu plus échancrée en arc de cercle.

Élytres un peu plus courtes et un peu plus larges, striées et ponctuées à peu près de la même manière.

Il se trouve en Grèce.

10. Z. Incrassatus.

Pl. 158. fig. 5.

Apterus, niger; thorace subquadrato, antice subangustato, antice posticeque punctato; elytris brevioribus, subparallelis, convexis, striato-punctatis; antennis tarsisque rufo-piceis.

Dej. *Spec.* III. p. 450. n° 9.

Dej. *Cat.* p. 13.

Carabus Incrassatus. Germar. *Reise nach Dalmatien.* p. 195. n° 79.

Ahrens. *Fauna Ins. Europ.* II. T. 4.

Long. 6 $\frac{1}{2}$, 7 lignes. Larg. 3, 3 $\frac{1}{3}$ lignes.

Un peu plus grand que le *Gibbus*, proportionnellement

beaucoup plus large, plus épais, et entièrement en dessus d'un noir assez brillant.

Tête un peu plus large et un peu plus renflée postérieurement, avec les antennes d'un brun un peu roussâtre.

Corselet le double plus large que la tête, moins long que large, assez court, presque carré, un peu rétréci antérieurement, très-légèrement arrondi sur les côtés et assez convexe; les rides ondulées assez distinctes; la ligne médiane fine, peu marquée; l'impression transversale antérieure à peine sensible; la postérieure un peu plus marquée; le bord antérieur, surtout vers le milieu, et toute la base couverts de points enfoncés assez fortement marqués et assez serrés; le bord antérieur assez échancré; les côtés fortement rebordés, ne paraissant pas déprimés; les angles postérieurs coupés presque carrément; la base échancrée en arc de cercle.

Élytres un peu plus larges que le corselet, assez courtes, presque parallèles, très-convexes et assez fortement sinuées près de l'extrémité; ayant chacune neuf stries assez fortement marquées et fortement ponctuées; les intervalles très-lisses et presque planes: point d'ailes sous les élytres.

Dessous du corps, cuisses et jambes noirs, avec les tarses d'un brun roussâtre.

Il se trouve en Dalmatie et dans les îles Ioniennes.

ZABRUS.

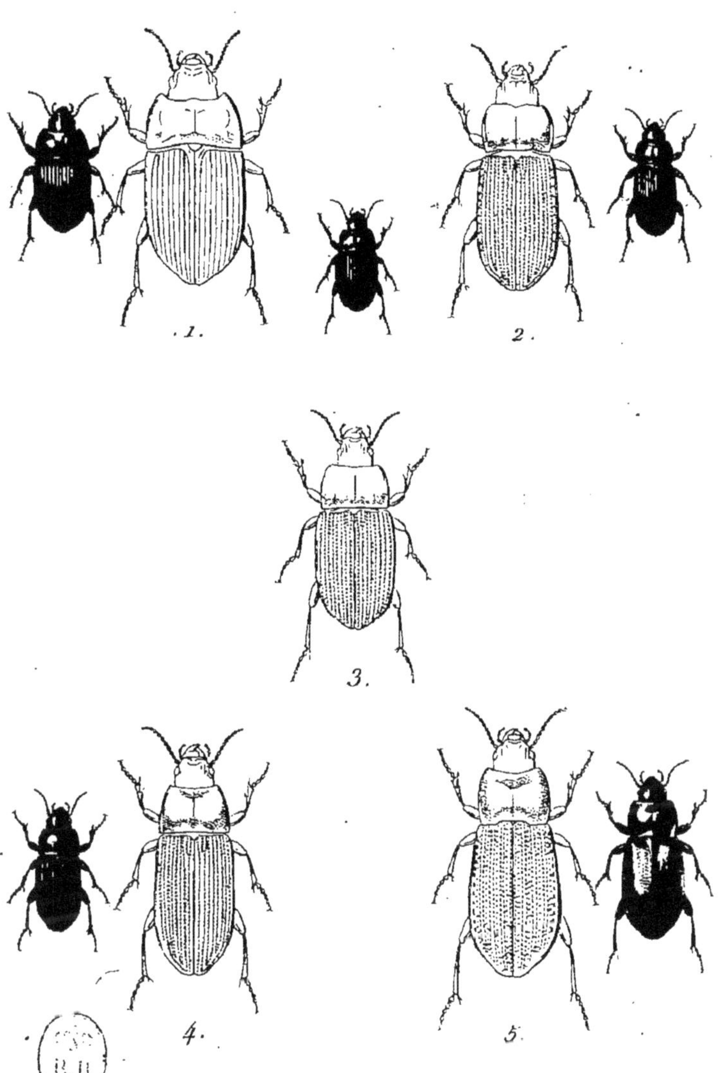

1. Z. Pinguis.
2. Z. Orsinii.
3. Z. Piger.
4. Z. Gibbus.
5. Z. Aurichalceus.

P. Dumenil pinx. Duprécl sc.

ZABRUS.

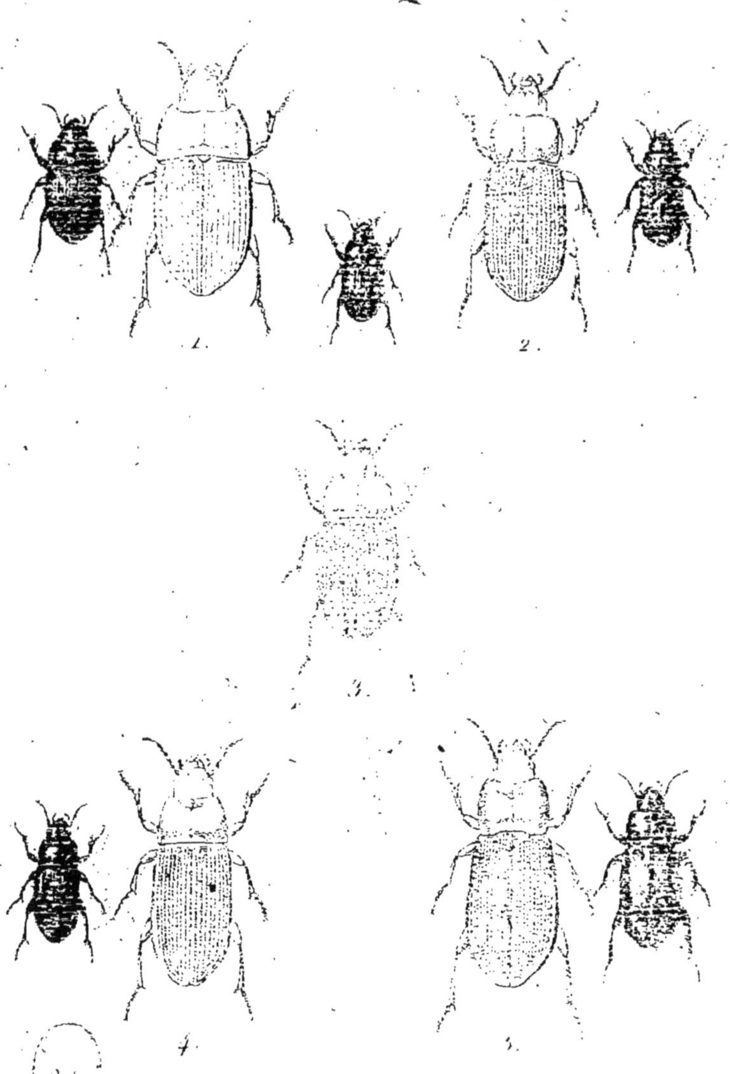

1 Z. Pinguis. 4. Z. Gibbus.

2 Z. Orsinii. 5 Z. Aurichalceus.

3 Z. Piger.

11. Z. Pinguis. *Hoffmansegg.*

Pl. 159. fig. 1.

Apterus, niger; thorace transverso, antice angustato, postice punctulato, utrinque obsolete impresso; elytris brevissimis, convexis, striatis; antennis tarsisque rufo-piceis.

Dej. *Spec.* v. *Suppl.* p. 786. n° 15.

Long. 6 $\frac{1}{4}$ lignes. Larg. 3 $\frac{1}{4}$ lignes.

Un peu plus petit que l'*Incrassatus*, et proportionnellement plus large.

Tête plus large, surtout postérieurement.

Corselet plus court, presque transversal, plus large postérieurement, couvert de rides transversales ondulées peu distinctes; la ligne médiane fine, peu marquée; toute la base couverte de points enfoncés très-peu marqués et peu rapprochés les uns des autres; de chaque côté de la base, une petite impression oblongue très-peu marquée; le bord antérieur légèrement échancré; les angles antérieurs assez avancés, arrondis à leur sommet; les côtés très-légèrement rebordés et un peu déprimés vers les angles postérieurs; ceux-ci coupés carrément, un peu arrondis à leur sommet; la base un peu échancrée.

Élytres plus courtes que celles de l'*Incrassatus*, plus

larges antérieurement et presque en demi-ovale; les stries fines, assez marquées, paraissant lisses à la vue simple; les intervalles planes.

Dessous du corps, pattes et antennes de la même couleur que dans l'*Incrassatus*.

Il se trouve en Portugal.

12. Z. Orsinii. *Géné.*

Pl. 159. fig. 2.

Apterus, niger; thorace subquadrato, postice punctato, utrinque impresso; elytris longioribus, subparallelis, convexis, striatis, striis obsolete punctatis; tarsis rufo-piceis.

Dej. *Spec.* v. *Suppl.* p. 788. n° 17.

Long. 6 $\frac{1}{4}$ lignes. Larg. 2 $\frac{1}{2}$ lignes.

A peu près de la taille du *Gibbus*, plus étroit, et entièrement en dessus d'un noir assez brillant.

Tête à peu près comme dans cette espèce.

Corselet un peu plus court, un peu moins rétréci antérieurement, plus lisse et moins convexe; la base moins fortement ponctuée, surtout dans son milieu; l'impression de chaque côté un peu plus marquée; les côtés un peu déprimés vers les angles postérieurs; ceux-ci coupés un peu moins carrément, un peu arrondis à leur sommet; la base très-légèrement échancrée en arc de cercle.

Élytres un peu plus étroites antérieurement et un peu moins parallèles; les stries paraissant lisses à la vue simple; les intervalles un peu moins planes.

Dessous du corps, cuisses et jambes noirs, avec les tarses d'un brun un peu roussâtre.

Il se trouve dans le midi de l'Italie.

13. Z. Piger.

Pl. 159. fig. 3.

Alatus, nigro-piceus; thorace subquadrato, antice posticeque punctato, utrinque impresso; elytris interdum nigro-subæneis, brevioribus, parallelis, subconvexis, striatis, striis obsolete punctatis; antennis, tibiis tarsisque rufo-piceis.

Dej. *Spec.* III. p. 453. n° 11.

Long. 4 $\frac{1}{2}$, 6 lignes. Larg. 2 $\frac{1}{4}$, 2 $\frac{3}{4}$ lignes.

Très-voisin du *Gibbus*, mais plus petits, et proportionnellement un peu plus large.

Tête avec les rides un peu moins marquées, et les antennes d'un brun roussâtre.

Corselet un peu plus court et moins convexe; les points enfoncés près du bord antérieur plus nombreux et un peu plus marqués; l'impression de chaque côté de la base plus distincte; le bord antérieur un peu sinué et un peu échancré dans son milieu ; les côtés un peu déprimés vers les angles postérieurs.

Élytres plus courtes et moins convexes, avec les stries moins distinctement ponctuées.

Il se trouve dans les parties méridionales de la France, en Espagne, en Dalmatie, en Italie et en Sardaigne.

14. Z. Gibbus.

Pl. 159. fig. 4.

Alatus, niger ; thorace subquadrato, postice punctato, utrinque obsolete impresso ; elytris interdum nigro-subæneis, longioribus, parallelis, convexis, striato-punctatis ; antennis, tibiis tarsisque rufo-piceis.

Dej. *Spec.* iii. p. 453. n° 12.

Clairville. *Entom. Helvét.* ii. p. 82. t. ii.

Sturm. iv. p. 128. n° 1. t. 98.

Dej. *Cat.* p. 13.

Carabus Gibbus. Fabr. *Sys. El.* i. p. 189. n° 105.

Sch. *Syn. Ins.* i. p. 193. n° 146.

Duftschmid. ii. p. 68. n° 70.

Harpalus Gibbus. Gyllenhal. ii. p. 132. n° 42. et iv. p. 443. n° 42.

Carabus Madidus. Oliv. iii. 35. p. 60. n° 73. t. 5. fig. 61.

Le Bupreste paresseux. Geoff. i. p. 159. n° 34.

Long. 6, 6 ½ lignes. Larg. 2 ½, 3 lignes.

D'un noir assez brillant, avec les élytres quelquefois un peu bronzées.

Tête presque ovale, non rétrécie postérieurement, avec les antennes d'un brun un peu roussâtre.

Corselet le double plus large que la tête, moins long que large, presque carré, un peu rétréci antérieurement et assez convexe; les rides ondulées assez distinctes; la ligne médiane fine, très-peu marquée; toute la base couverte de points enfoncés assez marqués et très-serrés; de chaque côté, une légère impression oblongue, très-peu apparente; le bord antérieur coupé presque carrément; les côtés assez fortement rebordés; les angles postérieurs et la base coupés presque carrément.

Élytres à peine plus larges que le corselet, assez allongées, parallèles, assez convexes et sinuées près de l'extrémité; les stries assez marquées et assez fortement ponctuées; les intervalles presque planes et un peu relevés près de l'extrémité; des ailes sous les élytres.

Dessous du corps et cuisses d'un noir quelquefois un peu brunâtre, avec les trocanters, les jambes et les tarses d'un brun un peu roussâtre.

Il se trouve communément sous les pierres et dans les champs, en Suède, en France, en Suisse, en Allemagne, en Autriche et en Dalmatie.

15. Z. Aurichalceus.

Pl. 159. fig. 5.

Apterus, supra cupreo-æneus; thorace subquadrato, punctato; lateribus subrotundatis; elytris subparallelis, punctatis, punctis in strias fere dispositis.

Dej. *Spec.* III. p. 455. n° 13.
Dej. *Cat.* p. 13.
Blaps Aurichalcea. Adams. *Mémoires de la Société imp. des Naturalistes de Moscou.* v. p. 307. n° 24.
Pelobatus Adamsii. Fischer. *Idem.* p. 468.

Long. 8 lignes. Larg. 3 $\frac{2}{3}$ lignes.

Plus grand que le *Gibbus*, et entièrement en dessus d'un bronzé un peu cuivreux.

Tête un peu plus obscure que le corselet.

Corselet à peu près le double plus large que la tête, moins long que large, assez court, presque carré, un peu rétréci antérieurement, légèrement arrondi sur ses côtés et un peu convexe, couvert de rides ondulées peu distinctes et de points assez serrés; la ligne médiane assez marquée dans son milieu; le bord antérieur assez échancré; les côtés légèrement rebordés, un peu relevés et assez déprimés, surtout vers les angles postérieurs.

Élytres plus larges que le corselet, assez allongées,

presque parallèles, peu convexes et assez fortement sinuées près de l'extrémité; entièrement couvertes de points enfoncés assez marqués, assez serrés et presque disposés en lignes longitudinales; point d'ailes sous les élytres.

Dessous du corps et pattes noirs.

Il se trouve dans les vallées septentrionales du Caucase.

XXXV. AMARA. *Bonelli. Megerle.*

HARPALUS. *Gyllenh.* CARABUS. *Fabrici.* LEIRUS. *Megerle.*

Les trois premiers articles des tarses antérieurs dilatés dans les mâles, moins longs que larges et fortement cordiformes. Dernier article des palpes allongé, légèrement ovalaire et tronqué à l'extrémité. Antennes filiformes et peu allongées. Lèvre supérieure en carré moins long que large, coupée carrément ou légèrement échancrée antérieurement. Mandibules peu avancées, plus ou moins arquées et peu aiguës. Une dent bifide au milieu de l'échancrure du menton. Corselet transversal, le plus souvent trapézoïde, quelquefois carré ou rétréci postérieurement et presque cordiforme. Élytres légèrement convexes, ordinairement peu allongées, presque parallèles ou très-légèrement ovalaires, et arrondies à l'extrémité.

C'est encore à Bonelli que nous devons la création de ce genre, adopté depuis long-temps par tous les entomologistes. Depuis, M. Megerle en a séparé, sous le nom de

Leirus, les espèces dont le corselet, moins rétréci antérieurement, est souvent au contraire plus étroit postérieurement, ou dont la base est au moins fortement ponctuée et marquée d'impressions assez profondes; mais ces différences peuvent tout au plus constituer de simples divisions, et il est même telle espèce intermédiaire qu'on pourrait aussi bien placer dans l'une que dans l'autre.

Les *Amara* sont des Carabiques ordinairement de taille moyenne, presque toujours ailés, de couleur métallique ou brune, rarement noire, souvent très-agiles, quelquefois assez lourds, et qui présentent tous les caractères suivans:

La lèvre supérieure est presque plane ou légèrement convexe, en carré moins long que large, coupée presque carrément, ou très-légèrement échancrée antérieurement. Les mandibules sont très-peu avancées, plus ou moins arquées et peu aiguës. Le menton est assez grand, plus ou moins concave, fortement échancré, et il a une forte dent assez distinctement bifide au milieu de son échancrure. Les palpes sont peu saillans; leur dernier article est assez allongé, légèrement ovalaire et tronqué à l'extrémité. Les antennes sont filiformes, assez minces et à peu près de la longueur de la tête et du corselet réunis, quelquefois un peu plus longues, quelquefois un peu plus courtes; le premier article est cylindrique et un peu plus gros que les autres; le second est obconique et le plus court de tous; le troisième est obconique et un peu plus long que les suivans, qui sont égaux entre eux; le quatrième est presque cylindrique, et les autres légèrement comprimés et presque en carré allongé dont les angles sont arrondis. La tête est presque triangulaire et peu ou point

AMARA.

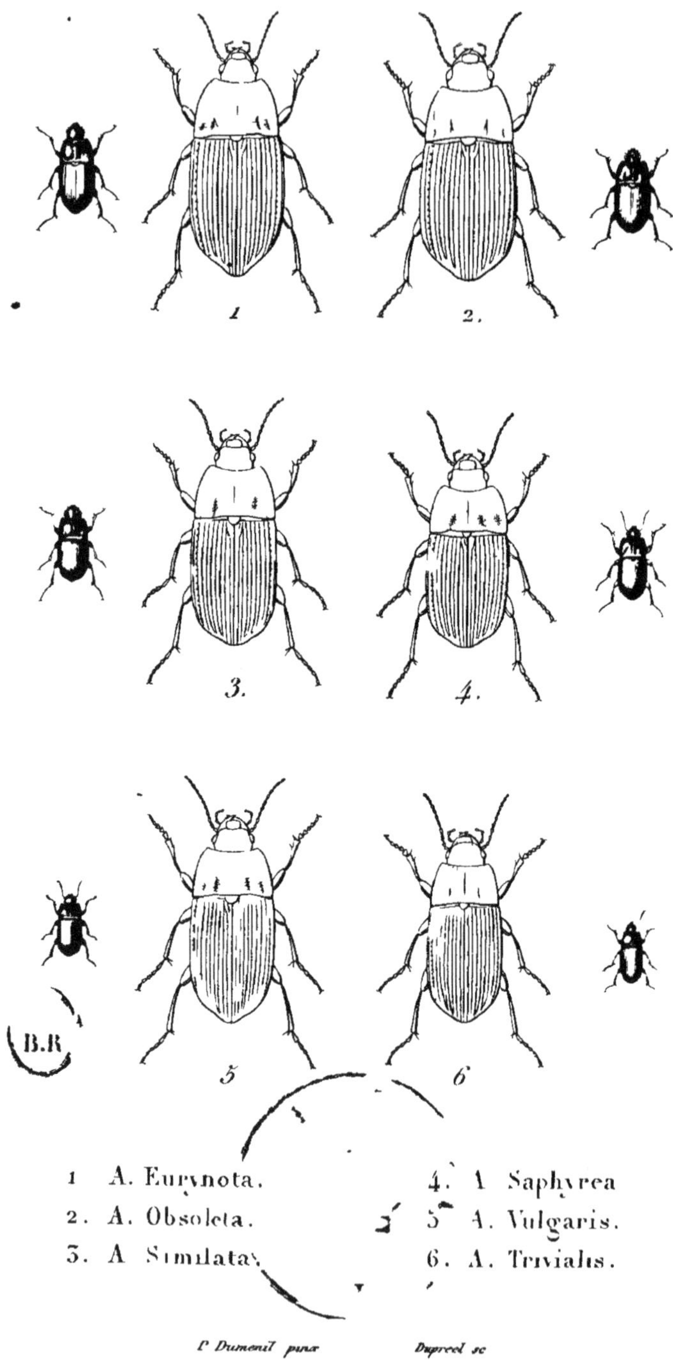

1. A. Eurynota.
2. A. Obsoleta.
3. A. Similata.
4. A. Saphyrea.
5. A. Vulgaris.
6. A. Trivialis.

P. Dumenil pinx — Dupreel sc

rétrécie postérieurement. Les yeux sont [illegible] moins saillans. Le corselet est court, [illegible] trapézoïde, quelquefois carré ou rétréci [illegible] et presque cordiforme. Les [illegible] ordinairement [illegible] ou légèrement [illegible]. Les palpes [illegible] antérieurs [illegible] par une seule [illegible] tarses sont assez allongés, [illegible] légèrement triangulaires; les trois premiers des tarses antérieurs sont très-fortement dilatés dans les mâles: le premier est triangulaire et plus grand que les deux suivans, qui sont [illegible] ges et fortement [illegible] sont pas dentelés en dessous.

Les *Amara* se trouvent [illegible] dans les champs et de préférence dans les [illegible] arides. Toutes les espèces connues dans ce genre appartiennent à l'Europe, au nord de l'Afrique, à la Sibérie, au nord-est de l'Asie, à l'Amérique septentrionale et au Mexique.

[illegible]

Ovata; [illegible] pos-
tice utrinque [illegible] punctis [illegible]angustatis;
striatis, [illegible] antennis [illegible] rufis, pe[illegible]
dibus nigris

rétrécie postérieurement. Les yeux sont arrondis et plus ou moins saillans. Le corselet est court, transversal, souvent trapézoïde, quelquefois carré ou rétréci postérieurement et presque cordiforme. Les élytres sont légèrement convexes, ordinairement peu allongées, presque parallèles ou légèrement ovalaires et arrondies à l'extrémité. Les pattes sont assez fortes et peu allongées. Les jambes antérieures sont fortement échancrées et terminées par une seule épine. Les articles des tarses sont assez allongés, presque cylindriques ou très-légèrement triangulaires; les trois premiers des tarses antérieurs sont très-fortement dilatés dans les mâles : le premier est triangulaire et plus grand que les deux suivans, qui sont moins longs que larges et fortement cordiformes, Les crochets des tarses ne sont pas dentelés en dessous.

Les *Amara* se trouvent ordinairement sous les pierres, dans les champs et de préférence dans les endroits secs et arides. Toutes les espèces connues dans ce genre appartiennent à l'Europe, au nord de l'Afrique, à la Sibérie, au nord-est de l'Asie, à l'Amérique septentrionale et au Mexique.

1. A. Eurynota. *Kugelann.*

Pl. 160. fig. 1.

Ovata, latior, supra-ænea; thorace antice angustato, postice utrinque bifoveolato; elytris postice subangustatis, striatis, interstitiis subelevatis; antennis basi rufis, pedibus nigris.

Dej. *Spec.* iii. p. 458. n° 1.

Dej. *Cat.* p. 9.

Carabus Eurynotus. Illig. *Kæffer Preus.* 1. p. 167. n° 32.

Duftschmid. ii. p. 114. n° 140.

Carabus Acuminatus. Payk. *Fauna Suecica.* i. p. 166. n° 86.

Sch. *Syn. Ins.* i. p. 203. n° 197.

Harpalus Acuminatus. Gyllenhal. ii. p. 136. n° 46. et iv. p. 444. n° 46.

Sahlberg. *Dissert. Entom. Ins. Fennica.* p. 243. n° 46.

A. Acuminata. Sturm. vi. p. 42. n° 22. t. 143. fig. b. B.

A. Dilatata. Ziegler.

Var. *A. Vulgaris.* Ziegler.

Long. 4, 5 ½ lignes. Larg. 2, 2 ¾ lignes.

Plus grande que la *Trivialis*, proportionnellement plus large et d'un bronzé obscur en dessus, quelquefois un peu verdâtre, quelquefois un peu cuivreux et quelquefois tout-à-fait noir.

Tête presque triangulaire, à peine rétrécie postérieurement, presque lisse, avec la base des antennes d'un rouge ferrugineux.

Corselet presque en trapèze, un peu plus large que la tête antérieurement, et un peu plus du double plus large qu'elle à sa base, moins long que large, très-faiblement arrondi sur les côtés et très-peu convexe; les rides onduéles peu distinctes; la ligne médiane assez marquée dans son milieu; l'impression transversale antérieure en arc de cercle, à peine sensible, ainsi que la postérieure; de chaque côté de la base deux impressions oblongues assez courtes, dont l'intérieure plus distincte; le bord antérieur assez échancré; les angles antérieurs assez aigus; les côtés très-légèrement rebordés; les angles postérieurs presque aigus et la base légèrement sinuée.

Élytres un peu plus larges que le corselet, peu allongées, très-légèrement ovales, presque parallèles, un peu rétrécies postérieurement, peu convexes et fortement sinuées près de l'extrémité; les stries assez fortement marquées et paraissant lisses; les intervalles un peu relevés, surtout vers l'extrémité.

Dessous du corps et pattes noirs.

Elle se trouve assez communément dans les champs et sous les pierres dans une grande partie de l'Europe.

2. A. Obsoleta.

Pl. 160. fig. 2.

Ovata, supra plerumque ænea; thorace antice angustato, postice utrinque obsoletissime bifoveolato; elytris striatis striis postice profundioribus; antennis basi rufis; pedibus nigris.

Dej. *Spec.* III. p. 460. n° 2.

Dej. *Cat.* p. 9.

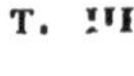

Carabus Obsoletus. Duftschmid. II. p. 116. n° 144.

A. Montivaga. Sturm. VI. p. 45. n° 24. T. 144. fig. c. d. D.

A. Chlorophana. Megerle. Sturm. *Catal.* p. 90.

A. Agrestis. Megerle.

A. Anachoreta. Ziegler.

A. Lævigata. Dej. *Cat.* p. 9.

Long. 3 $\frac{1}{3}$, 4 $\frac{1}{4}$ lignes. Larg. 1 $\frac{2}{3}$, 2 $\frac{1}{4}$ lignes.

Plus petite que l'*Eurynota*, un peu moins large, plus lisse, plus convexe, et d'un bronzé quelquefois verdâtre et brillant, quelquefois obscur et presque noirâtre.

Corselet plus lisse, plus convexe; la ligne médiane moins marquée; les deux impressions de chaque côté de la base un peu moins marquées.

Élytres un peu moins larges, plus convexes, plus lisses, et un peu moins rétrécies postérieurement; les stries assez marquées, plus profondes vers l'extrémité que vers la base; les intervalles tout-à-fait planes.

Dessous du corps d'un noir un peu verdâtre ou bronzé, avec les pattes noires. Le reste comme dans l'*Eurynota*.

Elle se trouve, mais assez rarement, en France, en Allemagne et en Autriche.

La *Lævigata* du Catalogue ne paraît pas différer de cette espèce.

La *Montivaga* de Sturm est ordinairement plus étroite, plus verte et plus brillante; mais ces différences ne sont pas constantes, et il est impossible de séparer ces deux espèces.

3. A. SIMILATA.

Pl. 160. fig. 3.

Subovata, supra plerumque ænea; thorace antice angustato, postice utrinque obsolete bifoveolato, foveis punctulatis; elytris striatis, striis postice profundioribus; antennis basi rufis; tibiis tarsisque rufo-piceis.

DEJ. *Spec.* III. p. 461. n° 3.
STURM. VI. p. 40. n° 21. T. 144. fig a. A.
Harpalus Similatus. GYLLENHAL. II. p. 138. n° 47. et IV. p. 444. n° 7.
SAHLBERG. *Dissert. Entom. Ins. Fennica.* p. 243. n° 47.
Harpalus Prætermissus. SAHLBERG. *Dissert. Entom. Ins. Fennica.* p. 246. n° 51.
A. Constans. GERMAR.
A. Fulvicornis. GYSSELEN.
A. Misera. HERRICH SCHŒFFER.
VAR. *A. Chalcites.* SCHUPPEL.

Long. 3 $\frac{1}{4}$, 4 lignes. Larg. 1 $\frac{1}{2}$, 2 lignes.

Un peu plus grande que la *Trivialis*, proportionnellement un peu plus large, offrant presque les mêmes variétés de couleur.

Corselet offrant de chaque côté de la base deux impressions, dont l'extérieure peu marquée mais toujours distincte, ayant l'une et l'autre le fond et les bords couverts de petits points enfoncés toujours assez distincts.

Élytres un peu plus larges; les stries plus marquées, plus profondes vers l'extrémité que vers la base; les intervales tout-à-fait planes.

Dessous du corps d'un noir un peu bronzé ou verdâtre; cuisses noires, avec les jambes et les tarses d'un brun un peu noirâtre. Le reste comme dans la *Trivialis.*

Elle se trouve assez communément dans une grande partie de l'Europe; elle habite aussi la côte de Barbarie, la Sibérie, le Japon et l'Amérique septentrionale.

4. A. Saphyrea. *Ziegler.*

Pl. 160. fig. 4.

Subovata, supra viridi-cyanea; thorace antice angustato, postice utrinque obsolete bifoveolato, foveis punctulatis; elytris striatis, striis postice profundioribus; antennarum basi pedibusque rufis.

Dej. *Spec.* III. p. 463. n° 4.

Long. 4 lignes. Larg. 2 lignes.

A peu près de la taille de la *Similata*; un peu plus courte, proportionnellement un peu plus large et d'un vert bronzé un peu bleuâtre sur la tête et le corselet, et d'un bleu un peu verdâtre sur les élytres.

Tête et corselet à peu près comme dans la *Similata.*

Élytres un peu plus courtes ; les stries plus marquées et plus profondes vers l'extrémité que vers la base.

Pattes entièrement d'un rouge ferrugineux.

Elle se trouve dans les montagnes de la Hongrie.

5. A. Vulgaris.

Pl. 160. fig. 5.

Oblongo-ovata, suprà plerùmque ænea ; thorace antice angustato, postice utrinque obsolete bifoveolato ; elytris subtiliter striatis ; antennis pedibusque nigris.

Dej. *Spec.* III. p. 463. n° 5.
Sturm. VI. p. 48. n° 26.
Carabus Vulgaris. Fabr. *Sys. El.* I. p. 195. n° 137.
Sch. *Syn. Ins.* I. p. 201. n° 188.
Duftschmid. II. p. 117. n° 146.
Harpalus Vulgaris. Gyllenhal. II. p. 138. n° 48. et IV. p. 444. n° 48.
Sahlberg. *Dissert. entom. Ins. Fennica.* p. 244. n° 48.

Long. 3 $\frac{1}{3}$, 3 $\frac{3}{4}$ lignes. Larg. 1 $\frac{1}{2}$, 1 $\frac{3}{4}$ lignes.

Très-voisine de la *Trivialis*, dont elle n'est peut-être qu'une variété.

Antennes entièrement d'un brun noirâtre, à l'exception

du premier article, qui est d'un rouge ferrugineux et quelquefois d'un brun roussâtre.

Corselet ayant de chaque côté de la base deux petites impressions peu marquées, toujours assez distinctes, lisses dans le fond et sur leurs bords.

Élytres striées à peu près de la même manière; les intervalles tout-à-fait planes.

Pattes entièrement noires ou au moins d'un brun noirâtre.

Elle se trouve en Suède, en Allemagne et en Autriche.

6. A. Trivialis.

Pl. 160. fig. 6.

Oblongo-ovata, supra plerumque ænea; thorace antice angustato, postice utrinque obsolete foveolato, foveis obsolete punctulatis; elytris subtiliter striatis, interstitiis alternatim obsoletissime subelevatis; antennis basi testaceis; tibiis rufo-piceis.

Dej. *Spec.* III. p. 464. n° 6.

Sturm. IV. p. 46. n° 25. T. 145. fig. b. B.

Carabus Trivialis. Duftschmid. II. p. 116. n° 143.

Harpalus Trivialis. Gyllenhal. II. p. 140. n° 49. et IV. p. 445. n° 49.

Sahlberg. *Dissert. Entom. Ins. Fennica.* p. 245. n° 50.

Carabus Vulgaris. Oliv. III. 35. p. 75. n° 98. T. 4. fig. 36.

A. Vulgaris. Dej. *Cat.* p. 9.

Feronia Impuncticollis. Say. *Transactions of the American phil. Society. new series.* II. p. 36. n° 3.

Le Bupreste Rosette. Geoff. I. p. 160. n° 36.

Long. 3, 3 $\frac{3}{4}$ lignes. Larg. 1 $\frac{1}{2}$, 1 $\frac{3}{4}$ ligne.

D'un bronzé plus ou moins brillant, plus ou moins obscur, quelquefois un peu verdâtre ou un peu cuivreux, quelquefois d'un bleu noirâtre, et même quelquefois tout-à-fait noire, plus brillant dans les mâles et plus terne dans les femelles.

Tête presque triangulaire, à peine rétrécie postérieurement, avec les trois premiers articles des antennes d'un jaune ferrugineux, et les autres d'un brun obscur.

Corselet presque en trapèze, un peu plus large que la tête antérieurement, à peu près le double plus large qu'elle à sa base, moins long que large, très-légèrement arrondi sur les côtés et assez convexe; les rides ondulées peu distinctes; la ligne médiane peu marquée; les impressions transversales à peine sensibles; de chaque côté de la base une petite impression oblongue, assez distincte, ponctuée sur ses bords; le bord antérieur assez échancré; les angles antérieurs assez aigus; les côtés très-légèrement rebordés; les angles postérieurs presque aigus; la base légèrement sinuée.

Élytres un peu plus larges que le corselet, peu allongées, très-légèrement ovales, presque parallèles, peu convexes, fortement sinuées près de l'extrémité; les stries assez fines, pas plus marquées vers l'extrémité que vers la base, paraissant lisses; les troisième, cinquième et septième intervalles ordinairement très-légèrement relevés; les autres tout-à-fait planes.

Dessous du corps d'un noir plus ou moins verdâtre ou bronzé; cuisses noires, avec les jambes d'un brun plus ou moins roussâtre et les tarses d'un brun noirâtre.

Elle se trouve très-communément dans presque toute l'Europe et en Sibérie; M. Goudot l'a rapportée des environs de Tanger. La *Feronia Impuncticollis* qui se trouve dans l'Amérique septentrionale ne paraît pas différer de cette espèce.

Les *A. Obsoleta*, *Similata*, *Vulgaris*, *Trivialis*, *Plebeja* et *Communis* présentent toutes de nombreuses variétés; on rencontre difficilement deux individus absolument semblables, et souvent même plusieurs paraissent appartenir autant à l'une qu'à l'autre de ces espèces; elles pourraient presque être réunies en une seule.

7. A. Spreta. *Zimmermann.*

Pl. 161. fig. 1.

Oblongo-ovata, supra plerumque æenea; thorace antice angustato, postice utrinque obsolete bifoveolato, foveis punctulatis; elytris subtiliter striatis, striis obsolete punctatis, interstitiis alternatim obsoletissime subelevatis; antennarum articulis duobus primis rufis; tibiis rufo-piceis.

Dej. *Spec.* v. *Suppl.* p. 791. n° 64.

la base, [illegible], cinquième et septième [illegible] relevés : [illegible] tant à [illegible] planes.

Dessous du corps d'un noir plus ou moins verdâtre ou bronzé; cuisses noires, [illegible] les jambes d'un brun plus ou moins roussâtre et les tarses d'un brun noirâtre.

Elle se trouve très-communément dans presque toute l'Europe et en Sibérie; M. Goudot l'a rapportée des environs de Tanger. La *Feronia Impuncticollis* qui se trouve dans l'Amérique septentrionale ne paraît pas différer de cette espèce.

Les *A. Obsoleta*, *Similata*, *Vulgaris*, *Trivialis*, *Plebeja* et *Communis* présentent toutes de nombreuses variétés; [illegible] difficilement deux individus absolument [illegible]; [illegible] même plusieurs paraissent [illegible] de ses espèces; elles [illegible].

7. A. [illegible]. *Zimmermann*.

Pl. 161. fig. 1.

Oblongo-ovata, supra plerumque aenea; thorace antice angustato, postice utrinque obsolete [illegible], foveis punctatis; elytris subtiliter striatis, [illegible] punctatis, [illegible] sterno [illegible] subelevatis; antennarum [illegible] duobus [illegible]; tibiis rufo-piceis.

[illegible]

AMARA.

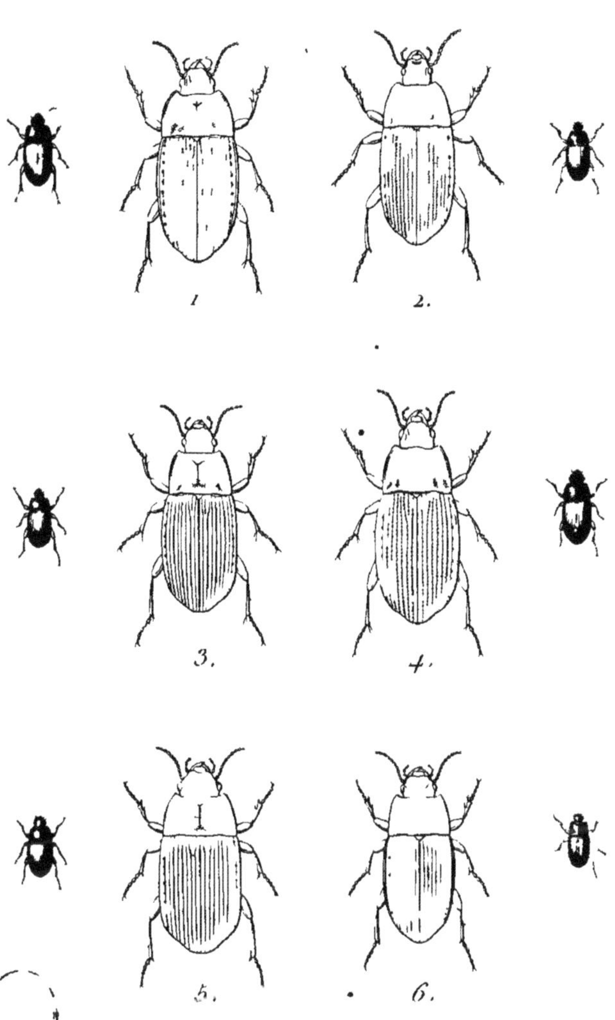

1. A. Spreta.

2. A. Plebeja.

3. A. Communis.

4. A. Tricuspidata.

5. A. Curta

6. A. Familiaris.

P Dumenil pinx   Dupreel sc.

Long. 3 $\frac{1}{4}$, 4 lignes. Larg. 1 $\frac{1}{2}$, 1 $\frac{3}{4}$ ligne.

Très-voisine de la *Trivialis*, mais ordinairement un peu plus grande, un peu plus large et un peu moins convexe.

Antennes ayant les deux premiers articles d'une couleur testacée un peu roussâtre.

Corselet un peu plus court et un peu plus large, ayant de chaque côté de la base deux impressions oblongues, assez distinctes, dont le fond et les bords sont un peu plus distinctement ponctués.

Élytres un peu plus larges, striées à peu près de la même manière; les stries paraissant légèrement ponctuées.

Dessous du corps et pattes à peu près comme dans la *Trivialis*.

Elle se trouve en Allemagne, en Volhynie et en Sibérie.

8. A. Plebeja.

Pl. 161. fig. 2.

Oblongo-ovata, supra plerumque ænea; thorace antice angustato, postice utrinque obsolete bifoveolato, foveis punctulatis; elytris subtiliter striatis; antennarum basi tibiisque testaceis.

Dej. *Spec.* III. p. 467. n° 7.

Harpalus Plebejus. Gyllenhal. II. p. 141. n° 50. et IV. p. 445. n° 50.

SAHLBERG. *Dissert. Entom. Ins. Fennica.* p. 246. n° 52.
A. Littoralis. ESCHSCHOLTZ.

Long. 2 $\frac{3}{4}$, 3 $\frac{2}{3}$ lignes. Larg. 1 $\frac{1}{3}$, 1 $\frac{2}{3}$ ligne.

Très-voisine de la *Trivialis* par la forme, la grandeur et les couleurs.

Corselet ayant de chaque côté de la base deux impressions peu marquées, mais toujours distinctes, couvertes de petits points enfoncés, assez marqués dans le fond et sur les bords.

Élytres ayant les stries un peu plus marquées, pas plus profondes vers l'extrémité que vers la base, ordinairement lisses, quelquefois très-légèrement ponctuées, les intervalles tout-à-fait planes.

Jambes ordinairement d'un jaune testacé un peu roussâtre.

Elle se trouve communément par toute l'Europe.

9. A. COMMUNIS.

Pl. 161. fig. 3.

Oblongo-ovata, brevior, supra plerumque ænea, nitida; thorace antice angustato, postice utrinque obsoletissime bifoveolato, foveis punctulatis; elytris striatis, striis postice profundioribus; antennarum basi tibiisque rufis.

Dej. *Spec.* III. p. 467. n° 8.

Sturm. VI. p. 49. n° 27.

Carabus Communis. Fabr. *Sys. El.* I. p. 195. n° 138.

Sch. *Syn. Ins.* I. p. 201. n° 189.

Duftschmid. II. p. 118. n° 147.

Harpalus Communis. Gyllenhal. II. p. 141. n° 51. et IV. p. 445. n° 51.

Sahlberg. *Dissert. Entom. Ins. Fennica.* p. 247. n° 54.

A. Nitida. Dej. *Cat.* p. 9.

A. Rufiventris. Germar.

A. Ferrea. Sturm. VI. p. 36. n° 18. T. 142. fig. c. C.

Long. 2 $\frac{1}{2}$, 3 $\frac{1}{2}$ lignes. Larg. 1 $\frac{1}{3}$, 1 $\frac{3}{4}$ ligne.

Très-voisine de la *Trivialis* par la forme, la taille et les couleurs, et ordinairement un peu plus courte, plus large, plus lisse et plus convexe.

Les trois premiers articles des antennes un peu plus rouges et moins jaunes.

Corselet ayant les deux impressions de chaque côté de la base très-peu marquées et quelquefois presque entièrement effacées.

Élytres un peu plus courtes; les stries plus marquées et plus profondes vers l'extrémité que vers la base; les intervalles plus lisses et tout-à-fait planes.

Les jambes d'un brun plus ou moins roussâtre.

Elle se trouve dans presque toute l'Europe, mais moins communément que la *Trivialis;* elle habite aussi l'Amérique septentrionale.

10. A. Tricuspidata.

Pl. 161. fig. 4.

Oblongo-ovata, supra viridi-ænea; thorace antice angustato, postice utrinque obsolete bifoveolato, foveis obsolete punctulatis; elytris striatis, striis postice profundioribus; antennis basi testaceis; tibiis rufo-piceis; spina terminali tibiarum trifida.

Dej. *Spec.* v. *Suppl.* p. 792. n° 65.
Sturm. *Catal.* p. 91.

Long. 3 $\frac{1}{2}$, 3 $\frac{3}{4}$ lignes. Larg. 1 $\frac{1}{2}$, 1 $\frac{3}{4}$ ligne.

Voisine de la *Trivialis* par la forme et par la taille, et d'un bronzé un peu verdâtre en dessus.

Antennes ayant les trois premiers articles d'un jaune testacé un peu roussâtre.

Corselet ayant de chaque côté de sa base deux petites impressions oblongues, peu marquées, mais assez distinctes, ponctuées légèrement dans le fond et sur les bords.

Élytres à peu près de la même forme; les stries plus marquées, plus profondes vers l'extrémité que vers la base, paraissant lisses; les intervalles tout-à-fait planes.

Dessous du corps et pattes comme dans la *Trivialis*.

Les jambes antérieures terminées par une épine trifide bien distincte, assez forte.

Elle se trouve en Allemagne, et particulièrement aux environs de Berlin.

11. A. Curta.

Pl. 161. fig. 5.

Ovata, brevior, supra nigra vel obscure ænea; thorace antice angustato, postice utrinque obsoletissime bifoveolato, foveis punctulatis; elytris striatis, striis postice profundioribus; antennarum basi tibiisque rufis.

Dej. *Spec.* III. p. 468. n° 9.
Dej. *Cat.* p. 9.

Long. 2 $\frac{1}{2}$, 3 lignes. Larg. 1 $\frac{1}{3}$, 1 $\frac{1}{2}$ ligne.

Plus petite que la *Communis*, proportionnellement plus courte, plus large, moins convexe, et d'un bronzé obscur, souvent même tout-à-fait noire.

Élytres plus courtes, plus larges et moins convexes, striées à peu près de la même manière.

Antennes et pattes comme dans la *Communis*.

Elle se trouve dans différentes parties de la France, en Styrie et en Volhynie.

12. A. Familiaris. *Creutzer.*

Pl. 161. fig. 6.

Oblongo-ovata, brevior, supra plerumque ænea; thorace antice angustato, postice utrinque obsolete bifoveolato; elytris striatis, striis postice profundioribus; antennarum basi pedibusque rufo-testaceis.

Dej. *Spec.* iii. p. 469. n° 10.
Sturm. vi. p. 59. n° 34. t. 147. fig. a. A.
Carabus Familiaris. Duftschmid. ii. p. 119. n° 148.
Harpalus Familiaris. Gyllenhal. iv. p. 145. n° 51-52.
Sahlberg. *Dissert. Entom. Ins. Fennic.* p. 247. n° 53.
Harpalus Communis. var. c. d. e. Gyllenhal. ii. p. 141. n° 51.
A. Communis. Dej. *Cat.* p. 9.
A. Cursor. Sturm. vi. p. 57. n° 33. t. 146. fig. d. D.
A. Gilvipes. Megerle.
Feronia Impunctata. Say. *Transactions of the American Society. new series.* ii. p. 45. n° 18.
Var. *Carabus Lucidus?* Andersch. Duftschmid. ii. p. 121. n° 151.

Long. 2 $\frac{1}{2}$, 3 $\frac{1}{3}$ lignes. Larg. 1 $\frac{1}{4}$, 1 $\frac{1}{2}$ ligne.

Très-voisine de la *Communis* par la forme, la taille et la couleur.

AMARA.

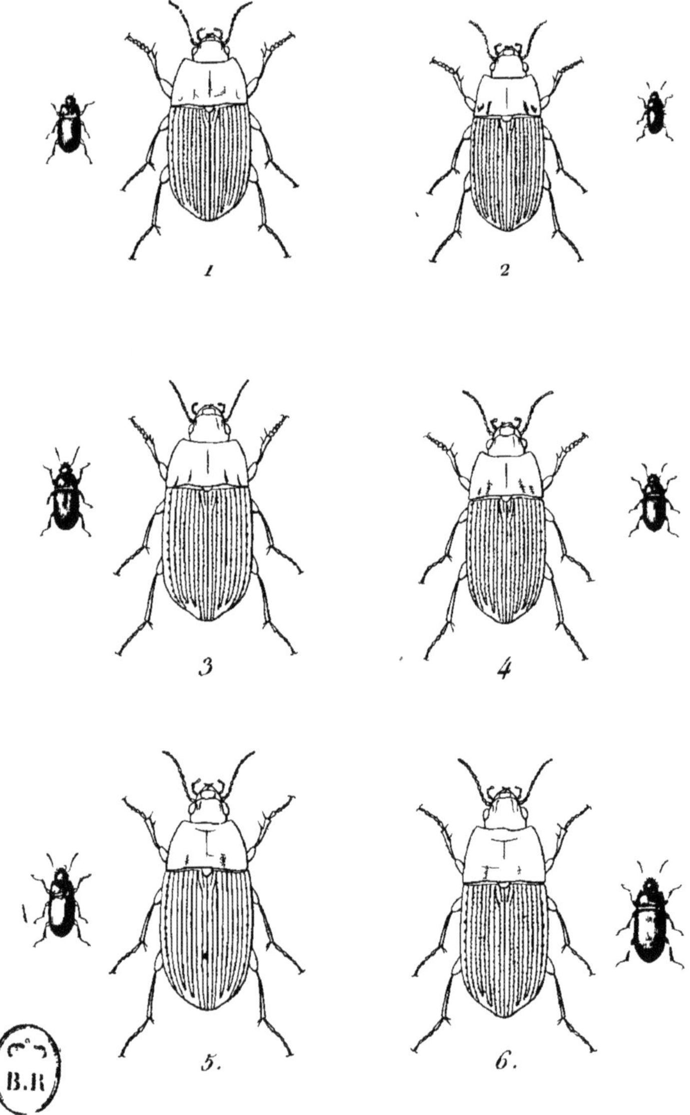

1. A Perplexa
2. A Tibialis
3. A. Interstitialis.
4. A. Punctulata.
5. A. Rufipes.
6. A. Striatopunctata.

P Dumenil pinx   Dupreel sc

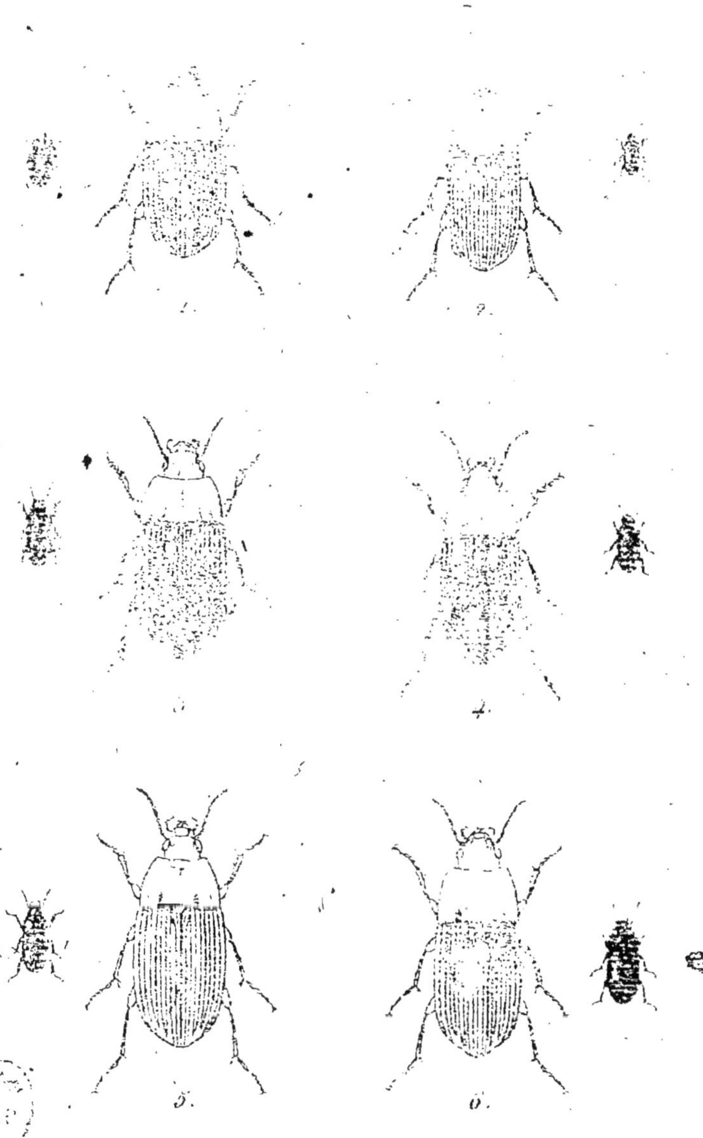

1. A. Perplexa.
2. A. Tibialis.
3. A. Interstitialis.
4. A. Punctulata.
5. A. Rufipes.
6. A. Striatopunctata.

Duménil pinx. Dupuis sc.

Corselet ayant de chaque côté de la base deux impressions un peu plus distinctes et ne paraissant pas sensiblement ponctuées.

Élytres striées à peu près de la même manière.

Pattes entièrement d'un rouge ferrugineux un peu jaunâtre.

Elle se trouve communément dans presque toute l'Europe.

13. A. Perplexà.

Pl. 162. fig. 1.

Oblongo-ovata, brevior, supra obscure ænea; thorace antice angustato, postice in medio punctato, utrinque obsolete bifoveolato; elytris striatis, striis subtiliter punctatis, postice profundioribus; antennarum basi pedibusque rufo-testaceis.

Dej. *Spec.* III. p. 470. n° 11.

Long. 3 lignes. Larg. 1 $\frac{1}{3}$ ligne.

Très-voisine de la *Familiaris.*

Corselet ayant les impressions postérieures plus marquées, et le milieu de la base couvert de points enfoncés peu marqués et peu rapprochés les uns des autres.

Élytres striées à peu près de la même manière; les stries légèrement ponctuées.

Antennes et pattes comme dans la *Familiaris*.

Elle se trouve en Volhynie.

14. A. Tibialis.

Pl. 162. fig. 2.

Oblongo-ovata, supra plerumque ænea; thorace antice angustato, postice utrinque bifoveolato; elytris subtiliter striatis, striis obsolete punctulatis; antennis basi testaceis; tibiis rufo-piceis.

Dej. *Spec.* iii. p. 471. n° 12.

Dej. *Cat.* p. 9.

Carabus Tibialis. Payk. *Fauna Suecica.* i. p. 168. n° 89.

Sch. *Syn. Ins.* i. p. 203. n° 198.

Harpalus Tibialis. Gyllenhal. ii. p. 145. n° 54. et iv. p. 446. n° 54.

Sahlberg. *Dissert. Entom. Ins. Fennica.* p. 250. n° 59.

Carabus Viridis? Duftschmid. ii. p. 120. n° 150.

A. Viridis? Sturm. vi. p. 60. n° 35. t. 147. fig. b. B.

Long. 2, 2 $\frac{1}{2}$ lignes. Larg. 1, 1 $\frac{1}{4}$ ligne.

Plus petite que la *Familiaris*, proportionnellement un peu moins large, tantôt d'un bronzé plus ou moins brillant ou obscur, quelquefois un peu verdâtre et quelquefois tout-à-fait noire.

Antennes ayant les trois premiers articles d'un jaune testacé un peu roussâtre.

Corselet un peu moins rétréci antérieurement, et un peu moins large postérieurement; les deux impressions de chaque côté de la base bien distinctes et ne paraissant pas ponctuées.

Élytres un peu plus étroites et un peu plus convexes; les stries assez fines, très-légèrement ponctuées et ne paraissant pas plus marquées vers l'extrémité que vers la base; les intervalles tout-à-fait planes.

Dessous du corps et cuisses noirs, avec les jambes d'un brun plus ou moins roussâtre, et les tarses d'un brun noirâtre.

Elle se trouve assez communément en Suède, en Finlande, dans le nord de la Russie et en Sibérie.

15. A. Interstitialis. *Eschscholtz.*

Pl. 162. fig. 3.

Oblongo-ovata, supra obscure ænea; thorace antice angustato, postice utrinque bifoveolato, foveis obsoletissime punctulatis; elytris subtiliter striato-punctatis, interstitiis alternatim subelevatis; antennis basi rufo-piceis; pedibus nigris.

Dej. *Spec.* III. p. 472. n° 13.

Long. 3 ½ lignes. Larg. 1 ⅔ ligne.

Très-voisine de la *Trivialis.*

Antennes ayant les deux premiers articles d'un brun roussâtre.

Corselet un peu plus court et un peu moins rétréci antérieurement ; les deux impressions de chaque côté de la base assez distinctes, à peine ponctuées ; le bord antérieur un peu moins échancré ; les angles antérieurs un peu moins aigus.

Les stries des élytres très-fines, peu marquées et très-finement ponctuées ; les troisième, cinquième et septième intervalles assez distinctement relevés ; les autres planes.

Dessous du corps et cuisses d'un noir un peu bronzé, avec les jambes et les tarses d'un noir un peu brunâtre.

Elle se trouve au Kamtschatka.

16. A. Punctulata.

Pl. 162. fig. 4.

Oblongo-ovata, supra æenea ; thorace antice angustato, postice utrinque obsolete bifoveolato, foveis obsolete punctulatis ; elytris subtiliter striato-punctatis ; antennis basi rufo-piceis ; pedibus nigris.

Dej. *Spec.* III. p. 473. n° 14.
A. Littoralis. Faldermann.

Long. 3 lignes. Larg. 1 $\frac{1}{2}$ ligne.

Voisine de la *Plebeja*.

Antennes ayant les deux premiers articles d'un brun roussâtre.

Corselet un peu plus court; les deux impressions de chaque côté de la base moins distinctement ponctuées; le bord antérieur un peu moins échancré; les angles antérieurs un peu moins aigus.

Élytres ayant les stries fines, peu marquées et très-légèrement ponctuées; les intervalles planes.

Dessous du corps et cuisses d'un noir un peu bronzé, avec les jambes et les tarses d'un noir un peu brunâtre.

Elle se trouve au Kamtschatka et sur la côte nord-ouest de l'Amérique septentrionale.

17. A. Rufipes.

Pl. 162. fig. 5.

Oblongo-ovata, supra plerumque obscure ænea; thorace antice subangustato, postice utrinque foveolato, foveis punctulatis; elytris striatis, striis obsolete punctatis; postice profundioribus; antennarum basi pedibusque rufis.

Dej. *Spec.* III. p. 478. n° 21.

Dej. *Cat.* p. 9.

A. Fulvipes. Dahl.

Var. *A. Erythrocnema.* Parreyss.

Long. 3 $\frac{1}{2}$, 4 $\frac{1}{3}$ lignes. Larg. 1 $\frac{1}{2}$, 2 lignes.

A peu près de la taille de la *Similata*. Proportionnellement plus étroite, un peu plus convexe et d'un bronzé-obscur plus ou moins foncé, quelquefois un peu bleuâtre et quelquefois presque tout-à-fait noire.

Tête un peu plus étroite et un peu plus avancée, avec les trois premiers articles des antennes d'un jaune ferrugineux un peu roussâtre.

Corselet plus étroit, plus convexe et moins rétréci antérieurement; l'impression intérieure de chaque côté de la base assez marquée, assez distinctement ponctuée dans le fond et sur les bords; l'extérieure peu sensible; le bord antérieur peu échancré; les angles antérieurs moins aigus et presque arrondis; les côtés un peu plus fortement rebordés; les angles postérieurs moins aigus et coupés plus carrément.

Élytres plus étroites et un peu plus convexes; les stries légèrement ponctuées, assez marquées et plus profondes vers l'extrémité que vers la base; les intervalles planes.

Dessous du corps d'un noir-obscur un peu bronzé, avec les pattes d'un rouge ferrugineux.

Elle se trouve dans les provinces méridionales de la France, en Espagne, en Italie, et dans les îles Ioniennes.

18. A. Striatopunctata.

Pl. 162. fig. 6.

Subovata, supra plerumque obscure ænea; thorace antice subangustato, postice utrinque foveolato, foveis punctulatis; elytris striato-punctatis, striis postice profundioribus; antennarum basi, tibiis tarsisque rufis.

Dej. *Spec.* iii. p. 480. n° 22.
Dej. *Cat.* p. 9.
A. Fulvipes. Dej. *Cat.* p. 9.
A. Hæmatopa. Parreyss.

Long. 4, 5 lignes. Larg. 1 $\frac{3}{4}$, 2 $\frac{1}{4}$ lignes.

Plus grande que la *Similata*, et entièrement d'un bronzé-obscur plus ou moins foncé, quelquefois presque noirâtre.

Tête un peu plus étroite, un peu plus allongée et un peu moins lisse, avec les trois premiers articles des antennes d'un jaune-ferrugineux un peu roussâtre.

Corselet un peu plus étroit, un peu plus convexe et un peu moins rétréci antérieurement; l'impression intérieure de chaque côté de la base fortement marquée et distinctement ponctuée; le bord antérieur très-peu échancré; les angles antérieurs moins aigus et presque arrondis; les côtés un peu plus fortement rebordés, et les angles postérieurs un peu moins aigus et coupés un peu plus carrément.

Élytres un peu plus convexes; les stries quelquefois très-légèrement ponctuées et quelquefois assez fortement, assez marquées dans toute leur longueur et plus profondes vers l'extrémité que vers la base; les intervalles assez planes.

Dessous du corps d'un noir quelquefois un peu bronzé. Cuisses d'un noir un peu brunâtre, avec les jambes et les tarses d'un rouge-ferrugineux un peu obscur.

Elle se trouve çà et là dans plusieurs parties de la France, en Espagne, et dans les îles Ioniennes.

19. A. Monticola. *Zimmermann.*

Pl. 163. fig. 1.

Oblongo-ovata, supra obscure ænea; thorace antice subangustato, postice obsolete punctulato, utrinque bifoveolato; elytris subtiliter striatis; antennis pedibusque rufis.

Dej. *Spec.* v. *Suppl.* p. 794. n° 68.

Long. 3 $\frac{1}{2}$ lignes. Larg. 1 $\frac{1}{2}$ ligne.

Très-voisine de la *Rufipes*, mais ordinairement un peu plus petite et d'un bronzé obscur.

Antennes entièrement d'un jaune-ferrugineux un peu roussâtre.

AMARA.

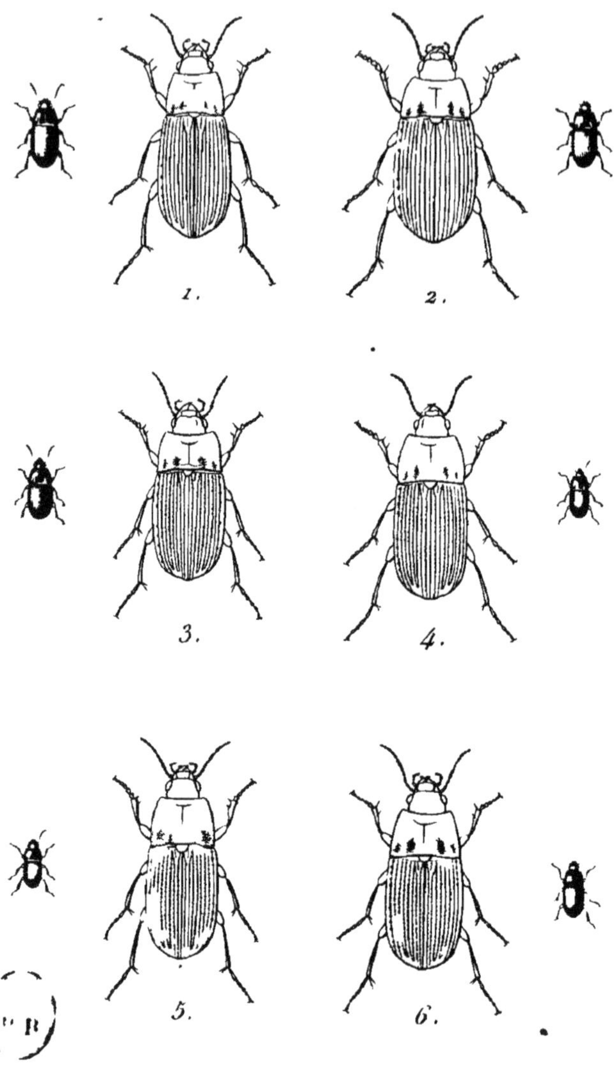

1 A. Monticola.

2. A. Quenselii.

3. A. Modesta.

4. A. Brunnea.

5. A. Lapponica.

6. A. Rufocincta.

P Dumenil pinx. Dupreel sc

Corselet un peu plus court; sa base plus déprimée, entièrement couverte de petits points enfoncés peu marqués, surtout dans le milieu, et ayant de chaque côté deux impressions oblongues assez distinctes.

Élytres à peu près de la même forme, avec les stries moins marquées et pas plus profondes vers l'extrémité que vers la base.

Dessous du corps d'un brun noirâtre. Pattes d'un rouge ferrugineux, avec les jambes antérieures terminées par une épine simple.

Elle se trouve dans les Alpes de la Savoie.

20. A. Quenselii.

Pl. 163. fig. 2.

Ovata, supra obscure piceo-ænea; thorace antice subangustato, postice transverse impresso, utrinque bifoveolato, foveis punctulatis; elytris subtiliter striatis; antennis pedibusque rufis.

Dej. *Spec.* III. p. 481. n° 23.

Carabus Quenselii. Sch. *Syn. Ins.* I. p. 201. n° 190.

Harpalus Quenselii. Gyllenhal. II. p. 134. n° 44. et IV. p. 444. n° 44.

Sahlberg. *Dissert. Entom. Ins. Fennica.* p. 243. n° 45.

A. Metallifera. Andersch.

Long. 3, 3 $\frac{1}{2}$ lignes. Larg. 1 $\frac{1}{2}$, 1 $\frac{3}{4}$ ligne.

A peu près de la taille de la *Trivialis*, proportionnellement plus large et d'un brun-obscur légèrement bronzé.

Tête un peu plus large, avec les antennes d'un rouge ferrugineux.

Corselet plus court, moins rétréci antérieurement, plus convexe dans son milieu et quelquefois un peu roussâtre sur les côtés; les rides ondulées à peine sensibles; l'impression transversale antérieure plus distincte; la postérieure assez fortement marquée; les deux impressions de chaque côté de la base assez grandes et assez marquées, couvertes de points enfoncés assez marqués; les angles antérieurs un peu moins aigus; les côtés assez fortement déprimés, surtout vers les angles postérieurs; ceux-ci moins aigus et coupés plus carrément.

Élytres plus larges, un peu plus convexes et moins sinuées vers l'extrémité; les stries assez fines, pas plus marquées vers l'extrémité que vers la base, paraissant lisses; les intervalles très-planes; le bord inférieur d'un brun noirâtre.

Dessous du corps d'un brun obscur, souvent un peu roussâtre, avec les pattes d'un rouge-ferrugineux un peu obscur.

Elle se trouve en Laponie.

21. A. Modesta.

Pl. 163. fig. 3.

Ovata, supra nigro-ænea; thorace brevi, subquadrato, antice subangustato, postice utrinque bifoveolato, foveis punctatis, angulis posticis acutis, subprominulis; elytris subtiliter striatis, striis obsolete punctatis; antennarum basi pedibusque rufis.

Dej. *Spec.* III. p. 482. n° 24.
Dej. *Cat.* p. 9.
Carabus Municipalis? Duftschmid. II. p. 113. n° 138.

Long. 3 lignes. Larg. 1 $\frac{1}{2}$ ligne.

A peu près de la taille de l'*Eximia*, proportionnellement un peu moins large, moins convexe et d'un bronzé-obscur presque noirâtre.

Tête assez avancée, lisse, à peine rétrécie postérieurement, avec les deux premiers articles des antennes d'un rouge ferrugineux.

Corselet le double plus large que la tête, moins long que large, assez court, presque carré, un peu rétréci antérieurement, très-légèrement arrondi sur les côtés, assez lisse et peu convexe; les rides ondulées à peine distinctes; la ligne médiane fine et peu marquée; de chaque côté de la base, deux impressions bien marquées, cou vertes de points enfoncés assez gros et bien distincts; le bord antérieur peu échancré; les angles antérieurs arrondis; les côtés légèrement rebordés, tombant carrément sur la base; les angles postérieurs un peu prolongés, très-aigus et presque saillans; la base légèrement sinuée.

Élytres peu allongées, légèrement ovales, presque parallèles, peu convexes et peu sinuées vers l'extrémité; les stries fines, peu marquées et légèrement ponctuées; les intervalles planes.

Dessous du corps d'un brun noirâtre, avec les pattes d'un rouge ferrugineux.

22. A. Brunnea.

Pl. 163. fig. 4.

Subovata, supra nigro-picea; thorace antice subangustato, lateribus subrotundatis, postice utrinque bifoveolato, foveis punctatis; elytris striato-punctatis; antennis pedibusque rufis.

Dej. *Spec.* III. p. 483. n° 25.

Dej. *Cat.* p. 9.

Harpalus Brunneus. Gyllenhal. II. p. 143. n° 52. et IV. p. 446. n° 52.

Sahlberg. *Dissert. Entom. Ins. Fennica.* p. 248. n° 55.

A. Grandicollis. Dej. *Cat.* p. 9.

Long. 2 $\frac{1}{3}$, 3 $\frac{1}{4}$ lignes. Larg. 1 $\frac{1}{4}$, 1 $\frac{2}{3}$ ligne.

A peu près de la taille de la *Familiaris*, proportionnellement un peu plus étroite et d'un brun noirâtre, quelquefois un peu roussâtre, avec un léger reflet bronzé.

Antennes d'un rouge ferrugineux.

Corselet un peu plus grand, moins rétréci antérieurement et un peu plus arrondi sur les côtés; les deux impressions de chaque côté de la base assez distinctes, assez fortement ponctuées; les angles antérieurs un peu moins aigus; les postérieurs aussi un peu moins aigus et coupés plus carrément.

Les stries des élytres assez fortement marquées dans toute leur longueur et assez fortement ponctuées; les intervalles planes.

Dessous du corps d'un brun noirâtre, quelquefois un peu roussâtre, avec les pattes d'un rouge ferrugineux.

Elle se trouve en Suède, en Finlande et dans les Pyrénées-Orientales.

23. A. Lapponica. *Mannerheim.*

Pl. 163. fig. 5.

Subovata, supra nigro-picea; thorace subangustato, lateribus subrotundatis, postice utrinque punctato; elytris striato-punctatis; antennis pedibusque rufis.

DEJ. *Spec.* v. *Suppl.* p. 795. n° 69.
Harpalus Lapponicus. SAHLBERG. *Dissert. Entom. Ins. Fennica.* p. 250. n° 58.

Long. 2 $\frac{1}{2}$ lignes. Larg. 1 $\frac{1}{3}$ ligne.

Très-voisine de la *Brunnea.*

Corselet ayant la base plus fortement ponctuée de chaque côté; les deux impressions effacées et nullement sensibles.

Le reste comme dans la *Brunnea.*

Elle se trouve en Laponie.

24. A. RUFOCINCTA. *Mannerheim.*

Pl. 163. fig. 6.

Ovata, brevior, supra nigro-picea; thorace antice subangustato, postice utrinque punctato, bifoveolato; elytris striato-punctatis; antennis pedibusque rufis.

DEJ. *Spec.* III. p. 484. n° 26.
Harpalus Rufocinctus. SAHLBERG. *Dissert. Entom. Ins. Fennica.* p. 249. n° 56.

Long. 3 $\frac{1}{4}$ lignes. Larg. 1 $\frac{2}{3}$ ligne.

Très-voisine de la *Brunnea,* mais ordinairement un peu plus grande et proportionnellement un peu plus large.

AMARA.

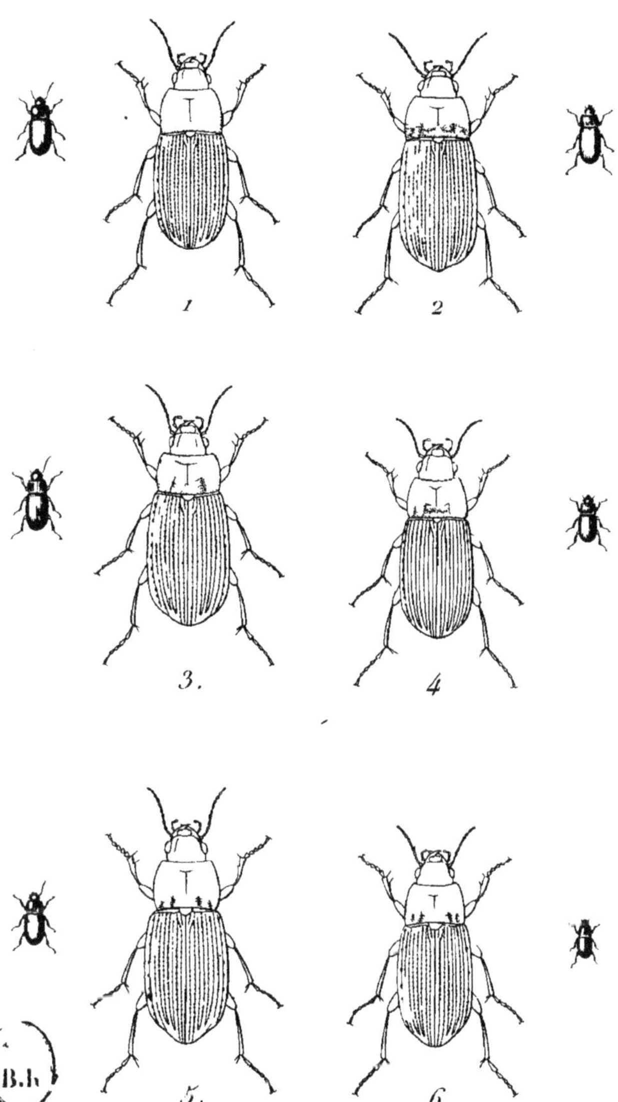

1 A Bifrons.
2. A Sabulosa.
3. A. Montana
4 A. Affinis.
5. A. Glabrata.
6 A. Granaria

P Dumenil pinx Dupreel sc

Corselet plus court, un peu moins arrondi sur les côtés et un peu plus large postérieurement; la ligne médiane et les deux impressions transversales un peu plus marquées; les deux impressions de chaque côté de la base aussi un peu plus marquées, couvertes de points enfoncés un peu plus gros et plus nombreux.

Élytres un peu plus larges, striées à peu près de la même manière; le bord inférieur un peu roussâtre.

Dessous du corps et pattes comme dans la *Brunnea*.

Elle se trouve en Finlande.

25. A. Bifrons.

Pl. 164. fig. 1.

Oblongo-ovata, supra fusco-ænea; thorace subquadrato, antice subangustato, postice transverse impresso, punctato, utrinque bifoveolato; elytris striato-punctatis; antennis pedibusque pallide testaceis.

Dej. *Spec.* III. p. 485. n° 27.

Dej. *Cat.* p. 9.

Harpalus Bifrons. Gyllenhal. II. p. 144. n° 53. et IV. p. 446. n° 53.

Sahlberg. *Dissert. Entom. Ins. Fennica.* p. 249. n° 57.

A. Brunnea. Sturm. VI. p. 56. n° 32. T. 146. fig. c. C.

A. Castanea. Ziegler.

Long. 2 $\frac{1}{4}$, 3 lignes. Larg. 1, 1 $\frac{1}{2}$ ligne.

Plus petite que la *Trivialis*, proportionnellement un peu plus étroite et d'un brun plus ou moins obscur, légèrement bronzé et quelquefois un peu roussâtre sur les bords du corselet et des élytres.

Tête un peu moins large, avec les antennes d'un jaune-ferrugineux un peu roussâtre et assez pâle.

Corselet plus étroit, surtout postérieurement, un peu plus court, presque carré et un peu rétréci antérieurement; l'impression transversale antérieure plus distincte; la postérieure assez fortement marquée; les deux impressions de chaque côté de la base assez marquées; toute la base couverte de points enfoncés assez gros, assez marqués et assez serrés; le bord antérieur peu échancré; les angles antérieurs presque arrondis; les côtés un peu plus fortement rebordés; les angles postérieurs moins aigus et coupés moins carrément.

Élytres plus étroites, plus parallèles, moins sinuées près de l'extrémité; les stries assez marquées dans toute leur longueur et assez fortement ponctuées; les intervalles planes; le bord inférieur d'un brun roussâtre.

Dessous du corps d'un brun obscur, quelquefois un peu roussâtre, avec les pattes d'un jaune testacé assez pâle.

Elle se trouve assez communément dans presque toute l'Europe.

26. A. Sabulosa.

Pl. 164. fig. 2.

Oblongo-ovata, supra picea; thorace subquadrato, antice subangustato, lateribus subrotundatis, postice punctato, utrinque bifoveolato; elytris subparallelis; striato-punctatis; antennis pedibusque pallide testaceis.

Dej. *Spec.* III. p. 486. n° 28.
Dej. *Cat.* p. 9.

Long. 2 $\frac{2}{3}$, 3 lignes. Larg. 1 $\frac{1}{3}$, 1 $\frac{1}{2}$ ligne.

Très-voisine de la *Bifrons*, un peu plus allongée, moins convexe et d'un brun plus ou moins obscur, plus ou moins roussâtre, avec une très-légère teinte bronzée.

Corselet ayant l'impression transversale un peu moins marquée; la ponctuation de la base un peu plus serrée; les deux impressions de chaque côté de la base un peu moins distinctes; les côtés un peu plus arrondis; les angles postérieurs un peu moins aigus.

Élytres un peu plus étroites, un peu plus parallèles et un peu moins convexes; les stries un peu plus fortement marquées et plus fortement ponctuées, surtout vers la base.

Dessous du corps d'un brun plus ou moins roussâtre, avec les antennes et les pattes comme dans la *Bifrons*.

Elle se trouve dans plusieurs départemens de la Normandie.

27. A. Montana.

Pl. 164. fig. 3.

Subovata, supra picea; thorace brevi, subquadrato, postice subangustato, punctato, utrinque bistriato; elytris striatis, striis obsolete punctatis; antennis pedibusque pallide testaceis.

Dej. *Spec.* III. p. 487. n° 29.
Dej. *Cat.* p. 9.

Long. 3, 3 $\frac{1}{2}$ lignes. Larg. 1 $\frac{1}{3}$, 1 $\frac{2}{3}$ ligne.

Un peu plus grande que la *Bifrons*, proportionnellement un peu plus large et moins convexe, et entièrement d'un brun plus ou moins obscur, plus ou moins roussâtre, quelquefois avec une très-légère teinte bronzée sur les élytres.

Tête un peu plus allongée, avec les antennes d'un jaune-testacé pâle.

Corselet plus court, plus plane, plus large antérieurement et plus rétréci postérieurement; l'impression transversale postérieure moins marquée; la ponctuation de la base plus serrée; les deux impressions de chaque côté de la base un peu plus longues, et l'intérieure un peu plus rapprochée de l'angle postérieur; le bord antérieur moins échancré; les angles antérieurs presque arrondis; les postérieurs un peu moins aigus.

Élytres un peu plus larges, un peu plus ovales et un peu moins convexes; les stries un peu plus fortement marquées dans toute leur longueur et très-légèrement ponctuées; les intervalles un peu moins planes.

Dessous du corps d'un brun plus ou moins roussâtre, avec les pattes comme dans la *Bifrons*.

Elle se trouve dans les Hautes-Pyrénées et dans le midi de la France.

28. A. Affinis.

Pl. 164. fig. 4.

Oblongo-ovata, supra fusco-ænea; thorace brevi, subquadrato, lateribus subrotundatis, postice punctato, utrinque bifoveolato; elytris striatis, striis obsolete punctatis; antennis pedibusque pallide testaceis.

Dej. *Spec.* III. p. 488. n° 30.
Dej. *Cat.* p. 9.

Long. $2\frac{1}{3}$, $2\frac{1}{2}$ lignes. Larg. $1\frac{1}{4}$, $1\frac{1}{3}$ ligne.

Très-voisine de la *Bifrons* par la forme et la couleur, mais un peu plus petite, proportionnellement un peu plus courte et un peu plus convexe.

Corselet un peu plus court, plus arrondi sur ses côtés; les deux impressions transversales moins marquées; les angles postérieurs obtus et presque arrondis.

Élytres un peu plus courtes et un peu plus convexes; les stries très-légèrement ponctuées, et quelquefois presque lisses.

Antennes et pattes comme dans la *Bifrons*.

Elle se trouve en Espagne.

29. A. Glabrata.

Pl. 164. fig. 5.

Oblongo-ovata, convexa, supra nigro-ænea; thorace subquadrato, lateribus subrotundatis, postice bifoveolato, foveis punctulatis, angulis posticis subproductis; elytris subtiliter striato-punctatis; antennis pedibusque rufo-piceis.

Dej. *Spec.* III. p. 489. n° 31.
Dej. *Cat.* p. 9.

Long. 3, 3 $\frac{1}{2}$ lignes. Larg. 1 $\frac{1}{3}$, 1 $\frac{2}{3}$ ligne.

A peu près de la taille de la *Trivialis*, et d'un bronzé-obscur presque noirâtre.

Tête presque triangulaire, point rétrécie postérieurement, avec les antennes d'un rouge ferrugineux.

Corselet le double plus large que la tête, moins long que large, presque carré, peu rétréci antérieurement, légèrement arrondi sur ses côtés, presque sinué vers la base, lisse et assez convexe; les rides ondulées peu distinctes; la ligne médiane assez fortement marquée dans son milieu, et beaucoup moins près du bord antérieur que vers la base; les deux impressions transversales à peine sensibles; de chaque côté de la base, à peu près au milieu, une impression oblongue assez fortement marquée, et une autre plus courte vers l'angle postérieur; le fond de ces impressions et leurs bords couverts de points enfoncés petits et assez marqués; le bord antérieur peu échancré; les angles antérieurs presque arrondis; les côtés légèrement rebordés, se redressant au moment de toucher la base et formant avec elle un angle droit, presque saillant; la base coupée carrément.

Élytres plus larges que le corselet, légèrement ovales, assez convexes et sinuées près de l'extrémité; les stries assez fines, peu enfoncées et distinctement ponctuées, surtout vers la base; les intervalles planes.

Dessous du corps d'un brun plus ou moins obscur, avec les pattes d'un rouge-ferrugineux obscur.

Elle se trouve communément dans le département du Calvados.

30. A. Granaria. *Dejean.*

Pl. 164. fig. 6.

Oblongo-ovata, supra plerumque nigro-subænea; thorace antice subangustato, postice utrinque bifoveolato, foveis punctulatis; elytris striatis, striis obsolete punctatis; antennis pedibusque rufescentibus.

Dej. *Spec.* III. p. 490. n° 32.
Harpalus Infimus. Gyllenhal. IV. p. 446. n° 54-55.

Long. 2 lignes. Larg. 1 ligne.

Très-voisine de la *Tibialis*, mais un peu plus petite, un peu plus courte et ordinairement en dessus d'un noir assez brillant et un peu bronzé sur les élytres.

Antennes d'un roux-ferrugineux un peu obscur.

Corselet un peu plus court, un peu moins rétréci antérieurement; les deux impressions de chaque côté de la base assez fortement ponctuées; les points peu nombreux; les angles antérieurs moins aigus; les côtés un peu plus arrondis; les angles postérieurs coupés un peu plus carrément.

Élytres avec les stries un peu plus marquées et très-légèrement ponctuées.

Dessous du corps d'un brun noirâtre, avec les pattes d'un rouge-ferrugineux obscur.

Elle se trouve en Suède.

AMARA.

1. A. Infima.

2. A. Rotundata.

3. A. Brevis.

4 A. Simplex.

5. A Eximia.

6 A. Dalmatina.

P Dumeril pinx   Dupreel sc

31. A. INFIMA. *Knoch?*

Pl. 165. fig. 1.

Subovata, brevior, convexa, supra fusco-ænea; thorace antice subangustato, postice utrinque bifoveolato, foveis punctulatis; elytris striatis, striis obsolete punctatis; antennis pedibusque rufis.

DEJ. *Spec.* III. p. 491. n° 33.
DEJ. *Cat.* p. 9.
Carabus Infimus. DUFTSCHMID. II. p. 114. n° 259.
A. Brevis. STURM. *Catal.* p. 90.

Long. 2 $\frac{1}{4}$ lignes. Larg. 1 $\frac{1}{4}$ ligne.

A peu près de la taille de la *Tibialis*, mais proportionnellement plus large, plus convexe et d'un brun noirâtre très-légèrement bronzé.

Antennes d'un jaune ferrugineux un peu roussâtre.

Corselet un peu plus large, plus court, plus convexe et moins rétréci antérieurement; les deux impressions de chaque côté de la base assez marquées, couvertes de points enfoncés assez marqués, mais peu nombreux; les angles antérieurs moins aigus; les côtés un peu plus arrondis; les angles postérieurs coupés un peu plus carrément.

Élytres plus larges et plus convexes; les stries un peu plus marquées et très-légèrement ponctuées.

Dessous du corps d'un brun noirâtre, avec les pattes d'un rouge ferrugineux.

Elle se trouve aux environs de Nuremberg.

32. A. Rotundata.

Pl. 165. fig. 2.

Ovata, convexa, supra rufo-picea; thorace brevi, antice subangustato, lateribus subrotundatis, postice utrinque bifoveolato; elytris brevioribus, subtiliter striatis; antennis pedibusque pallide testaceis.

Dej. *Spec.* III. p. 492. n° 34.
Dej. *Cat.* p. 9.

Long. 2 lignes. Larg. 1 ligne.

Plus petite que l'*Infima*, proportionnellement plus large, plus convexe et d'un brun roussâtre un peu plus obscur sur les élytres.

Antennes d'un jaune testacé assez pâle.

Corselet un peu plus court, moins rétréci antérieurement, moins large postérieurement, plus arrondi sur les côtés; les deux impressions de chaque côté de la base tout-à-fait lisses; l'intérieure plus petite et moins marquée; les angles postérieurs moins aigus.

Élytres plus courtes, plus larges, plus convexes et moins sinuées près de l'extrémité; les stries fines, peu marquées et paraissant lisses, même à la loupe; les intervalles très-planes.

Dessous du corps d'un brun roussâtre, avec les pattes d'un jaune testacé assez pâle.

Elle se trouve en Espagne.

33. A. Brevis.

Pl. 165. fig. 3.

Ovata, convexa, supra picea; thorace brevi, lateribus rotundatis, postice utrinque bifoveolato; elytris brevioribus, striatis; antennis pedibusque rufis.

Dej. *Spec.* III. p. 493. n° 33.
Dej. *Cat.* p. 9.

Long. 2 $\frac{2}{3}$, 3 $\frac{1}{3}$ lignes. Larg. 1 $\frac{1}{3}$, 1 $\frac{2}{3}$ ligne.

Très-voisine de l'*Eximia* par la forme et la grandeur, et un peu plus roussâtre et moins foncée.

Corselet ayant le bord antérieur et la base tout-à-fait lisses; l'impression intérieure marquée de quelques petits points à peine distincts; l'extérieure plus courte, presque arrondie et moins distincte.

Élytres un peu moins larges, avec les stries lisses ou très-légèrement ponctuées.

Dessous du corps d'un brun roussâtre, avec les pattes et les antennes un peu plus claires que celles de l'*Eximia*.

Elle se trouve en Espagne.

34. A. Simplex.

Pl. 165. fig. 4.

Ovata, supra fusco-picea; thorace brevi, lateribus subrotundatis, postice utrinque bifoveolato; elytris subtiliter striatis; antennis pedibusque pallide testaceis.

Dej. *Spec.* III. p. 493. n° 36.
Dej. *Cat.* p. 9.

Long. 3, 3 ½ lignes. Larg. 1 ½, 1 ⅔ ligne.

Très-voisine de la *Brevis*, un peu plus grande, moins raccourcie, moins convexe, plus brune et moins foncée.

Corselet moins arrondi sur les côtés; le bord antérieur un peu plus échancré; les angles antérieurs moins arrondis; les postérieurs moins obtus et coupés presque carrément.

Élytres un peu plus allongées, moins convexes; les stries plus fines, moins marquées et paraissant lisses; les intervalles plus planes.

Antennes et pattes d'un jaune ferrugineux assez pâle.

Elle se trouve en Espagne.

35. A. Eximia.

Pl. 165. fig. 5.

Ovata, convexa, supra nigro-picea; thorace brevi, lateribus rotundatis, postice punctato, utrinque bifoveolato; elytris brevioribus, striato-punctatis; antennis pedibusque rufis.

Dej. *Spec.* III. p. 494. n° 37.
Dej. *Cat.* p. 9.

Long. 3, 3 $\frac{1}{2}$ lignes. Larg. 1 $\frac{1}{3}$, 1 $\frac{3}{4}$ ligne.

Plus petite que la *Fulva*, proportionnellement plus courte, plus large et d'un brun noirâtre plus ou moins obscur, quelquefois un peu roussâtre et quelquefois très-légèrement bronzé sur les élytres.

Tête assez avancée, point rétrécie postérieurement, lisse, avec les antennes d'un rouge ferrugineux.

Corselet le double plus large que la tête, moins long que large, assez court, à peine rétréci antérieurement, assez arrondi sur les côtés et assez convexe; la ligne médiane assez marquée; toute la base couverte de points enfoncés assez serrés, assez gros et assez fortement marqués; deux impressions oblongues et bien distinctes de chaque côté de la base; le bord antérieur peu échancré; les angles antérieurs presque arrondis; les côtés rebordés, déprimés et un peu relevés dans toute leur longueur; les angles postérieurs obtus et presque arrondis; la base coupée carrément.

Élytres plus larges que le corselet, proportionnellement plus courtes que celles de la *Fulva*, légèrement ovales, assez convexes, peu sinuées et presque arrondies à l'extrémité; les stries assez fortement marquées dans toute leur longueur, quelquefois assez fortement et quelquefois très-légèrement ponctuées; les intervalles planes; le bord inférieur un peu roussâtre.

Dessous du corps d'un brun plus ou moins roussâtre, avec les pattes d'un rouge ferrugineux.

Elle se trouve communément dans les provinces méridionales de la France, en Espagne, et dans le département du Calvados.

36. A. Dalmatina.

Pl. 165. fig. 6.

Ovata, supra fusco-ænea; thorace brevi, subquadrato, lateribus subrotundatis, postice punctato, utrinque bifoveolato; elytris striato-punctatis; antennis pedibusque rufis.

Dej. *Spec.* III. p. 495. n° 38.
Dej. *Cat.* p. 9.

Long. 3 $\frac{1}{3}$, 3 $\frac{1}{2}$ lignes. Larg. 1 $\frac{1}{2}$, 1 $\frac{2}{3}$ ligne.

Très-voisine de l'*Eximia* par la taille et par la forme,

AMARA.

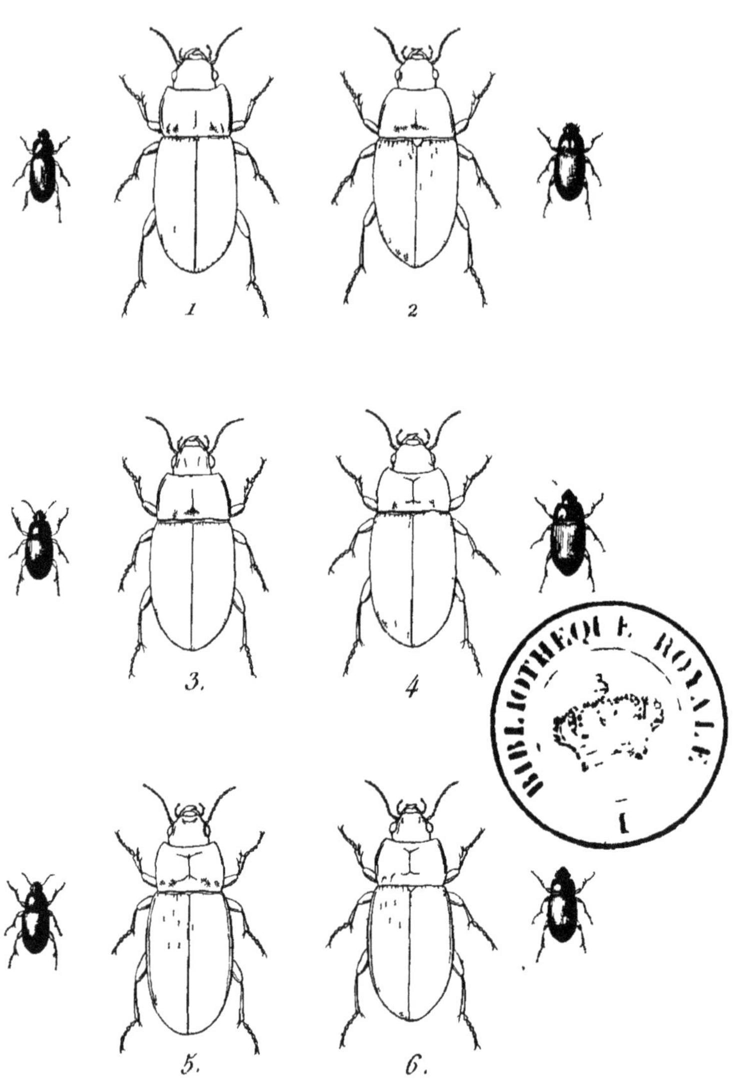

1. A. Metallescens.
2. A Complanata.
3. A Fusca.
4. A. Ingenua.
5. A. Rufoænea
6. A. Ruficornis.

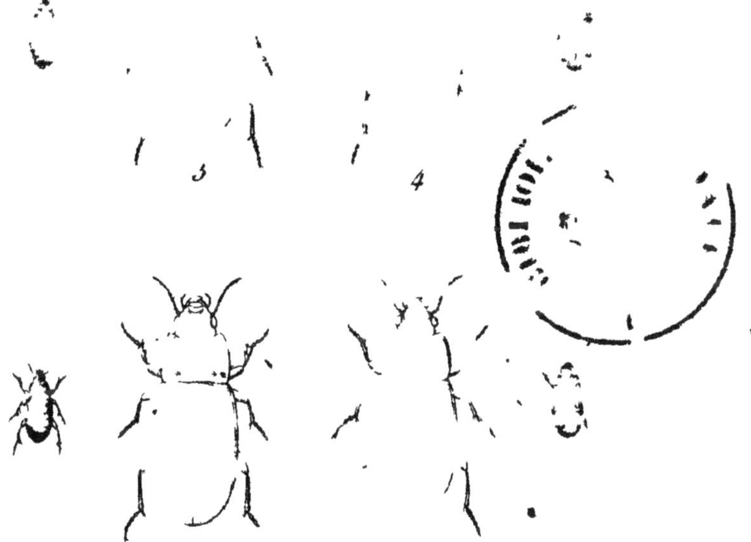

A ... seen — 4 A. Ingenu...

A C...ap... — 5 A. Rufocrne

6 A. Ruficorn...

P. Dumenil ... D...

mais un peu moins large, moins convexe et un peu moins noire, et légèrement bronzée sur les élytres.

Antennes d'un rouge ferrugineux.

Corselet un peu moins arrondi sur les côtés; les angles postérieurs moins obtus et coupés presque carrément.

Élytres un peu moins larges, moins courtes et moins convexes; les stries plus fortement ponctuées, surtout vers la base; les intervalles plus planes.

Pattes d'un rouge ferrugineux.

Elle se trouve en Dalmatie.

37. A. Metallescens. *Dahl.*

Pl. 166. fig. 1.

Ovata, supra ferrugineo-ænea; thorace brevi, subquadrato, lateribus subrotundatis, postice punctato, utrinque bifoveolato; elytris striatis; antennis pedibusque testaceis.

Dej. *Spec.* v. *Suppl.* p. 795. n° 70.

Long. 3 $\frac{1}{3}$, 3 $\frac{3}{4}$ lignes. Larg. 1 $\frac{1}{2}$, 1 $\frac{3}{4}$ ligne.

Voisine de l'*Eximia*, mais ordinairement un peu plus grande, proportionnellement un peu plus allongée et d'un jaune ferrugineux en dessus, plus ou moins brillanté d'un reflet bronzé.

Tête un peu plus large.

Corselet moins arrondi sur les côtés; la base moins

fortement ponctuée; les angles postérieurs moins obtus et nullement arrondis.

Élytres plus allongées, moins larges, moins ovales, presque parallèles et un peu moins convexes; les stries un peu moins marquées et paraissant lisses à la vue simple, et très-légèrement ponctuées avec une forte loupe.

Dessous du corps d'un jaune ferrugineux, avec les pattes d'un jaune testacé assez pâle.

Elle se trouve en Sardaigne.

38. A. Complanata.

Pl. 166. fig. 2.

Ovata, supra piceo-ænea; thorace antice angustato, postice punctato, utrinque bifoveolato; elytris striato-punctatis; antennis pedibusque rufis.

Dej. *Spec.* III. p. 496. n° 39.
Dej. *Cat.* p. 9.

Long. 3 ¾ lignes. Larg. 1 ¾ ligne.

A peu près de la taille de la *Consularis*, proportionnellement un peu plus courte et un peu plus large, et d'un brun noirâtre très-légèrement bronzé.

Corselet plus large postérieurement; la base ponctuée dans toute sa largeur; les angles antérieurs plus arrondis; les postérieurs, au contraire, un peu plus aigus.

Élytres plus larges, striées à peu près de la même manière.

Dessous du corps et pattes à peu près comme dans la *Consularis*.

Elle se trouve en Dalmatie.

39. A. Fusca.

Pl. 166. fig. 3.

Subovata, supra fusco-ænea; thorace subquadrato, antice subangustato, postice utrinque bifoveolato, foveis punctatis; elytris subtiliter striato-punctatis; antennis pedibusque rufis.

Dej. *Spec.* iii. p. 497. n° 40.
Sturm. *Catal.* p. 90.

Long. 3, 4 lignes. Larg. 1 $\frac{1}{2}$, 2 lignes.

Très-voisine de l'*Ingenua*, mais ordinairement plus petite, proportionnellement moins large et un peu plus brune, et un peu moins bronzée.

Tête moins large, avec les antennes comme dans l'*Ingenua*.

Corselet un peu plus long, un peu moins large et un peu moins arrondi sur les côtés.

Élytres moins larges, striées à peu près de la même manière.

Dessous du corps d'un brun plus ou moins roussâtre, avec les pattes d'un rouge ferrugineux un peu plus clair.

Elle se trouve communément dans le midi de la France; elle habite aussi l'Espagne, la Crimée et quelques parties de l'Allemagne.

40. A. Ingenua. *Creutzer.*

Pl. 166. fig. 4.

Ovata, supra obscure ænea; thorace antice subangustato, postice utrinque bifoveolato, foveis punctatis; elytris subtiliter striato-punctatis; antennis pedibusque rufo-piceis.

Dej. *Spec.* III. p. 498. n° 41.
Dej. *Cat.* p. 9.
Carabus Ingenuus. Duftschmid. II. p. 110. n° 133.
Harpalus Ingenuus. Gyllenhal. IV. p. 443. n° 43-44.
Sahlberg. *Dissert. Entom. Ins. Fennica.* p. 242. n° 44.
A. Lata. Sturm. VI. p. 23. n° 9. T. 140. fig. b. B.
Harpalus Latus. var. c. Gyllenhal. II. p. 133. n° 43.

Long. 3 $\frac{1}{2}$, 4 $\frac{2}{3}$ lignes. Larg. 1 $\frac{3}{4}$, 2 $\frac{1}{3}$ lignes.

Ordinairement plus grande que la *Consularis*, proportionnellement plus large et d'un bronzé plus ou moins obscur, souvent un peu brunâtre.

Tête large, lisse, point rétrécie postérieurement, avec les antennes d'un rouge ferrugineux obscur.

Corselet le double plus large que la tête, moins long que large, assez court, légèrement convexe, un peu rétréci antérieurement et très-légèrement arrondi sur les côtés; les rides ondulées peu distinctes; la ligne médiane fine, peu marquée; l'impression antérieure plus ou moins distincte; la postérieure ordinairement un peu plus marquée; deux impressions oblongues assez fortement marquées de chaque côté de la base, couvertes de points enfoncés petits et assez peu nombreux; le bord antérieur peu échancré: les angles antérieurs presque arrondis; les côtés légèrement rebordés; les angles postérieurs coupés presque carrément; la base légèrement sinuée.

Élytres plus larges que le corselet, peu allongées, légèrement ovales, presque parallèles, légèrement convexes et sinuées près de l'extrémité; les stries peu marquées et distinctement ponctuées; les intervalles planes; le bord inférieur un peu roussâtre.

Dessous du corps d'un brun obscur quelquefois un peu roussâtre; pattes d'un rouge ferrugineux-obscur, un peu plus foncé sur les cuisses.

Elle se trouve assez communément en Suède, en France, en Allemagne, en Autriche, en Russie, en Sibérie et en Espagne.

41. A. Rufo-ænea.

Pl. 166. fig. 5.

Oblongo-ovata, supra fusco-ænea; thorace subquadrato, antice subangustato, postice transverse impresso, utrinque bifoveolato, foveis punctatis; elytris subtiliter striato-punctatis; antennis pedibusque rufis.

Dej. *Spec.* III. p. 499. n° 42.

Long. 3 $\frac{3}{4}$, 4 $\frac{1}{4}$ lignes. Larg. 1 $\frac{2}{3}$, 1 $\frac{3}{4}$ ligne.

Très-voisine de la *Fusca* par la couleur, mais ordinairement plus grande, plus allongée et proportionnellement plus étroite.

Tête un peu plus large.

Corselet moins large postérieurement, un peu plus arrondi sur les côtés, un peu plus convexe dans son milieu; l'impression transversale postérieure assez fortement marquée; les angles postérieurs coupés plus carrément et moins aigus.

Élytres moins larges, plus allongées, striées à peu près de la même manière.

Dessous du corps et pattes comme dans la *Fusca*.

Elle se trouve communément en Espagne.

42. A. Ruficornis. *Dejean.*

Pl. 166. fig. 6.

Oblongo-ovata, supra ænea; thorace subquadrato, antice subangustato, postice utrinque bifoveolato, foveis punctulatis; elytris subtiliter striato-punctatis; antennis pedibusque rufo-piceis.

Dej. *Spec.* III. p. 500. n° 43.

Long. 4 $\frac{1}{3}$ lignes. Larg. 2 lignes.

Très-voisine de l'*Ingenua*, mais moins large, et d'un bronzé un peu plus clair et un peu plus brillant.

Tête un peu moins large.

Corselet un peu plus long, un peu moins large postérieurement et un peu moins arrondi sur les côtés.

Élytres un peu moins larges et un peu plus allongées, striées à peu près de la même manière.

Dessous du corps, pattes et antennes à peu près comme dans l'*Ingenua*.

Elle se trouve dans le midi de la France.

43. A. Consularis.

Pl. 167. fig. 1.

Oblongo-ovata, supra nigro-picea; thorace subquadrato, antice subangustato, postice utrinque bifoveolato, foveis punctatis; elytris striato-punctatis; antennis pedibusque rufis.

Dej. *Spec.* iii. p. 501. n° 44.
Sturm. vi. p. 26. n° 11. t. 139. fig. a. A.
Dej. *Cat.* p. 9.
Carabus Consularis. Duftschmid. ii. p. 112. n° 136.
Carabus Latus. Fabr. *Sys. El.* i. p. 196. n° 141.
Sch. *Syn. Ins.* i. p. 202. n° 193.
Harpalus Latus. Gyllenhal. ii. p. 133. n° 43. et iv. p. 443. n° 43.
Sahlberg. *Dissert. Entom. Ins. Fennica.* p. 242. n° 43.
A. Patricia. Sturm.
A. Plebeja. Stéven.

Long. 3 $\frac{1}{3}$, 4 $\frac{1}{4}$ lignes. Larg. 1 $\frac{1}{2}$, 2 lignes.

Un peu plus petite que la *Fulva*, proportionnellement plus étroite et d'un brun noirâtre, quelquefois un peu roussâtre et quelquefois presque noir avec un très-large reflet bronzé sur les élytres.

Tête assez large, peu avancée, presque arrondie, un

AMARA.

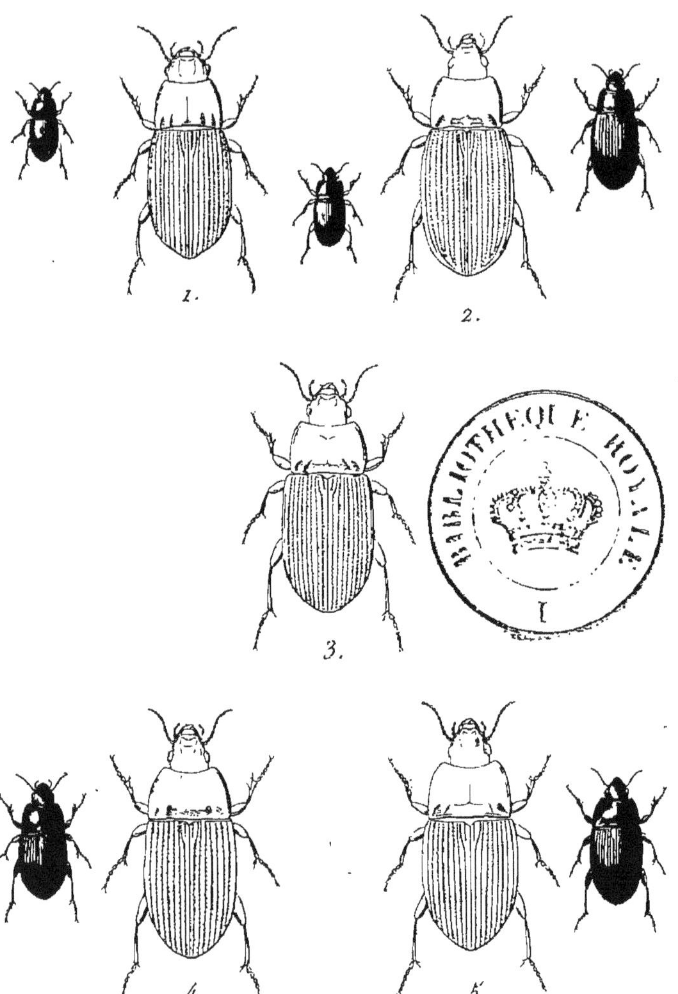

1. A. Consularis.
2. A. Pastica.
3. A. Patricia.
4. A. Zabroides.
5. A. Sicula.

P. Dumenil pinx. Duprèel sc.

AMARA.

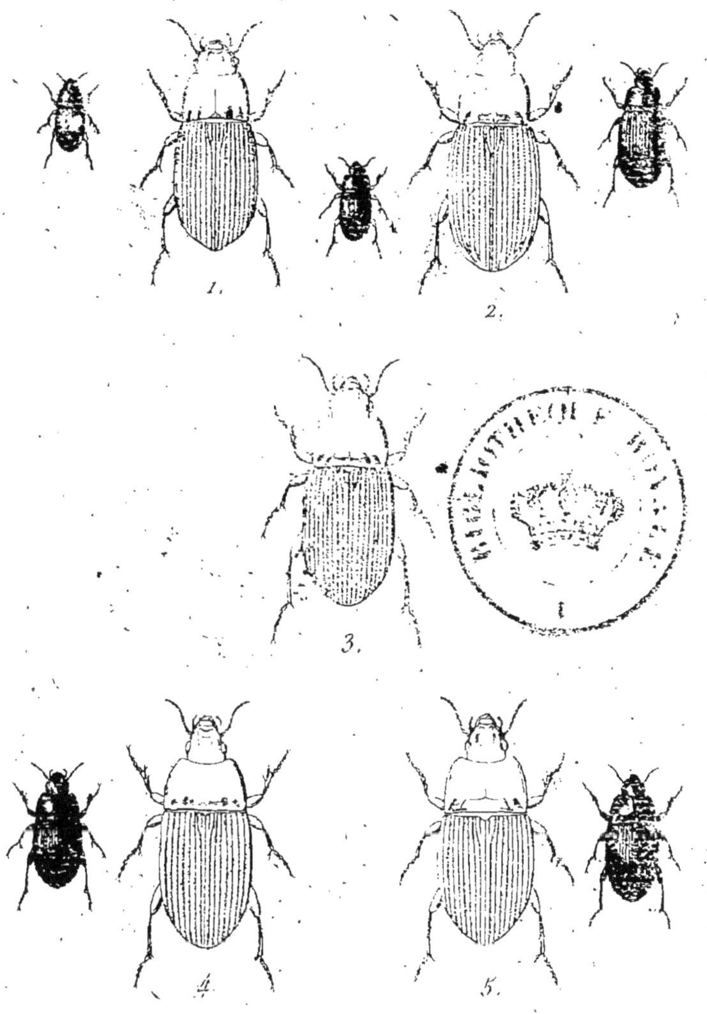

1. A. Consularis.
2. A. Pastica.
3. A. Patricia.
4. A. Zabroides.
5. A. Sicula.

Guérard pinx. Patris sc.

peu rétrécie postérieurement, lisse, avec les antennes d'un rouge ferrugineux.

Corselet le double plus large que la tête, moins long que large, presque carré, un peu rétréci antérieurement, légèrement arrondi sur les côtés, et assez convexe; les rides ondulées, peu distinctes; la ligne médiane fine, peu marquée; les deux impressions de chaque côté de la base assez longues, presque égales, assez fortement marquées, couvertes de points enfoncés plus ou moins nombreux; le bord antérieur assez fortement échancré; les angles antérieurs presque arrondis; les côtés légèrement rebordés; les angles postérieurs et la base coupés presque carrément.

Élytres un peu plus larges que le corselet, peu allongées, légèrement ovales, presque parallèles, légèrement convexes et sinuées près de l'extrémité; les stries assez fortement marquées et toujours assez fortement ponctuées; les intervalles planes.

Dessous du corps d'un brun plus ou moins roussâtre, avec les pattes d'un rouge ferrugineux.

Elle se trouve communément en Suède, en France, en Allemagne, en Autriche et en Russie.

44. A. Pastica. *Zimmermann.*

Pl. 167. fig. 2.

Ovata, supra nigro-picea; thorace subquadrato, antice subangustato, postice utrinque bifoveolato, foveis punctatis;

elytris latioribus, striato-punctatis; antennis pedibusque rufo-piceis.

Dej. *Spec.* v. *Suppl.* p. 797. n° 72.

Long. 5 $\frac{3}{4}$ lignes. Larg. 2 $\frac{2}{3}$ lignes.

Voisine de la *Patricia*, mais plus grande, moins convexe, et de la même couleur dans les deux sexes.

Tête un peu plus large postérieurement, avec les antennes d'une couleur plus brune et moins rougeâtre.

Corselet plus carré, moins large postérieurement; les angles postérieurs coupés plus carrément.

Élytres un peu plus allongées, plus larges, plus ovales, moins parallèles, moins convexes; les stries un peu plus marquées, ponctuées à peu près de la même manière; les intervalles un peu moins planes.

Dessous du corps d'un brun noirâtre, avec les pattes d'un brun rougeâtre.

Elle a été trouvée par M. Erhenberg sur les bords du lac Jelton, dans la Russie méridionale.

45. A. Patricia. *Creutzer.*

Pl. 167. fig. 3.

Ovata, convexa, supra nigro-picea; thorace antice subangustato, postice utrinque bifoveolato, foveis punctatis; elytris striato-punctatis; antennis pedibusque rufis.

Dej. *Spec.* iii. p. 502. n° 45.

Carabus Patricius. Duftschmid. ii. p. 110. n° 132.

A. Mancipium. Sturm. vi. p. 31. n° 14. t. 141. fig. c. C.

A. Simillata. Dej. *Cat.* p. 9.

Harpalus Latus. var. Gyllenhal.

Var. A. *Equestris.* Sturm. vi. p. 32. n° 15. t. 141. fig. d. D.

Carabus Equestris. Duftschmid. ii. p. 109. n° 131.

Long. 3 $\frac{1}{2}$, 5 lignes. Larg. 1 $\frac{1}{2}$, 2 $\frac{2}{3}$ lignes.

Taille variable: ordinairement un peu plus grande que la *Consularis*, proportionnellement plus large, plus convexe, et d'un brun noirâtre en dessus, quelquefois presque tout-à-fait noir, assez brillant dans les mâles, plus terne et plus mat sur les élytres des femelles.

Tête assez avancée, point rétrécie postérieurement, presque lisse, avec les antennes d'un rouge ferrugineux.

Corselet à peu près le double plus large que la tête, moins long que large, assez rétréci antérieurement, très-légèrement arrondi sur les côtés, et assez convexe; les rides ondulées peu distinctes; la ligne médiane fine et peu marquée; l'impression postérieure assez marquée; de chaque côté de la base deux impressions égales, assez marquées, couvertes de points enfoncés; le bord antérieur assez fortement échancré; les angles antérieurs presque arrondis; les côtés assez fortement rebordés, un peu relevés, quelquefois un peu roussâtres; les angles postérieurs et la base coupés presque carrément.

Élytres un peu plus larges que le corselet, peu allongées, très-légèrement ovales, presque parallèles, assez convexes, sinuées près de l'extrémité; les stries assez fortement marquées, ordinairement assez fortement ponctuées et quelquefois presque lisses; les intervalles planes; le bord inférieur un peu roussâtre.

Dessous du corps d'un brun plus ou moins roussâtre, avec les pattes d'un rouge ferrugineux.

Elle se trouve dans le midi de la France et quelquefois aux environs de Paris; elle habite aussi l'Allemagne, l'Autriche, la Suède et la Finlande.

46. A. Zabroides.

Pl. 167. fig. 4.

Ovata, convexa, supra nigra; thorace antice angustato, postice utrinque bifoveolato, foveis punctatis; elytris striato-punctatis; antennis pedibusque piceis.

Dej. *Spec.* III. p. 504. n° 46.

Long. 5, 6 lignes. Larg. 2 ½, 3 lignes.

Très-voisine de la *Patricia*, dont elle n'est peut-être qu'une variété plus grande, un peu plus large et tout-à-fait noire en dessus.

Corselet un peu plus large postérieurement et un peu plus rétréci antérieurement.

Élytres n'ayant pas le bord inférieur rougeâtre.

Dessous du corps d'un brun noirâtre, avec les pattes et les antennes d'un brun roussâtre.

Elle se trouve dans le midi de la France.

47. A. Sicula. *Dahl.*

Pl. 167. fig. 5.

Ovata, convexa, supra nigra; thorace antice angustato, postice utrinque bifoveolato, foveis punctatis; elytris brevioribus, profunde striato-punctatis; antennis pedibusque piceis.

Dej. *Spec.* v. *Suppl.* p. 797. n° 73.
A. Robusta. Zimmermann.

Long. 5 $\frac{1}{2}$, 5 $\frac{3}{4}$ lignes. Larg. 2 $\frac{3}{4}$, 3 lignes.

Voisine de la *Zabroides*, mais moins allongée, un peu plus convexe et de la même couleur dans les deux sexes.

Corselet ayant la base un peu moins ponctuée, avec les angles postérieurs plus aigus.

Élytres plus courtes, plus convexes et presque en demi-ovale; les stries plus fortement marquées et plus fortement ponctuées.

Dessous du corps et pattes à peu près comme dans la *Zabroides*.

Elle se trouve en Sicile.

48. A. Nobilis. *Creutzer*.

Pl. 168. fig. 1.

Ovata, supra nigro-picea; thorace subquadrato, punctato, postice subangustato, utrinque bifoveolato, elytris striato-punctatis; antennis pedibusque rufis.

Dej. *Spec.* iii. p. 504. n° 47.
Dej. *Cat.* p. 9.
Carabus Nobilis. Duftschmid. ii. p. 107. n° 128.
A. Contractula. Andersch. Sturm. vi. p. 29. n° 13. t. 141. fig. b. B.

Long. 3 $\frac{1}{2}$ lignes. Larg. 1 $\frac{3}{4}$ ligne.

A peu près de la taille de la *Consularis,* proportionnellement un peu plus large, et d'un brun noirâtre en dessus, avec une très-légère teinte un peu bronzée sur les élytres.

Tête peu avancée, presque triangulaire, point rétrécie postérieurement, avec les antennes d'un rouge ferrugineux.

Corselet à peu près le double plus large que la tête, moins long que large, peu convexe, presque carré, un peu rétréci postérieurement, très-légèrement arrondi sur

AMARA.

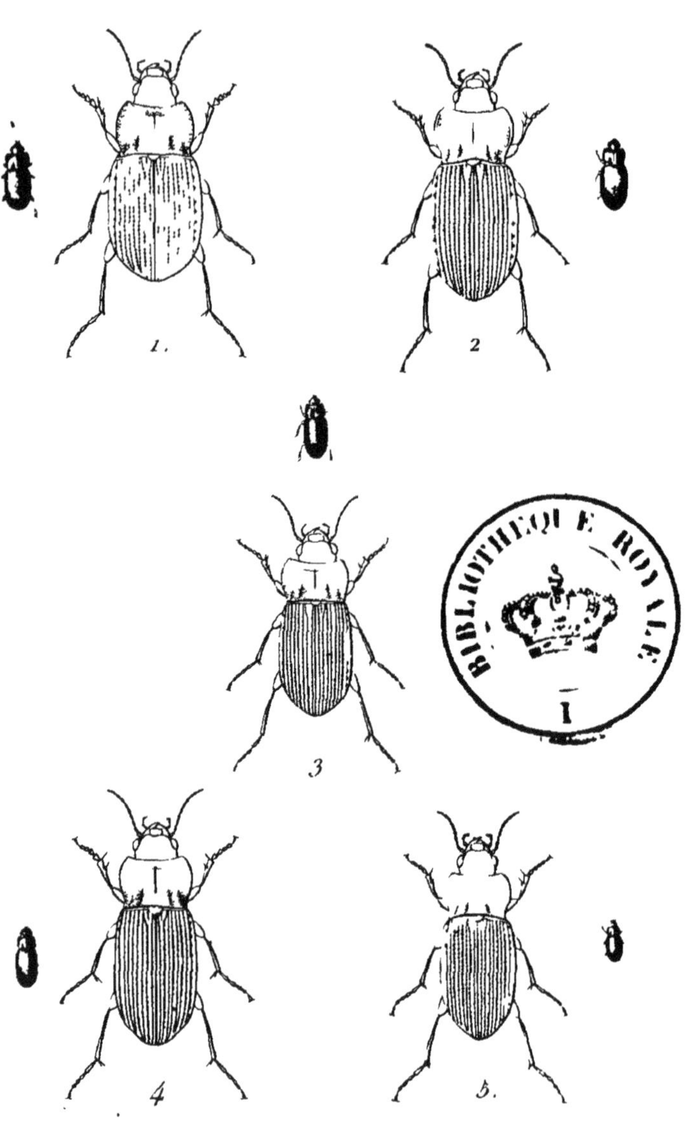

1. A. Nobilis.
2 A. Cardui.
3. A. Apricaria.
4 A Crenata.
5. A Cuniculina.

les côtés antérieurement, un peu sinué près de la base, couvert de points enfoncés assez serrés, assez marqués, plus petits et presque effacés dans le milieu; la ligne médiane assez marquée dans son milieu; les deux impressions transversales à peine sensibles; de chaque côté de la base deux impressions assez distinctes; le bord antérieur fortement échancré; les angles antérieurs assez aigus; les côtés rebordés; les angles postérieurs coupés carrément; la base fortement échancrée dans son milieu.

Élytres un peu plus larges que le corselet, peu allongées, très-légèrement ovales, presque parallèles, peu convexes et sinuées près de l'extrémité; les stries assez marquées dans toute leur longueur, assez fortement ponctuées; les intervalles planes.

Dessous du corps d'un brun obscur, avec les pattes d'un rouge ferrugineux.

Elle se trouve, mais rarement, en Autriche.

49. A. Cardui.

Pl. 168. fig. 2.

Ovata, supra nigro-picea; thorace subcordato, punctato, postice utrinque bifoveolato; elytris striato-punctatis; antennis pedibusque rufis.

Dej. *Spec.* v. *Suppl.* p. 798. n° 74.

Long. 4 lignes. Larg. 1 $\frac{3}{4}$ ligne.

Voisine de la *Nobilis*, mais un peu plus allongée et moins convexe.

Tête et antennes comme dans la *Nobilis*.

Corselet presque plane, plus arrondi antérieurement sur les côtés, plus rétréci postérieurement et presque cordiforme.

Élytres plus allongées, moins convexes; les stries un peu plus fortement marquées et ponctuées à peu près de la même manière.

Dessous du corps et pattes à peu près comme dans la *Nobilis*.

Elle se trouve dans les montagnes de la Suisse, sur les fleurs de chardon.

50. A. Apricaria.

Pl. 168. fig. 3.

Oblongo-ovata, supra nigro-picea, æneo-micans; thorace subquadrato, postice subangustato, punctato, utrinque bifoveolato; elytris striato-punctatis; antennis pedibusque rufis.

Dej. *Spec.* III. p. 506. n° 48.
Sturm. VI. p. 19. n° 6.
Dej. *Cat.* p. 9.

Carabus Apricarius. FABR. *Sys. El.* I. p. 205. n° 193.
SCH. *Syn. Ins.* I. p. 214. n° 261.
DUFTSCHMID. II. p. 108. n° 130.
Harpalus Apricarius. GYLLENHAL. II. p. 104. n° 22. et IV. p. 430. n° 22.
SAHLBERG. *Dissert. Entom. Ins. Fennica.* p. 230. n° 23.

Long. 2 $\frac{3}{4}$, 3 $\frac{1}{2}$ lignes. Larg. 1 $\frac{1}{3}$, 1 $\frac{2}{3}$ ligne.

Plus petite que la *Fulva*, proportionnellement plus étroite, et d'un brun noirâtre plus ou moins foncé et très-légèrement bronzé.

Tête large, peu avancée, point rétrécie postérieurement, lisse, avec les antennes d'un rouge ferrugineux.

Corselet plus large que la tête, moins long que large, peu convexe, presque carré, un peu rétréci postérieurement, très-légèrement arrondi sur les côtés antérieurement, et un peu sinué près de la base; les rides transversales peu distinctes; l'impression transversale antérieure en arc de cercle et peu distincte; la postérieure plus marquée; toute la base couverte de points enfoncés assez gros, assez rapprochés; de chaque côté deux impressions oblongues, presque égales et assez fortement marquées; le bord antérieur assez échancré; les angles antérieurs presque arrondis; les côtés rebordés, tombant presque carrément sur la base et formant à l'angle postérieur une très-petite dent peu saillante; la base coupée presque carrément.

Élytres plus larges que le corselet, assez allongées, très-légèrement ovales, presque parallèles, légèrement convexes et sinuées près de l'extrémité; les stries assez fortement marquées dans toute leur longueur et assez fortement ponctuées, surtout vers la base; les intervalles planes; le bord inférieur d'un brun plus ou moins roussâtre.

Dessous du corps de la même couleur, avec les pattes d'un rouge ferrugineux.

Elle se trouve communément sous les pins, dans presque toute l'Europe et la Sibérie.

51. A. Crenata.

Pl. 168. fig. 4.

Oblongo-ovata, supra nigro-picea; thorace subquadrato, postice subangustato, punctato, utrinque bifoveolato; elytris longioribus, parallelis, profunde striato-punctatis, subcrenatis; antennis pedibusque rufis.

Dej. *Spec.* III. p. 507. n° 49.
Dej. *Cat.* p. 9.

Long. 3 $\frac{1}{3}$, 3 $\frac{2}{3}$ lignes. Larg. 1 $\frac{1}{2}$, 1 $\frac{2}{3}$ ligne.

Très-voisine de l'*Apricaria*, mais un peu plus grande, plus allongée, moins convexe, et d'un brun noirâtre plus ou moins foncé, sans aucun reflet bronzé.

Corselet un peu plus large antérieurement, un peu plus

rétréci postérieurement, avec les angles antérieurs un peu plus arrondis.

Élytres un peu moins larges, plus allongées, plus parallèles et moins convexes; les stries plus fortement marquées, plus fortement ponctuées et presque crénelées; les intervalles moins planes.

Dessous du corps et pattes à peu près comme dans l'*Apricaria.*

Elle se trouve communément dans le midi de la France et en Dalmatie.

52. A. Cuniculina. *Andersch.*

Pl. 168. fig. 5.

Oblongo-ovata, supra nigro-picea, æneo-micans; thorace subcordato, postice utrinque obsolete bifoveolato, foveis punctulatis; elytris striato-punctatis; antennis pedibusque rufis.

Dej. *Spec.* v. *Suppl.* p. 798. n° 75.

Long. 2 $\frac{1}{4}$ lignes. Larg. $\frac{3}{4}$ ligne.

Très-voisine de l'*Apricaria* par la forme et la couleur, mais beaucoup plus petite et un peu moins allongée.

Tête et antennes à peu près comme dans cette espèce.

Corselet plus arrondi antérieurement sur les côtés, plus

rétréci postérieurement et presque cordiforme ; les deux impressions de chaque côté de la base très-peu marquées, assez fortement ponctuées dans leur fond.

Élytres un peu moins allongées, avec les stries un peu moins fortement ponctuées.

Dessous du corps et pattes à peu près comme dans l'*Apricaria*.

Elle se trouve dans la Styrie.

53. A. ALPICOLA.

Pl. 169. fig. 1.

Ovata, convexa, supra nigro-picea ; thorace subquadrato, postice subangustato, utrinque striato ; elytris striatis ; antennis pedibusque rufis.

DEJ. *Spec.* III. p. 508. n° 50.
DEJ. *Cat.* p. 9.

Long. 2 $\frac{1}{3}$ lignes. Larg. 1 ligne.

Beaucoup plus petite que l'*Apricaria*, proportionnellement plus courte, plus large, plus convexe et d'un brun noirâtre en dessus.

Tête presque triangulaire, point rétrécie postérieurement, lisse, avec les antennes d'un rouge ferrugineux.

Corselet plus large que la tête, moins long que large, lisse, assez convexe, presque carré, un peu rétréci posté-

AMARA.

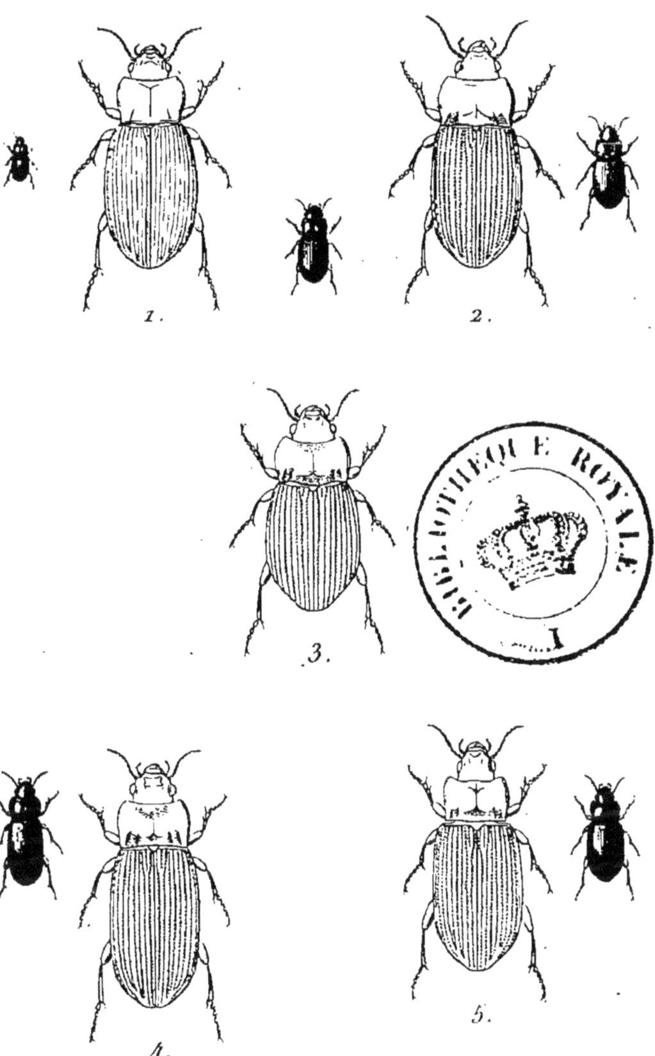

1. A. Alpicola.
2. A. Fulva.
3. A. Aurichalcea.
4. A. Harpaloides.
5. A. Gebleri.

P. Dumenil pinx. Duprel sc.

rieurement, légèrement arrondi antérieurement sur les côtés, un peu sinué près de la base; les rides ondulées peu distinctes; la ligne médiane assez marquée; les deux impressions transversales à peine sensibles; de chaque côté de la base une impression longitudinale assez large et fortement ponctuée, lisse sur ses bords; le bord antérieur assez fortement échancré; les côtés légèrement rebordés: les angles postérieurs coupés carrément, et la base un peu échancrée dans son milieu.

Élytres plus larges que le corselet, peu allongées, légèrement ovales, presque parallèles, assez convexes et peu sinuées près de l'extrémité; les stries assez fortement marquées dans toute leur longueur, lisses ou très-légèrement ponctuées; les intervalles planes.

Dessous du corps d'un brun un peu roussâtre, avec les pattes d'un rouge ferrugineux.

Elle se trouve dans les Alpes de la Styrie.

54. A. Fulva.

Pl. 169. fig. 2.

Ovata, ferruginea; thorace brevi, subquadrato, postice subangustato, utrinque bifoveolato, foveis punctatis; elytris æneo-micantibus, striato-punctatis.

Dej. *Spec.* III. p. 511. n° 53.
Sturm. VI. p. 17. n° 5.
Dej. *Cat.* p. 9.

Carabus Fulvus. Degeer. iv. p. 100. n° 19.

Sch. *Syn. Ins.* 1. p. 214. n° 262.

Duftschmid. ii. p. 107. n° 129.

Harpalus Fulvus. Gyllenhal. ii. p. 105. n° 23. et iv. p. 430. n° 23.

Sahlberg. *Dissert. Entom. Ins. Fennica.* p. 230. n° 24.

Carabus Concolor. Oliv. iii. 35. p. 80. n° 106. t. 12. fig. 136.

Long. 3 $\frac{1}{2}$, 4 $\frac{1}{3}$ lignes. Larg. 1 $\frac{2}{3}$, 2 lignes.

Entièrement d'un jaune ferrugineux en dessus, avec un léger reflet bronzé.

Tête large, peu avancée, point rétrécie postérieurement, lisse.

Corselet à peu près le double plus large que la tête, presque deux fois aussi large que long, peu convexe, presque carré, un peu rétréci postérieurement, légèrement arrondi sur les côtés antérieurement, et un peu sinué près de la base; les rides ondulées peu distinctes; la ligne médiane assez marquée; l'impression transversale antérieure presque en arc de cercle et assez distincte; la postérieure plus prononcée; de chaque côté de la base deux impressions presque égales, assez marquées, couvertes de points enfoncés; le bord antérieur assez échancré; les angles antérieurs presque arrondis; les côtés rebordés et légèrement déprimés; les angles postérieurs coupés carrément et presque aigus; la base légèrement sinuée.

Élytres un peu plus larges que le corselet, peu allongées, très-légèrement ovales, presque parallèles, assez convexes ; sinuées près de l'extrémité ; les stries assez marquées dans toute leur longueur et distinctement ponctuées ; les intervalles planes.

Dessous du corps et pattes à peu près de la couleur du dessus.

Elle se trouve communément sous les pierres, dans presque toute l'Europe et la Sibérie.

55. A. Aurichalcea. *Gebler.*

Pl. 169. fig. 3.

Ovata, supra ænea : thorace brevi, subquadrato, postice subangustato, punctato, utrinque bifoveolato ; elytris striato-punctatis ; antennis pedibusque rufis.

Dej. *Spec.* III. p. 513. n° 54.
Germar. *Coleopt. Sp. Nov.* p. 10. n° 16.

Long. 3 $\frac{2}{3}$, 4 lignes. Larg. 1 $\frac{3}{4}$, 2 lignes.

Un peu plus petite que la *Fulva*, proportionnellement un peu plus large, et d'un bronzé assez brillant en dessus.

Tête un peu moins large et un peu plus avancée, avec les antennes d'un rouge ferrugineux.

Corselet ayant presque la même forme ; les rides ondulées un peu plus distinctes ; la ligne médiane un peu plus marquée; la base couverte de petits points enfoncés assez serrés; les bords latéraux un peu roussâtres.

Élytres un peu plus courtes, un peu plus convexes; les stries assez marquées dans toute leur longueur, assez fortement ponctuées, surtout vers la base; les intervalles planes; le bord inférieur un peu roussâtre.

Dessous du corps d'un brun obscur, quelquefois un peu roussâtre, avec les pattes d'un rouge ferrugineux.

Elle se trouve en Sibérie.

56. A. Harpaloides.

Pl. 169. fig. 4.

Subovata, supra nigro-ænea; thorace subquadrato, postice subangustato, utrinque bistriato, antice posticeque punctato; elytris striato-punctatis; antennis tarsisque rufo-piceis.

Dej. *Spec.* III. p. 514. n° 55.
A. Aulica. Gebler.
Harpalus Eschscholtzii? Gebler. Sturm. *Catal.* p. 148.

Long. 5, 5 $\frac{2}{3}$ lignes. Larg. 2 $\frac{1}{4}$, 2 $\frac{1}{2}$ lignes.

Voisine, par sa forme, de l'*Harpalus Siculus*, et entièrement d'un bronzé obscur presque noir.

Tête assez avancée, presque triangulaire, avec les antennes d'un rouge ferrugineux.

Corselet à peu près le double plus large que la tête, moins long que large, assez plane, presque carré, un peu rétréci postérieurement, très-légèrement arrondi sur les côtés, un peu sinué près de la base; les rides ondulées plus ou moins distinctes; la ligne médiane assez marquée; l'impression transversale antérieure en arc de cercle et peu distincte, la postérieure plus marquée; de chaque côté de la base deux impressions longitudinales, dont l'extérieure plus fortement marquée; le bord antérieur et la base couverts de points enfoncés, assez marqués et assez serrés; le bord antérieur assez échancré; les angles antérieurs arrondis; les côtés rebordés et légèrement déprimés; les angles postérieurs coupés carrément; la base un peu échancrée dans son milieu.

Élytres un peu plus larges que le corselet, assez allongées, très-légèrement ovales, presque parallèles, peu convexes, sinuées près de l'extrémité; les stries assez fortement marquées dans toute leur longueur, et assez fortement ponctuées, surtout vers la base; les intervalles planes.

Dessous du corps et pattes d'un brun noirâtre, avec les tarses d'un rouge ferrugineux.

57. A. Gebleri.

Pl. 169. fig. 5.

Oblongo-ovata, supra nigro-picea; thorace subquadrato,

postice subangustato, utrinque bistriato, antice posticeque tenue punctato; elytris oblongo-ovatis, striato-punctatis; antennis pedibusque rufis.

Dej. *Spec.* v. *Suppl.* p. 799. n° 76.

Long. 5 $\frac{1}{4}$, 5 $\frac{3}{4}$ lignes. Larg. 2 $\frac{1}{4}$, 2 $\frac{1}{2}$ lignes.

Très-voisine de l'*Aulica*, mais ordinairement d'un brun un peu plus noirâtre en dessus.

Tête et antennes à peu près comme dans cette espèce.

Corselet beaucoup moins arrondi sur les côtés antérieurement, à peine rétréci postérieurement, presque carré, avec la ponctuation du bord antérieur et de la base un peu moins marquée.

Élytres à peu près comme celles de l'*Aulica*.

Dessous du corps d'un brun plus obscur, et presque noirâtre, avec les pattes d'un rouge ferrugineux.

Elle se trouve en Sibérie et en Volhynie.

58. A. Aulica.

Pl. 170. fig. 1.

Oblongo-ovata, supra nigro-picea; thorace lateribus rotundatis, postice coarctato, utrinque bistriato, antice posticeque punctato; elytris oblongo-ovatis, striato-punctatis; antennis pedibusque rufis.

postice [illegible], utrinque bistriato, antice postice-que [illegible]; elytris oblongo-ovalis, striato-punctatis; antennis pedibusque rufis.

Dej. Spec. v. *Suppl.* p. 799. nº 76.

Long. 5 $\frac{1}{4}$, 5 $\frac{3}{4}$ lignes. Larg. 2 $\frac{1}{2}$, 2 [illegible] lignes.

Très-voisine de l'*Aulica*, mais ordinairement d'un brun un peu plus noirâtre en dessus.

Tête et antennes à peu près comme dans cette espèce.

Corselet beaucoup moins arrondi sur les côtés antérieurement, [illegible] presque [illegible] la ponctuation [illegible] antérieure et de la base un peu moins marquée.

Élytres à peu près comme celles de l'*Aulica*.

Dessus du corps d'un brun plus obscur, et presque noirâtre, avec les pattes d'un rouge ferrugineux.

Elle se trouve en Sibérie et en Volhynie.

[illegible]. A. Aulica.

Pl. [illegible] fig. 1.

Oblongo-ovata, supra nigro-picea; thorace lateribus rotundatis, postice coarctato, utrinque bistriato, antice posticeque punctato; elytris oblongo-ovalis, striato-punctatis; antennis pedibusque rufis.

AMARA.

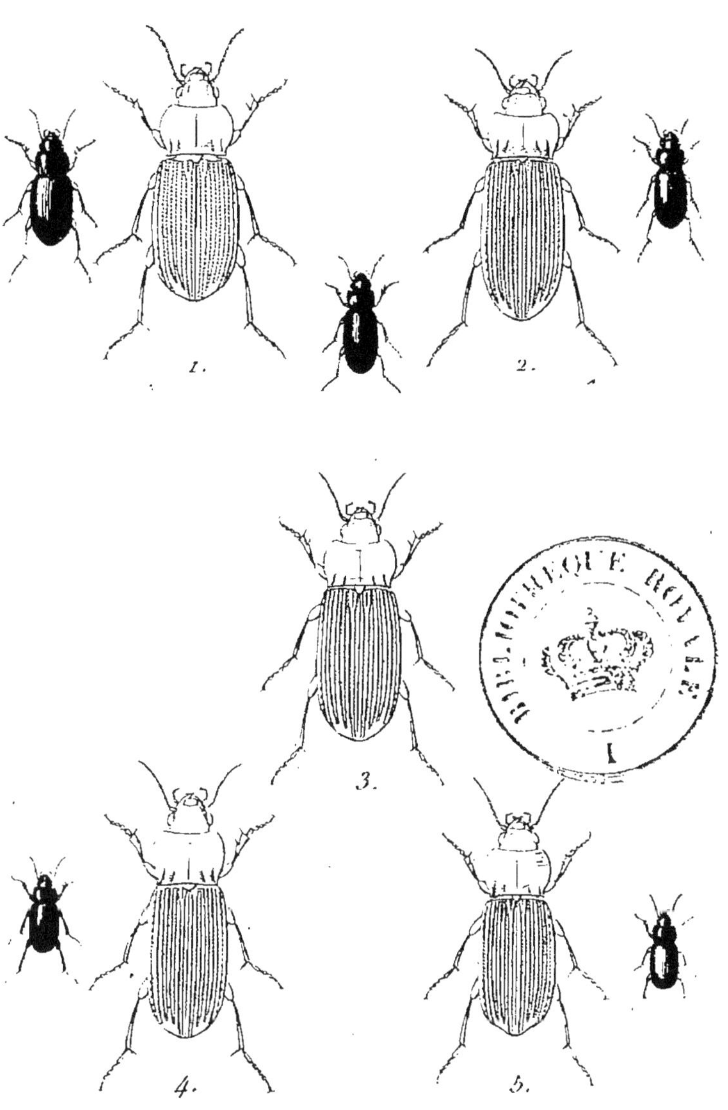

1. A. Aulica.
2. A. Convexiuscula
3. A. Fodinæ.
4. A Torrida.
5. A Alpina.

P. Dumenil pinx. Duprée sc.

Dej. *Spec.* iii. p. 515. n° 56.

Dej. *Cat.* p. 9.

Carabus Aulicus. Illiger. *Kæffer Preus.* i. p. 174. n° 43.

Sch. *Syn. Ins.* i. p. 181. n° 69.

Duftschmid. ii. p. 106. n° 127.

Harpalus Aulicus. Gyllenhal. ii. p. 101. n° 19. et iv. p. 429. n° 19.

Sahlberg. *Dissert. Entom. Ins. Fennica.* p. 228. n° 20.

Carabus Bicolor. Paykul. *Fauna Suecica.* i. p. 159. n° 79.

Carabus Spinipes. Linnée. *Syst. Nat.* ii. p. 671. n° 20.

Oliv. iii. 35. p. 61. n° 74. r. 12. fig. 142.

A. Picea. Sturm. vi. p. 10. n° 1.

Carabus Piceus? Fabr. *Sys. El.* i. p. 181. n° 57.

Long. 5 $\frac{1}{4}$, 6 lignes. Larg. 2 $\frac{1}{4}$, 2 $\frac{1}{2}$ lignes.

Plus grande que les autres espèces de ce genre, et d'un brun noirâtre en dessus.

Tête assez grande, assez avancée, presque triangulaire, avec les antennes d'un rouge ferrugineux.

Corselet plus large que la tête, moins long que large, peu convexe, assez fortement arrondi sur les côtés, et rétréci postérieurement; les rides ondulées à peine distinctes; la ligne médiane assez marquée; l'impression transversale antérieure en arc de cercle et peu sensible; la postérieure assez fortement marquée; de chaque côté de la base deux impressions longitudinales, assez longues et presque égales ; la base couverte de points enfoncés assez marqués et assez serrés ; le bord antérieur assez fortement échancré ; les angles antérieurs presque arrondis ; les côtés assez fortement rebordés, se redressant près de la base, et formant avec elle un angle presque aigu et assez saillant.

Élytres plus larges que le corselet, assez allongées, très-légèrement ovales, presque parallèles, assez convexes, sinuées près de l'extrémité ; les stries assez fortement marquées dans toute leur longueur et assez fortement ponctuées, surtout vers la base ; les intervalles assez planes ; le bord inférieur d'un brun rougeâtre.

Dessous du corps d'un brun rougeâtre, avec les pattes d'un rouge ferrugineux.

Elle se trouve assez communément sous les pierres dans presque toute l'Europe.

59. A. Convexiuscula.

Pl. 170. fig. 2.

Elongato-ovata, supra fusco-ænea ; thorace lateribus rotundatis, postice coarctato, punctato, utrinque bistriato ; elytris elongatis, subparallelis, striato-punctatis ; antennis pedibusque rufis.

Dej. *Spec.* III. p. 517. n° 57.

Carabus Convexiusculus. Marsham. *Entom. Britann.* I. p. 462. n° 82.

Long. 5, 5 $\frac{1}{3}$ lignes. Larg. 1 $\frac{3}{4}$, 2 lignes.

Très-voisine de l'*Aulica*, mais un peu plus petite, proportionnellement plus étroite, et d'un brun noirâtre légèrement bronzé, surtout sur les élytres.

Tête un peu moins large.

Corselet un peu plus étroit, plus convexe, plus lisse, plus arrondi sur les côtés, et un peu plus rétréci postérieurement; l'impression transversale postérieure un peu plus marquée; la ponctuation de la base moins serrée, surtout dans son milieu; le bord antérieur à peine échancré; les angles antérieurs plus arrondis; les côtés moins fortement rebordés; les angles postérieurs moins saillans et coupés plus carrément; la base très-légèrement sinuée et coupée presque carrément.

Élytres plus étroites, plus allongées, parallèles et moins ovales, striées à peu près de la même manière.

Dessous du corps d'un brun un peu plus obscur et moins rougeâtre.

Elle se trouve en Angleterre et dans les provinces occidentales de la France.

60. A. Fodinæ. *Eschscholtz.*

Pl. 170. fig. 3.

Oblongo-ovata, supra nigro-picea; thorace lateribus subrotundatis, postice subangustato, punctato, utrinque bi-

striato; elytris oblongo-ovatis, striato-punctatis; antennis pedibusque rufis.

Dej. *Spec.* III. p. 518. n° 58.
Hummel. *Essais entomologiques.* 4. p. 20. n° 2.

Long. 5, 5 $\frac{1}{4}$ lignes. Larg. 2, 2 $\frac{1}{3}$ lignes.

Plus petite que l'*Aulica*, et d'un brun noirâtre en dessus.

Tête proportionnellement un peu plus petite, plus étroite et plus lisse.

Corselet un peu moins large, plus convexe, moins arrondi sur les côtés et moins rétréci postérieurement; la ligne médiane plus fine et moins marquée; l'impression transversale postérieure un peu plus marquée; la ponctuation de la base plus fine et moins serrée; le bord antérieur moins échancré; les angles antérieurs tout-à-fait arrondis; les côtés très-légèrement rebordés; les angles postérieurs coupés carrément; la base très-légèrement échancrée dans son milieu.

Élytres un peu plus convexes; les stries un peu moins profondément marquées, ponctuées à peu près de la même manière; le bord inférieur d'un brun rougeâtre.

Dessous du corps d'un brun obscur plus ou moins roussâtre.

Elle se trouve en Sibérie.

61. A. Torrida.

Pl. 170. fig. 4.

Oblonga, supra plerumque nigro-picea; thorace lateribus subrotundatis, postice subangustato, utrinque punctato, bistriato; elytris oblongis, subparallelis, striato-punctatis; antennis rufis; pedibus piceis.

Dej. *Spec.* III. p. 520. n° 60.

Carabus Torridus. Illiger. *Kœffer. Preus.* I. p. 173. n° 42.

Harpalus Torridus. Gyllenhal. II. p. 102. n° 20. et IV. p. 430. n° 20.

Sahlberg. *Dissert. Entom. Ins. Fennica.* p. 229. n° 21.

A. *Alpina.* Sturm. VI. p. 12. n° 2.

Carabus Alpinus. var. b. Sch. *Syn. Ins.* I. p. 202. n° 192.

Long. 4 $\frac{1}{4}$, 4 $\frac{1}{2}$ lignes. Larg. 1 $\frac{2}{3}$, 1 $\frac{3}{4}$ ligne.

Très-voisine de l'*Alpina*, et souvent confondue avec elle.

Tête et corselet ordinairement d'un noir obscur, et quelquefois d'un bronzé plus ou moins obscur, avec les élytres tantôt de la même couleur, souvent d'un brun noirâtre, et quelquefois un peu roussâtre.

Antennes et palpes d'un jaune ferrugineux.

Corselet un peu plus large, un peu plus convexe, plus arrondi sur les côtés, un peu plus rétréci postérieurement; les deux impressions transversales ordinairement un peu plus marquées; la base ordinairement un peu plus ponctuée; la ponctuation plus serrée.

Élytres à peu près de la même forme, striées de la même manière.

Dessous du corps d'un noir plus ou moins obscur, avec les cuisses d'un brun noirâtre, et les jambes d'un brun roussâtre.

Elle se trouve dans les Alpes de la Suède et de la Laponie.

62. A. Alpina.

Pl. 170. fig. 5.

Oblonga, capite thoraceque nigro-æneis; thorace lateribus subrotundatis, postice subangustato, utrinque punctato, bistriato; elytris plerumque obscure rufis, sutura marginibusque nigricantibus, oblongis, subparallelis, striato-punctatis; antennarum basi pedibusque rufis.

Dej. *Spec.* iii. p. 521. n° 61.
Sturm. vi. p. 12. n° 2.
Carabus Alpinus. Fabr. *Sys. El.* i. p. 196. n° 140.
Oliv. iii. 35. p. 74. n° 96. t. 12. fig. 148.
Sch. *Syn. Ins.* i. p. 202. n° 192.

Harpalus Alpinus. GYLLENHAL. II. p. 103. n° 21. et IV. p. 430. n° 21.

SAHLBERG. *Dissert. Entom. Ins. Fennica*. p. 229. n° 22.

Long. 4, 4 $\frac{2}{3}$ lignes. Larg. 1 $\frac{1}{2}$, 1 $\frac{3}{4}$ ligne.

Beaucoup plus petite que l'*Aulica*, proportionnellement plus étroite, avec la tête et le corselet d'un noir plus ou moins bronzé, et les élytres d'un rouge-ferrugineux plus ou moins obscur, avec la suture et les bords d'un noir un peu bronzé.

Tête assez avancée, presque triangulaire.

Corselet plus large que la tête, moins long que large, peu convexe, presque carré, à peine rétréci postérieurement, très-légèrement arrondi sur les côtés; les rides ondulées plus ou moins distinctes; la ligne médiane assez marquée; les deux impressions transversales à peine sensibles; de chaque côté de la base deux impressions longitudinales, assez fortement marquées, presque égales, couvertes de points enfoncés, assez gros, peu rapprochés et plus ou moins nombreux; le bord antérieur peu échancré; les angles antérieurs presque arrondis; les côtés légèrement rebordés; les angles postérieurs coupés presque carrément et peu saillans; la base très-légèrement échancrée dans son milieu.

Élytres un peu plus larges que le corselet, assez allongées, presque parallèles, légèrement convexes, sinuées près de l'extrémité; les stries assez fortement marquées dans toute leur longueur, fortement ponctuées, surtout vers la base; les intervalles planes.

Dessous du corps d'un brun noirâtre, avec les cuisses ordinairement d'un rouge ferrugineux, et les jambes et les tarses presque d'un brun roussâtre.

Elle se trouve dans les Alpes de la Suède et de la Laponie.

63. A. Puncticollis.

Pl. 171. fig. 1.

Aptera, oblongo-ovata, depressa, supra nigro-picea; thorace subcordato, punctato, postice utrinque bistriato; elytris crenato striatis; antennis pedibusque rufo-piceis.

Dej. *Spec.* III. p. 523. n° 62.

Long. 4, 4 ½ lignes. Larg. 1 ⅔, 1 ¾ ligne.

Voisine, par sa forme, des *Argutor* de Megerle, et particulièrement de la *Feronia Negligens.*

Tête assez allongée, presque triangulaire, presque lisse, avec les antennes d'un brun roussâtre.

Corselet à peu près le double plus large que la tête, moins long que large, presque plane, arrondi sur les côtés antérieurement, un peu rétréci postérieurement et presque cordiforme, couvert de points enfoncés assez éloignés les uns des autres, plus petits et moins visibles dans le milieu; les rides ondulées peu distinctes; la ligne médiane assez marquée; les deux impressions transversales à peine

FÉRONIENS.

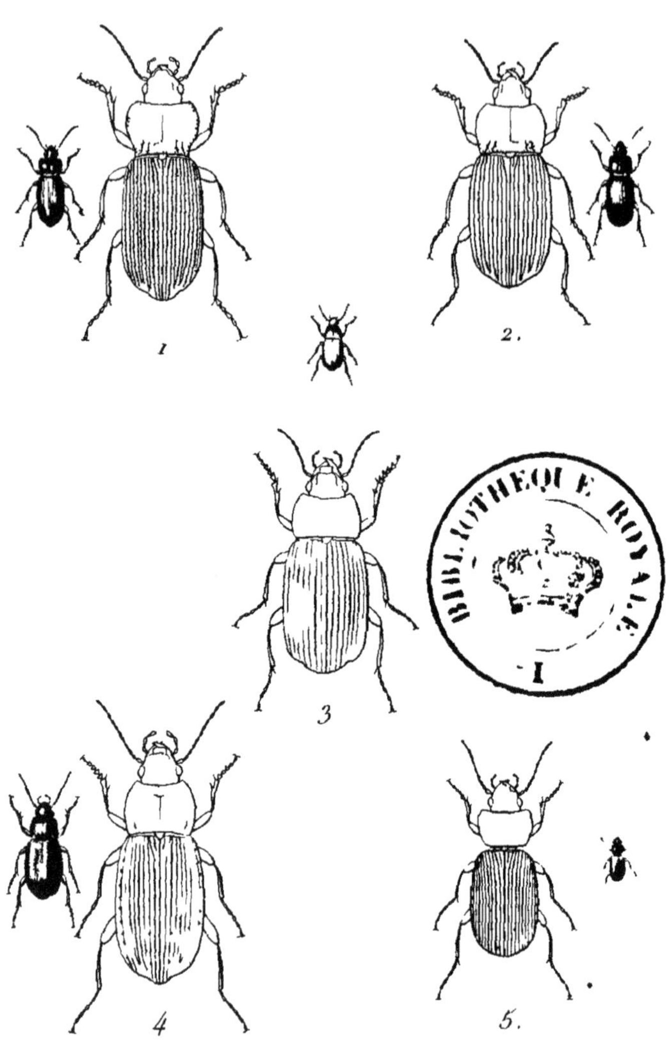

1 Amara Puncticollis.
2. Amara Pyrenæa.
3 Lophidius Testaceus.
4. Antarctia Carnifex.
5. Masoreus Luxatus.

P Dumenil pinx Dupreel sc

sensibles; de chaque côté de la base, deux impressions longitudinales assez longues, presque égales et assez fortement marquées; le bord antérieur assez échancré; les côtés légèrement rebordés; les angles postérieurs coupés carrément, presque aigus; la base très-légèrement sinuée.

Élytres plus longues que le corselet, en ovale allongé, presque planes, sinuées près de l'extrémité; les stries assez fortement marquées dans toute leur longueur, assez fortement ponctuées et presque crénelées; les intervalles planes; point d'ailes sous les élytres.

Dessous du corps d'un brun roussâtre et entièrement couvert de points enfoncés, plus gros et plus marqués sur le corselet que sur l'abdomen. Pattes d'un rouge ferrugineux obscur.

Elle se trouve dans les Pyrénées-Orientales.

64. A. Pyrenæa.

Pl. 171. fig. 2.

Aptera, oblongo-ovata, depressa, supra nigro-picea; thorace subcordato, postice utrinque punctato, bistriato; elytris striatis; antennis pedibusque rufo-piceis.

Dej. *Spec.* III. p. 524. n° 63.

Long. 3 $\frac{2}{3}$, 4 $\frac{1}{3}$ lignes. Larg. 1 $\frac{1}{2}$, 1 $\frac{3}{4}$ ligne.

Voisine de la *Puncticollis* par la forme et la couleur,

mais un peu plus petite et proportionnellement un peu plus large.

Tête tout-à-fait lisse.

Corselet un peu plus long, moins large, un peu plus étroit antérieurement et un peu plus convexe; presque lisse, ponctué seulement de chaque côté de la base et autour des impressions longitudinales; l'impression transversale postérieure un peu plus marquée.

Élytres un peu plus courtes; les stries tout-à-fait lisses.

Dessous du corps d'un brun roussâtre, très-légèrement ponctué, avec les pattes comme dans la *Puncticollis*.

Elle se trouve dans les Pyrénées-Orientales, mais plus rarement que la précédente.

XXXVI. LOPHIDIUS.

Les trois premiers articles des tarses antérieurs fortement dilatés dans les mâles, aussi longs que larges, triangulaires et garnis en dessous d'appendices dentelés. Dernier article des palpes allongé, cylindrique et tronqué à l'extrémité. Antennes filiformes. Lèvre supérieure en carré moins long que large. Mandibules peu avancées, arquées et très-aigues. Une dent simple au milieu de l'échancrure du menton. Corselet plus ou moins transversal. Élytres en ovale plus ou moins allongé, plus ou moins tronquées à l'extrémité.

M. Dejean a donné à ce nouveau genre le nom de *Lophidius*, tiré du mot grec λοφίδιον, petite crète.

Il l'a formé sur un insecte de Sierra-Leone, auquel il a réuni provisoirement une seconde espèce du même pays.

Ils sont tous les deux de petite taille, de couleur jaunâtre et paraissent assez agiles.

Voici les caractères génériques que présente l'espèce qui forme le type de ce genre :

La lèvre supérieure est en carré moins long que large, presque transversale et très-légèrement échancrée antérieurement. Les mandibules sont courtes, arquées et très-aiguës. Le menton est assez grand, légèrement concave, fortement échancré, et il a au milieu de son échancrure une assez forte dent simple. Les palpes extérieurs sont peu saillans; leur dernier article est assez allongé, cylindrique et tronqué à l'extrémité. Les antennes sont filiformes et à peu près de la longueur de la moitié du corps; le premier article est un peu plus gros que les autres et presque cylindrique; les deux suivans sont très-légèrement obconiques; le second est le plus court de tous; le troisième est un peu plus long, mais plus court que le premier; les suivans sont presque égaux, allongés, presque cylindriques et à peu près de la longueur du premier; le dernier est terminé en pointe obtuse. Les pattes sont assez fortes pour la grosseur de l'insecte. Les jambes antérieures sont assez fortement échancrées intérieurement. Les trois premiers articles des tarses antérieurs sont très-fortement dilatés, au moins dans les mâles, aussi longs que larges, fortement triangulaires, et ils ont en dessous, de chaque côté, un appendice assez long et fortement dentelé. Les articles des tarses intermédiaires et postérieurs sont allongés et presque cylindriques. Les crochets des tarses ne sont pas dentelés en dessous.

1. L. Testaceus.

Pl. 171. fig. 3.

Flavo-testaceus; thorace subtransverso, antice angustato; elytris obsolete striato-punctatis, postice emarginatis.

Dej. *Spec.* v. *Suppl.* p. 802. n° 1.

Long. 2 $\frac{3}{4}$ lignes. Larg. 1 $\frac{1}{4}$ ligne.

Il se trouve à Sierra-Leone.

XXXVII. ANTARCTIA.

Feronia. *Eschsch.* Harpalus. *Germ.* Carabus. *Fabric.*

Les trois premiers articles des tarses antérieurs dilatés dans les mâles, aussi longs que larges et fortement cordiformes. Dernier article des palpes allongé, presque cylindrique et tronqué à l'extrémité. Antennes filiformes et assez allongées. Lèvre supérieure en carré moins long que large, légèrement échancrée antérieurement. Mandibules peu avancées, assez fortement arquées et assez aigues. Point de dent au milieu de l'échancrure du menton. Corselet presque carré ou légèrement cordiforme. Élytres assez allongées, presque parallèles et légèrement sinuées à l'extrémité.

M. Dejean a établi ce nouveau genre sur quelques espèces de l'extrémité de l'Amérique méridionale, et il lui a donné le nom d'*Antarctia,* pour désigner le pays qu'elles paraissent habiter exclusivement.

Les *Antarctia* sont des Carabiques de taille moyenne, toujours ailés, de couleur métallique, et qui ont les plus grands rapports de forme avec quelques *Amara* et quelques *Harpalus;* mais elles en diffèrent par des caractères génériques bien distincts. La lèvre supérieure est presque plane ou légèrement convexe, en carré moins long que large, et légèrement échancrée antérieurement. Les mandibules sont peu avancées, assez fortement arquées et assez aiguës. Le menton est assez grand, plus ou moins concave, fortement échancré, et il n'a point de dent au milieu de cette échancrure. Les palpes sont peu saillans; leur dernier article est assez allongé, presque cylindrique, et tronqué à l'extrémité. Les antennes sont filiformes, et à peu près de la longueur de la moitié du corps, quelquefois un peu plus courtes; leurs articles sont assez allongés et presque cylindriques : le premier est un peu plus gros que les autres; le second est le plus court de tous; le troisième est un peu plus long que les suivans, qui sont égaux entre eux. La tête est presque triangulaire, peu ou point rétrécie postérieurement. Les yeux sont arrondis et assez saillans. Le corselet est assez court, presque carré, ou légèrement cordiforme. Les élytres sont peu convexes, assez allongées, presque parallèles et légèrement sinuées à l'extrémité. Les pattes sont peu allongées. Les jambes antérieures sont assez fortement échancrées. Les articles des tarses sont assez allongés, presque cylindriques ou très-légèrement triangulaires; les trois premiers des tarses antérieurs sont assez fortement dilatés dans les mâles : le premier est triangulaire et un peu plus grand que les suivans, qui sont aussi longs que larges, et fortement cordiformes. Les crochets des tarses ne sont pas dentelés en dessous.

Les espèces connues dans ce genre sont toutes de Buénos-Ayres, des îles Malouines et du Chili. Les *Antarctia* remplacent à l'extrémité de l'Amérique méridionale les *Amara* et les *Harpalus*, et le nombre des espèces doit en être considérable. Mais ce pays a été si peu visité par les entomologistes, que, jusqu'à présent, on n'a pu s'en procurer qu'un très-petit nombre.

A. Carnifex.

Pl. 171. fig. 4.

Subovata, supra obscure ænea; thorace subquadrato, posticé utrinque foveolato; elytris striatis, punctisque duobus postice impressis; antennis pedibusque pallide testaceis.

Dej. *Spec.* III. p. 526. n° 1.
Carabus Carnifex? Fabr. *Sys. El.* I. p. 195. n° 136.
Oliv. III. 35. p. 74. n° 97. T. 7. fig. 73.

SCH. *Syn. Ins.* I. p. 201. n° 187.
Harpalus Hollbergii. GYLLENHAL.

Long. 4 $\frac{2}{3}$, 5 lignes. Larg. 2, 2 $\frac{1}{4}$ lignes.

Elle se trouve communément aux environs de Buénos-Ayres.

XXXVIII. MASOREUS. *Ziegler.*

BADISTER. *Creutzer.* TRECHUS. *Sturm.*

Les trois premiers articles des tarses antérieurs dilatés dans les mâles, aussi longs que larges et fortement triangulaires. Dernier article des palpes allongé, presque cylindrique, et tronqué à l'extrémité. Antennes filiformes et peu allongées. Lèvre supérieure presque transversale et coupée presque carrément. Mandibules peu avancées, assez arquées et assez aiguës. Point de dent au milieu de l'échancrure du menton. Corselet transversal, échancré antérieurement, arrondi sur les côtés, légèrement prolongé dans son milieu postérieurement, et séparé des élytres par un étranglement. Élytres en ovale allongé, presque tronquées à l'extrémité.

Ce genre, qui paraît être bien distinct de tous ceux de cette tribu, a été établi par M. Ziegler.

Les *Masoreus* sont de petits Carabiques qui se rapprochent un peu par le *facies* des *Olisthopus*, et qui présentent les caractères suivans :

La lèvre supérieure est courte, presque transversale et coupée presque carrément. Les mandibules sont peu avancées, assez arquées et assez aiguës. Le menton est assez grand, assez concave, fortement échancré, et il n'a point de dent au milieu de son échancrure. Les palpes sont assez forts et peu saillants : le dernier article est assez allongé, presque cylindrique, et tronqué à l'extrémité. Les antennes sont filiformes, assez minces, et à peu près de la longueur de la moitié du corps; leurs articles sont assez allongés et presque cylindriques : le premier est un peu plus long et un peu plus gros que les autres; le second est, au contraire, un peu plus court; le troisième n'est pas sensiblement plus long que les suivans, et les sept derniers sont très-légèrement comprimés. La tête est presque triangulaire, et un peu rétrécie postérieurement. Les yeux sont arrondis et assez saillans. Le corselet est très-court, transversal, arrondi sur les côtés, échancré antérieurement et légèrement prolongé dans son milieu postérieurement, et il est séparé des élytres par un pédoncule sur lequel est placé l'écusson, dont la pointe atteint à peine la base des élytres. Celles ci sont assez larges, presque ovales, ou en carré allongé, dont les angles sont arrondis et presque tronqués à l'extrémité. Les pattes sont peu allongées. Les jambes antérieures sont assez fortement échancrées. Les articles des tarses sont assez allongés, cylindriques ou très-légèrement triangulaires. Les trois premiers des tarses antérieurs sont légèrement dilatés dans les mâles et triangulaires : le premier est plus grand que les autres, qui sont aussi longs que larges. Les crochets des tarses ne sont pas dentelés en dessous.

Des trois espèces que possède M. Dejean dans ce genre, l'une appartient à l'Europe, la seconde est d'Égypte, et la troisième des Indes orientales.

M. Luxatus.

Pl. 171. fig. 5.

Oblongo-ovatus, nigro-piceus; elytrorum basi, antennis pedibusque ferrugineis.

Dej. *Spec.* III. p. 537. n° 1.
Dej. *Cat.* p. 15.
Badister Luxatus. Creutzer.
Trechus Laticollis. Sturm. VI. p. 103. n° 22. T. 150. fig. d. D.

Long. 2 $\frac{1}{4}$ lignes. Larg. 1 ligne.

Un peu plus petit que l'*Olisthopus Rotundatus*, et d'un brun tantôt presque noir, tantôt plus ou moins roussâtre, avec la base des élytres d'un roussâtre plus clair.

Tête presque triangulaire, un peu plus rétrécie postérieurement, presque lisse.

Corselet plus large que la tête, moins long que large, très-court, arrondi sur les côtés et très-légèrement convexe; la ligne médiane fine et peu marquée; les deux impressions transversales à peine sensibles; le bord antérieur très-profondément échancré; les côtés légèrement rebordés; les angles antérieurs et postérieurs arrondis; la base coupée un peu obliquement sur les côtés et un peu prolongée dans son milieu.

Élytres un peu plus larges que le corselet, en ovale allongé et très-légèrement convexes; leurs angles antérieurs très-arrondis, et l'extrémité coupée obliquement; les stries fines et assez marquées; les intervalles planes; deux points enfoncés sur le troisième, près de la troisième strie.

Dessous du corps d'un brun plus ou moins roussâtre, avec les pattes d'un jaune-ferrugineux un peu roussâtre.

Il se trouve en France, en Espagne, en Allemagne et en Autriche; mais il est assez rare partout.

FIN DU TROISIÈME VOLUME.

www.ingramcontent.com/pod-product-compliance
Ingram Content Group UK Ltd.
Pitfield, Milton Keynes, MK11 3LW, UK
UKHW022325190726
13856UKWH00001B/208